“圣贤文化传承与华夏文明创新研究”丛书
（丛书主编　管国兴）

尚贤之路：贤文化管理成果集

钟海连　谢清果　主　编
荀美子　郑明阳　副主编

九州出版社 JIUZHOUPRESS | 全国百佳图书出版单位

图书在版编目（CIP）数据

尚贤之路 ： 贤文化管理成果集 / 钟海连，谢清果主编 ； 荀美子　郑明阳副主编. -- 北京 ： 九州出版社，2020.11

（“圣贤文化传承与华夏文明创新研究”丛书 / 管国兴主编）

ISBN 978-7-5108-9806-8

Ⅰ. ①尚… Ⅱ. ①钟… ②谢… ③荀… Ⅲ. ①伦理学—文集 Ⅳ. ①B82-53

中国版本图书馆CIP数据核字(2020)第222382号

尚贤之路：贤文化管理成果集

作　　者	钟海连　谢清果　主编　荀美子　郑明阳　副主编
出版发行	九州出版社
地　　址	北京市西城区阜外大街甲 35 号 (100037)
发行电话	(010) 68992190/3/5/6
网　　址	www.jiuzhoupress.com
电子信箱	jiuzhou@jiuzhoupress.com
印　　刷	三河市国新印刷有限公司
开　　本	720 毫米 ×1020 毫米　16 开
印　　张	24.25
字　　数	418 千字
版　　次	2020 年 12 月第 1 版
印　　次	2020 年 12 月第 1 次印刷
书　　号	ISBN 978-7-5108-9806-8
定　　价	76.00 元

“圣贤文化传承与华夏文明创新研究”丛书

中盐金坛盐化有限责任公司博士后科研工作站 成果
厦门大学新闻传播学博士后流动站 成果
厦门大学哲学博士后流动站 成果

总序

传统圣贤思想的演进及其天人合德思维特征

丛书编委会

华夏文明推崇的生命境界是圣贤，历代仁人志士皆以“成贤作圣”为其学修的目标和人生价值取向。北宋哲学家周敦颐提出“三希真修”的修身阶次说，“圣希天，贤希圣，士希贤”[①]，以及“圣人之道，入乎耳，存乎心。蕴之为德行，行之为事业”[②]的“内圣外王”观。明初文学家宋濂自谓“既加冠，益慕圣贤之道”（《送东阳马生序》）；明代哲学家王阳明将“读书学圣贤”立为人生“第一等事”[③]。现代哲学家冯友兰亦指出：“使人成为精通内圣外王之道的圣人，是中国哲学的一大目标。”[④]关于何为圣贤、圣贤可学否、如何学以成圣贤的思想，在中国古代史册典籍中载述丰富，历代先哲对此的阐释亦洋洋大观，在华夏文明历史长廊中蔚为一道标志性的文化景观。

纵观华夏文明史，传统圣贤思想总体上呈现如下演进规律：内涵由才能、德行、修身、治国而及于合道，理论建构由人性论、道德论、治国论而进入宇宙本体论、心性本体论，思维取向由外而内、由身而心乃至身心合一、天人合德，学为圣贤的工夫由修身、立诚转向发明本心、致良知的易简直截之道。传统圣贤思想的演进规律与中国传统文化儒佛道三教合一的发展趋向若合符契。在此以儒家圣贤思想为例，从字义溯源、内涵演变、理论建构、思维取向、治道应用、修养工夫等角度，对传统圣贤思想的形成发展略述如下。

---

① 陈克明点校：《周敦颐集》卷二《通书·志学》，北京：中华书局，2009 年，第 23 页。下引同书只注书名、卷数、页码。

② 《周敦颐集》卷二《通书·陋》，第 40 页。

③ 陈恕编校：《王阳明全集四·卷三十二·年谱一》，中国书店，2004 年，第 190 页。下引同书只注书名、页码。

④ 冯友兰：《三松堂全集》卷五，郑州：河南人民出版社，2000 年，第 8 页。

一、能力超群：圣贤字义溯源

许慎《说文解字·耳部》解“圣”为“通也。从耳，呈声。”段玉裁注曰：“圣，通而先识。凡一事精通亦得谓之圣。”朱骏声《说文通训定声》：“圣者，通也。从耳，呈声。按，耳顺之谓圣”，“春秋以前所谓圣人者，通人也。”① 从字义上考据，“圣”是指精通、通达之意。孔安国《尚书正义》引王肃云：“睿，通也。思虑苦其不深，故必深思使通于微也。”又言：“睿、圣俱是通名，圣大而睿小，缘其能通微，事事无不通，因睿以作圣也。郑玄《周礼注》云：‘圣通而先识也’。是言识事在于众物之先，无所不通，以是名之为圣。圣是智之上，通之大也。”（《尚书正义》卷十二《洪范第六》）据以上诸解，“圣”是指“思虑深微，事事无不通达，且识事先于和高于智者、通者”的人。

早在中国上古时代的巫觋文化中“圣”字就已出现。据《国语·楚语下》所载观射父论巫觋：“古者民神不杂。民之精爽不携贰者，而又能齐肃衷正，其智能上下比义，其圣能光远宣朗；其明能光照之，其聪能听彻之。如是则明神降之，在男曰觋，在女曰巫。”《尚书》多处提到“圣”，如《洪范》“视曰明，听曰聪，思曰睿。……睿作圣”，《大禹谟》“帝德广运，乃圣乃神”，《冏命》“聪明齐圣”。这几本古书中所提到的“圣”，是指善视、善听、善思、善宣的人，上古时代的巫、觋就是“圣人”，他们在神、民之间起沟通、宣达作用。

“贤”为会意字，在甲骨文中为“臤”，左为“臣”，意为俘虏、奴隶，右为“又”，意为抓持、掌握、管理，整体可理解为对奴隶、俘虏进行很好的掌控。据学者高华平的研究：“在现有文献中，从春秋战国到秦朝的‘贤’字，主要有三种写法：（1）以《鸟祖癸鼎》、《贤父癸觯》、楚帛书为代表，‘贤’字写作‘臤’；（2）以《贤簋》、《中山胤嗣铜圆壶》、石鼓文和各种传世文献为代表，‘贤’字写作上‘臤’下‘貝’（賢）；（3）以中山王墓《夔龙纹刻铭青铜方壶》、包山楚简、郭店楚简以及上博简为代表，‘贤’字写作上‘臤’下‘子’（孯）。与此相对应，‘贤’字的这三种形态分别代表了三种关于‘贤’的价值观念：（1）以‘臤’为‘贤’，表示此时的‘贤’观念指谁的力气大，能将战俘或奴仆紧紧地、牢牢地抓住，谁就是‘贤’；（2）以上‘臤’下‘貝’为‘贤’字，表示其‘贤’观念指‘以财为义也’，谁的财富多，谁

① 朱骏声：《说文通训定声》，北京：中华书局，1984年，第880页。

就是‘贤’；(3)以上‘臤’下‘子’为‘贤’，则表示以具有如初生婴儿般品德的人为‘贤’。”①

“贤”字最早见于《尚书·君奭》篇，“在祖乙，时则有巫贤”，这里的“贤”为当时辅佐商王祖乙的大臣之名。《诗经·大雅·行苇》中有言“敦弓既坚，四鍭既钧，舍矢既均，序宾以贤”。“序宾以贤”，即按射箭命中的次序排列宾客的席位，“贤”在此处为射箭的技能之义。

从春秋战国到秦朝，“贤”字由最初含义为力气大、财多、技能高超，逐渐引申出才能、德行的含义。许慎《说文解字·贝部》言：“贤，多财也。从贝，臤声。”段玉裁《说文解字注》：“多财也。财各本作才。今正。贤本多财之称，引伸之，凡多皆曰贤。人称贤能，因习其引伸之义而废其本义矣。”语言文字学家杨树达在《增订积微居小学金石论丛·释贤》中提出：“以臤为贤，据其德也；加臤以贝，则以财为义也。盖治化渐进，则财富渐见重于人群，文字之孳生，大可窥群治之进程矣。”② 历史学家顾颉刚在《“圣”“贤”观念和字义的演变》中也曾指出，“贤”原来只是多财的意思，才能、德行的含义是后有的③。

通过字义的简要溯源可知，圣、贤二字最初没有德行的含义，主要指能力、财富方面过人，并未言及德性，故最初所谓的圣人、贤人均指能力超群的“能人”，这应当是圣、贤的本义。而将圣人、贤者赋予善治之才、至德之性、人伦之至乃至为天道（天理）的先知先觉者等引申义，始于春秋战国时期儒家孔子、孟子、荀子，《易传》则基于易道（天道），通过推天道以明人事而加以系统化、理论化。

---

① 高华平：《从出土文献中的“贤”字看先秦“贤”观念的演变》，《哲学研究》2008年第3期，第72页。

② 杨树达：《增订积微居小学金石论丛》，上海：上海古籍出版社，2013年，第36页。

③ 顾颉刚：《“圣”“贤”观念和字义的演变·释中国》，上海：上海文艺出版社，1998年，第712页。

二、人道之极：儒家崇圣思想的理论建构及其思维取向

据《论语·述而》记载，孔子曾将圣与仁并举："子曰：若圣与仁，则吾岂敢？抑为之不厌，诲人不倦，则可谓云尔已矣。"在此，孔子将"圣"与"仁"并举，但孔子并未明确赋予"圣"以德性内涵。《论语》提到"圣人"的记载只有三次，如孔子曾言"君子有三畏：畏天命，畏大人，畏圣人之言"（《论语·述而》）。鲁太宰问子贡："夫子圣者与？何其多能也？"子贡回答说："固天纵之将圣，又多能也。"（《论语·子罕》）子贡也是从多能角度解释孔子作为圣人的内涵。此外，孔子视圣人为"博施济众"的治国者典范，在《论语》中有明确的记载："子贡曰：如有博施于民而能济众，何如？可谓仁乎？子曰：何事于仁，必也圣乎！尧舜其犹病诸！"（《论语·雍也》）

据《大戴礼记·哀公问五义第四十》记载，孔子曾对鲁哀公讲过他的圣人观："哀公曰：'善！敢问：何如可谓圣人矣？'孔子对曰：'所谓圣人者，知通乎大道，应变而不穷，能测万物之情性者也。大道者，所以变化而凝成万物者也。情性也者，所以理然、不然、取舍者也。故其事大配乎天地，参乎日月，杂于云蜺，总要万物，穆穆纯纯，其莫之能循；若天之司，莫之能职；百姓淡然，不知其善。若此，则可谓圣人矣。'"在这段对话中，孔子认为圣人是智慧能把握大道、才能足以应对万变、能力可洞察万物的真实状态和物性特点的人。且不论此段对话内容的历史真实性，单从内容看，孔子在此亦未将圣人与德行联系起来。

明确地将圣人与德性修养的境界联系起来的是孟子。孟子认为，圣人既是"百世之师也"（《孟子·尽心下》），又是"人伦之至也"（《孟子·离娄上》）。而人伦指的是"父子有亲，君臣有义，夫妇有别，长幼有叙，朋友有信"（《孟子·滕文公上》）这些德行。孟子还认为，只有圣人方能尽得人理，然后可以践其形而无亏歉，故言："形色，天性也。惟圣人然后可以践其形。"（《孟子·尽心上》）也就是说，圣人在人伦（德性）修养上达到最高境界，他能充分、完整地展现人之为人的本性，他是教化民众的师表。孟子的这一观点，使圣人由本义上的能人演变成具备完美道德人格的典范。此外，孟子还将圣人视为能够施行他所期待的"仁政"理想之人物——圣君，"圣人继之以不忍人之政，而仁覆天下矣"（《孟子·离娄上》）。圣人治天下，民有恒产而仁义生，"圣人治天下，使有菽粟如水火。菽粟如水火，而民焉有不仁者乎？"（《孟子·离娄上》）值得一提的是，孟子首次将圣人与天道并举，把圣人视为

合于天道的德性典范，圣人境界就是天人合德的境界，这一思想体现出儒家“天人合一”的理论思维取向。孟子曰：“仁之于父子也，义之于君臣也，礼之于宾主也，知之于贤者也，圣人之于天道也，命也，有性焉，君子不谓命也。”（《孟子·尽心下》）孟子认为，父子之间相居以仁，君臣之间相处以义，宾主之间相待以礼，贤者相达于知，此皆于人性各得一偏；惟有圣人才能完满践行“天道”赋予人的仁、义、礼、知之德性，与天道合一。所以朱熹说“圣人立于天道也无不吻合，而纯亦不已焉”[①]。总之，在孟子看来，圣人是民之出类拔萃者，“圣人之于民，亦类也。出于其类，拔乎其萃”（《孟子·公孙丑上》）。

荀子对圣人思想发展的贡献是其以“化性起伪”为理论基础的“圣王”观。荀子认为，圣人不仅是道德意义上的完人，“圣人者，人道之极也”（《荀子·礼论篇》），更是政治意义上的“圣王”——礼仪法度的制定者。荀子说：“圣也者，尽伦者也；王也者，尽制者也。两尽者，足为天下极矣。故学者以圣王为师，案以圣王之制为法，法其法以求其统类，类以务象效其人。”（《荀子·解蔽篇》）圣王立礼仪、制法度，是为了引导人的情性归之于正，使社会由不治而治进而合于道，“古者圣王以人性恶，以为偏险而不正，悖乱而不治，是以为之起礼义，制法度，以矫饰人之情性而正之，以扰化人之情性而导之也，始皆出于治，合于道者也”（《荀子·性恶篇》）。而圣王起礼仪制法度，就是针对人性恶的“化性起伪”，其中“性”属于人不可学、不可事的先天禀赋，而“伪”则属于人可学而能、可事而成的后天德性修养——礼仪，“礼仪者，圣人之所生也，人之所学而能，所事而成者也。不可学、不可事而在人者，谓之性；可学而能、可事而成之在人者，谓之伪。是性伪之分也。……圣人化性而起伪”（《荀子·性恶篇》）。

经过先秦时期儒家孔子、孟子、荀子等原创性的理论阐发，圣人从本义的善听、善视、善思、善宣的能人、通人，演变为与天道相合的人道之极、至德之人、善治之王，圣人被赋予道德、人伦、政治等多方面的内涵，圣人成为“完人”的代称，被视为天道的人格化身。

圣人的内涵经过儒家孔、孟、荀的丰富发展和初步的理论建构，已与天道建立逻辑关系，这是圣人思想演进过程中重要的理论原创成果。但天道的

---

① 朱熹：《孟子集注·尽心章句下》，见《四书集注》，南京：凤凰出版社，2016年，第352页。下引同书只注书名、页码。

具体内涵是什么？天道与人道之间逻辑关系的建立依据是什么？人道如何顺应天道？回答这个问题要求古典思想家、哲学家具备更高的理论思辨水平。被推举为群经之首的《易经》及据传为孔子撰述的《易传》，较早对此问题做出了系统的回答。

《易经·系辞传》指出："易之为书也，广大悉备，有天道焉，有人道焉，有地道焉。"《易传》认为，天道、地道、人道，合称"三才之道"，皆包含在"易"中。《易经·说卦传》则进一步指出，"是以立天之道，曰阴与阳；立地之道曰柔与刚；立人之道曰仁与义"，明确提出"阴阳、刚柔、仁义"，分别为天、地、人三才之道的具体内容。而天地人三才之道，又统摄于"一阴一阳"之"天道"，故《易经·系辞传》言："一阴一阳之谓道，继之者善也，成之者性也。"《易传》作者认为，一阴一阳变化的总规律就是天道的最高层次——"易道"，它既是天地人三才之道的总根源，也是天地万物得以生生不息的根本，天地万物顺继之则为善，天地万物顺因之则为各自之本性；一阴一阳之道神妙莫测，然万物皆由之而得以化育成长，故又称之为"神"，"阴阳不测之谓神"（《易经·系辞传上》），"神也者，妙万物而为言者也"（《易经·说卦传》）。换言之，天道（易道）统领地道、人道，正如乾健坤顺、天尊地卑的位序一样，天地既设尊卑之位，则变化通行于天地间的人道应尊崇天道、效法地道，"知崇礼卑，崇效天，卑法地"（《易经·系辞传上》），故顺天道者得天佑，吉顺而无有不利。《易传》明确天、地、人三才之道的具体内涵为阴阳、刚柔、仁义，并从"天尊地卑，乾坤定矣；卑高以陈，贵贱位矣"（《易经·系辞传上》）的先验逻辑，推衍出人道之仁义根源于一阴一阳之天道（易道）、人道当效法天道的结论，从而为以仁义为内涵的人道确立了理论和逻辑依据。

《易传》的作者认为，圣人是洞悉天地变化之总规律即"易道"的先知先觉者，圣人用卜筮的方式和制作相应的卦象、卦爻辞来向世人呈现神妙莫测的"易道"，促成世间万物合乎天道而运行。《易·系辞传上》言："圣人有以见天下之赜，而拟诸其形容，象其物宜，是故谓之象。圣人有以见天下之动，而观其会通，以行其典礼，系辞焉以断其吉凶，是故谓之爻。……拟之而后言，议之而后动，拟议以成其变化。"同时，《易传》还提出"易有圣人之道四焉"的命题，"易有圣人之道四焉：以言者尚其辞，以动者尚其变，以制器者尚其象，以卜筮者尚其占。"（《易·系辞传上》）圣人通过"尚辞、尚变、尚象、尚占"四种途径，向世人揭示天道"深、几、神"的微妙，"夫易，圣人之所以极深而研几。唯深也，故能通天下之志；唯几也，故能成天下之务；唯神也，故不疾而速，不行而至。子曰易有圣人之道四焉者，此之谓也”(《易·系辞传上》)。而世人通过观象玩辞、观变玩占，从吉凶悔吝之天象的启示中，体会人事的进退变化之道，遵循圣人所指示的天道行事从而获得“吉无不利”的结果，故言：“圣人设卦观象，系辞焉而明吉凶，刚柔相推而生变化。是故吉凶者，失得之象也。悔吝者，忧虞之象也。变化者，进退之象也；刚柔者，昼夜之象也。六爻之动，三极之道也。是故君子所居而安者，易之序也；所乐而玩者，爻之辞也。是故君子居则观其象而玩其辞，动则观其变而玩其占，是以自‘天佑之，吉无不利’。”(《易·系辞传上》)《易传》从推天道以明人事的思维方向出发，不但在天道与人道之间建构起了清晰的逻辑关系，并把圣人作为宣达天道、阐释天道、引导人类回归天道，进而使天地人三才进入生生不息之化境（易道之境）的最高人格典范，为古典圣贤思想的哲理化奠定了理论框架和范畴、符号体系。

三、德行高人：儒家尚贤思想的形成及其治理之应用

儒家的尚贤思想发源于孔子。西周末期，礼制僭越，“礼乐征伐自天子出”变为“礼乐征伐自诸侯出”，进而“自大夫出”，以至出现“陪臣执国命”的“天下无道”状态(《论语·季氏》)。礼乐的崩坏造成了社会秩序失衡和价值体系的混乱。面对礼崩乐坏的现状，孔子提出以“仁义”为核心内容的“尚贤”思想，并把其“尚贤”思想贯彻于治国理政，一方面继承周礼，一方面倡导维新。

“尚贤”是孔子倡导的仁政的重要组成部分。据统计，仅《论语》中提及“贤”至少24次。《论语·子路》记载：“仲弓为季氏宰，问政。子曰：先有司，赦小过，举贤才。曰：焉知贤才而举之？曰：举尔所知，尔所不知，人其舍诸！”由此可见，“举贤才”是孔子所提倡的为政之道。《论语·泰伯》言：“舜有臣五人而天下治。武王曰：‘予有乱臣十人。’孔子曰：‘才难，不其然乎！唐虞之际，于斯为盛。有妇人焉，九人而已。三分天下有其二，以服事殷。周之德，其可谓至德也已矣。’”舜有五贤臣而天下治，武王有九贤臣得以代殷而王，孔子称赞舜、武王能够任用贤能，感叹人才难得，同时强调“尚贤”的重要性。《史记·孔子世家》也有记录：“鲁哀公问政。对曰：‘政在选臣。’季康子问政，对曰：‘举直错诸枉，则枉者直。’”孔子认为选对正直

的人对为政具有积极作用。孔子还对知贤不用贤的行为给予批评，子曰："臧文仲，其窃位者与？知柳下惠之贤而不与立也。"（《论语·卫灵公》）

孔子从性情、行为、言论、财富角度阐述了贤人的超常品格："所谓贤人者，好恶与民同情，取舍与民同统；行中矩绳，而不伤于本；言足法于天下，而不害于其身；躬为匹夫而愿富贵，为诸侯而无财。如此，则可谓贤人矣。"（《大戴礼记·哀公问五义第四十》）《孔子家语·五仪》也有孔子谈论何为贤人的记载："所谓贤人者，德不逾闲，行中规绳，言足以法于天下而不伤于身，道足化于百姓而不伤于本。富则天下无宛财，施则天下不病贫。此贤者也。"上引两段文字，其大意为：贤人之性情与民众相通，是非取舍的标准亦与民众同，但贤人能做到行为合于礼仪节度，言行能够为天下人所效仿；贤人富有但不以积财为目的，贤人可以把自己的财产奉献给社会却并不因此而贫困。

对于何为贤才，孔子认为"德才兼备"是贤才必备的基本条件。朱熹曾为孔子所言的"举贤才"作注："贤，有德者；才，有能者。"[①] 此外，《论语》对"贤才"的品质也多有描述，如安贫乐道、知人善任、见贤思齐、贤贤易色等。

孔子虽然把德行纳入了贤才的考量标准，但值得注意的是，他倡导的是"亲亲有术，尊贤有等"的尚贤观。孔子坚持周礼的"君臣父子"之道，延续宗法血缘，把仁作为儒家最高道德规范，而仁的根本在于血缘亲情，"仁者，人也，亲亲为大。义者，宜也，尊贤为大"（《中庸》）。亲爱亲族是最大的仁。孔子所倡导的尊贤、举才，仍是维护封建等级制度的，在孔子看来"百工居肆以成其事，君子学以致道"（《论语·子张》），他认为贤才主要出自君子，即"士"阶层，以"合于道"为修养的目标；而百工则以做好自己的分内职责为成功的标志。

孟子眼中的贤者，应先知先觉，使人昭昭，"贤者以其昭昭使人昭昭，今以其昏昏使人昭昭"（《孟子·尽心下》）；应知当务之急，以亲贤为急务，"知者无不知也，当务之为急；仁者无不爱也，急亲贤之为务"（《孟子·尽心上》）；应知于性命，不失本心，"是故所欲有甚于生者，所恶有甚于死者。非独贤者有是心也，人皆有之，贤者能勿丧耳"（《孟子·告子上》）。

孟子的尚贤思想在继承孔子的基础上有深化拓展，其强调"尊贤使能"对"仁政"具有重要作用，"尊贤使能，俊杰在位，则天下之士皆悦，而愿立于其朝矣"（《孟子·公孙丑章句上》），"尊贤育才，以彰有德。"（《孟子·告

---

① 《论语集注·子路第十三》，第137页。

子下》）孟子认为，好的政治应当尊重、培育贤才，表彰道德高尚的人，国家强盛的关键在于重用人才，“不信仁贤，则国空虚。”（《孟子·尽心下》）孟子继承了孔子“举贤才”思想，明确提出了尊贤使能的治政主张，强调任用官吏要尊崇贤者，使用能者，让他们在位在职，“贤者在位，能者在职”（《孟子·公孙丑上》）。

孟子还论述了君主识别贤才、任用贤才的重要性：“虞不用百里奚而亡，秦穆公用之而霸。不用贤则亡，削何可得与？”“君子之所为，众人固不识也。”（《孟子·告子下》）孟子以秦穆公任用贤才百里奚而得以称霸诸侯的例子论证选贤任能的重要性，同时也指出识别贤才是一项特殊的能力。除识别人才外，还需要举贤养贤，“悦贤不能举，又不能养也，可谓悦贤乎？”（《孟子·万章下》）

较之于孔子，孟子对如何发挥贤者的作用，其观点更为明确，“贤者在位，能者在职”是孟子理想政治的典范。他认为贤明的人身居高位，能干的人担任要职，如此国家才能长治久安。孟子还提出大德与小德、大贤与小贤的关联规律：“天下有道，小德役大德，小贤役大贤；天下无道，小役大，弱役强。斯二者，天也，顺天者存，逆天者亡。”（《孟子·离娄上》）此外，孟子进一步拓展了贤者的来源：“舜发于畎亩之中，傅说举于版筑之间，胶鬲举于鱼盐之中，管夷吾举于士，孙叔敖举于海，百里奚举于市。”（《孟子·告子下》）特别是孟子“左右皆曰贤，未可也；诸大夫皆曰贤，未可也；国人皆曰贤，然后察之，见贤焉然后用之”（《孟子·梁惠王下》）的察贤举贤的观点，具有古代朴素的民主思想特征。

北宋政治家、文学家司马光说“德行高人谓之贤”（《进修心治国之要札子状》）。朱熹在解读《论语·为政》“君子不器”时提出，圣贤须德才兼备、体用兼尽：“若偏于德行，而其用不周，亦是器。君子者，才德出众之名。德者，体也；才者，用也。”①“有德而有才，方见于用。如有德而无才，则不能用，亦何足为君子？”（《朱子语类》卷三五）德才兼备且德行高于常人，是儒家对贤人的共识，司马光和朱熹的概括颇具代表性。先秦儒家所确立的举贤任能之德治思想，此后成为历代明君、思想家、政治家的治国理政思想主流，亦是中国传统圣贤思想应用于国家治理领域的重要理论成果。

---

① （宋）黎靖德编，王星贤点校：《朱子语类》卷二四《为政篇下》，北京：中华书局，2020年北京第2版，第708页。下引同书只注书名、卷数、页码。

四、圣贤风范：儒家圣贤气象论及圣贤异同之辨

经过孔子、孟子、荀子等先秦儒家先哲及《易传》的理论建构，圣贤从单一的“能力超群”者向人道之极、至德之人、德行高人、善治之王、天道的化身等多重理想角色演进，学为圣贤成为士、君子的人生价值追求。儒学发展至北宋时期，理学宗主周敦颐吸收《周易》的思想，将圣人之德的具体内容概括为“诚、神、几”，试图对圣贤之德性的具体内涵和特征加以界定。他说：“诚、神、几，曰圣人”①，并对此三德做了阐释：“诚，无为；几，善恶；发微不可见，充周不可穷之谓神。”②“寂然不动者，诚也；感而遂通者，神也；动而未形、有无之间者，几也。”③周敦颐对圣人之德的新诠释，比较明显地发挥了《易传》“深几神”和“易无思也，无为也，寂然不动，感而遂通天下之故”的思想。但周敦颐进一步将圣人由天道（易道）的化身，转换成人道“诚”的化身：“圣，诚而已矣。诚，五常之本，百行之源也。”④“诚者，圣人之本。”⑤同时他还将圣人之道用“仁义中正”⑥四字来概括，从而使圣人作为“天人合德”的人生最高境界变得更为明晰。但系统论述圣贤德性之特征——“圣贤气象”问题的是南宋理学家朱熹和吕祖谦。

所谓“圣贤气象”是指圣贤作为理想人格和人生境界的外在表现，也可称之为圣贤风度、圣贤风范。钱穆先生曾指出，关于“圣贤气象”的论述为“有宋理学家一绝大发明”⑦。朱熹、吕祖谦在《近思录·圣贤气象》（亦作《近思录·观圣贤》）中辑录北宋周敦颐、程颢、程颐、张载四先生的著述时，举列了其所肯定的圣贤之人，为世人树立了参照的榜样。他们认为古往今来的圣人有 11 人，分别为尧、舜、禹、汤、周文王、周武王、孔子、颜子、曾子、子思、孟子，而认为荀子、扬雄、毛苌、董仲舒、诸葛亮、王通、韩愈这 7 人有各自缺陷而不能成为圣人，前 6 人可称为贤人，韩愈则可称为豪杰。此外，朱熹和吕祖谦将周敦颐、程颢、程颐、张载四者也列为圣贤。

在《近思录·圣贤气象》中，程颢独占最大篇幅，表明朱熹、吕祖谦认

---

① 《周敦颐集》卷二《通书·圣》，第 18 页。
② 《周敦颐集》卷二《通书·诚几德》，第 16—17 页。
③ 《周敦颐集》卷二《通书·圣》，第 17 页。
④ 《周敦颐集》卷二《通书·诚下》，第 15 页。
⑤ 《周敦颐集》卷二《通书·诚上》，第 13 页。
⑥ 《周敦颐集》卷二《通书·道》，第 19 页。
⑦ 钱穆：《宋代理学三书随札》，北京：读书·生活·新知三联书店，2002 年，第 152 页。

为程颢是宋朝最具圣贤气象的人物[①]。据程颐所撰《明道先生行状》、吕大临撰《明道哀词》及二程弟子的记载，程颢的圣贤气象表现为：(1) 洞见道体。"博闻强识，躬行力究；察伦明物，极其所止；涣然心释，洞见道体。"[②] (2) 德性充完。"明道先生德性充完，粹和之气，盎于面背，乐易多恕，终日怡悦，从先生三十年，未尝见其忿厉之容。"[③] (3) 善于教化。"先生之言，平易易知，贤愚皆获其益，如群饮于河，各充其量。先生教人，自致知至于知止，诚意至于平天下，洒扫应对至于穷理尽性，循循有序；……教人而人易从，怒人而人不怨，贤愚善恶咸得其心，……闻风者诚服，睹德者心醉。"[④] (4) 为政宽裕。"先生为政，治恶以宽，处烦而裕。……先生所为纲条法度，人可效而为也；至其道之而从，动之而和，不求物而物应，未施信而民信，则人不可及也。"[⑤] (5) 主敬行恕。"先生行己，内主于敬，而行之以恕；见善若出于己，不欲弗施于人；居广居而行大道，言有物而动有常。"[⑥] 这五个方面的生动描述，为慕贤希圣者树立了清晰的典范。

除了阐述圣贤风范，朱熹和明代思想家王阳明还对圣贤之异做了辨析。在朱熹看来，根据气质的不同，人可划分为"生而知之者""学而知之者""困而学之者""困而不学者"四类，"言人之气质不同，大约有此四等"[⑦]。在此基础上，朱熹阐述了圣人、贤人、众人和下民的区别所在，"人之生也，气质之禀，清明纯粹，绝无渣滓，则于天地之性，无所间隔，而凡义理之当然，有不待学而了然于胸中者，所谓生而知之圣人也。其不及此者，则以昏明、清浊、正偏、纯驳之多少胜负为差。其或得于清明纯粹而不能无少渣滓者，则虽未免乎小有间隔，而其间易达，其碍易通，故于其所未通者，必知学以通之，而其学也，则亦无不达矣，所谓学而知之大贤也。或得于昏浊偏驳之多，而不能无少清明纯粹者，则必其窒塞不通然后知学，其学又未必无不通也，所谓困而学之众人也。至于昏浊偏驳又甚，而无复少有清明纯粹之气，则虽有不通，而懵然莫觉，以为当然，终不知学以求其通也，此则下民

① 参见姜锡东：《论圣贤气象——宋代朱熹、吕祖谦〈近思录〉研究之一》，《河北学刊》，2006的第1期，第171页。

② 吕大临：《明道哀词》，《二程集》（上），北京：中华书局，1981年，第638页。下引同书只注书名、篇名、页码。

③ 《河南程氏遗书·附录》，《二程集》（上），第328页。

④ 程颐：《明道先生行状》，《二程集》（上），第638页。

⑤ 程颐：《明道先生行状》，《二程集》（上），第639页。

⑥ 程颐：《明道先生行状》，《二程集》（上），第638页。

⑦ 《论语集注·季氏第十六》，第169页。

而已矣。”[①] 朱熹认为气质之禀清明纯粹、“生而知之者”是“圣人”，气质之禀虽清明纯粹然略有渣滓、需“学而知之者”是“贤人”，气质之禀多昏浊偏驳而少清明纯粹、“困而学之者”是“众人”，气质之禀昏浊偏驳而无清明纯粹、“困而不学者”则是“下民”。

如果说朱熹是从气质之禀的不同区别圣、贤、众人、下人，那么，王阳明则从是否与天道相合、能否率性以及天理人欲角度谈圣、贤之异。王阳明根据《孟子·尽心上》和《中庸》的相关论述，认为生知安行者为圣、学知利行者为贤、困知勉行者为普通人，“夫‘尽心、知性、知天’者，生知安行，圣人之事也；‘存心、养性、事天’者，学知利行，贤人之事也；‘夭寿不贰，修身以俟’者，困知勉行，学者之事也”（《传习录中·答顾东桥书》）。王阳明进一步解释说，圣人为生知，知的是“义理”，而不是礼乐、名物等具体的才能，“谓圣人为生知者，专指义理而言，而不以礼乐、名物之类，则是礼乐名物之类无关作圣之功矣”（《传习录中·答顾东桥书》）。圣人与天道合一，而贤者尚有缺失，“知天，……是自己分上事，已与天为一。事天，须是恭敬奉承，然后能无失，尚与天为二，此便是圣贤之别”（《传习录上·答徐爱问》）。圣人率性而行即合道，贤者于道则有过或不及，“圣人率性而行即是道。圣人以下未能率性，于道未免有过不及，故须修道。”（《传习录上·答马子莘问》）圣人之心纯为天理而未杂以人欲，如纯金之足色，“圣人之所以为圣，只是其心纯乎天理而无人欲之杂，犹精金之所以为精，但以其成色足而无铜铅之杂也。人到纯乎天理方是圣，金到足色方是精”（《传习录上·答蔡希渊问》）。

宋明理学家对圣贤气象和圣贤之异的深入探讨表明，儒家圣贤思想从先秦时期的人伦、德性领域上升至性、理、天、道的宇宙本体层面，且最后归结为心性本体，因此，儒家圣贤思想发展到宋明理学时代，达到新的理论高峰，但其天人合德的思维取向则一以贯之，这也是中国传统哲学“天人合一”理论思维特征的体现。

---

① 朱熹：《论语或问·季氏第十六》，朱杰人、严佐之、刘永翔编：《朱子全书》第六册，上海古籍出版社、安徽教育出版社出版，2002年，第871页。

五、立志修身：儒家学为圣贤的工夫论

自《大学》提出“自天子以至于庶人，一是皆以修身为本”，修身，便成为儒家学为圣贤工夫论的主流观点。《大学》把学为圣贤的工夫概括为三纲领八条目，所谓“三纲领”是“明明德，亲民、止于至善”；“八条目”为“正心、诚意、格物、致知、修身、齐家、治国、平天下”。《中庸》以“诚”为合于天道的最高德行境界，认为圣人是天生的诚者，“诚者，天之道也；诚之者，人之道也。诚者，不勉而中，不思而得，从容中道，圣人也。诚之者，择善而固执之者也”。故圣人不学、不修而与天道相合，自然天成地彰显诚之本性。学为圣人者则为“诚之者”，诚之的工夫是“择善而固执之”，具体为“博学之，审问之，慎思之，明辨之，笃行之”(《中庸》)。

孔子把修身高度凝练为“忠恕”两字，并以之为自己的一贯之道，《论语·里仁》篇载：“子曰：‘参乎！吾道一以贯之。’曾子曰：‘唯。’子出，门人问曰：‘何谓也？’曾子曰：‘夫子之道，忠恕而已矣。’”朱熹《论语集注·里仁篇》释“忠恕”云：“尽己之谓忠，推己之谓恕。”其引程子曰：“以己及物，仁也；推己及物，恕也。”[①] 关于“忠恕”之道的意涵，《论语·卫灵公》篇有：“子贡问曰：‘有一言而可以终身行之者乎？’子曰：‘其恕乎！己所不欲，勿施于人。’”观此可知，“恕”就是“己所不欲，勿施于人”。《论语·雍也》篇又有：“子贡曰：‘如有博施于民而能济众，何如？可谓人乎？’子曰：‘何事于仁！必也圣乎！尧舜其犹病诸！夫仁者，己欲立而立人，己欲达而达人。能近取譬，可谓仁之方也已。”可见，“忠”即是“己欲立而立人，己欲达而达人”。

孟子提出“求放心”的工夫论，把学为圣贤的工夫由修身转向修心。孟子说“圣人，与我同类者”(《孟子·告子上》)，“人皆可以为尧舜”(《孟子·告子下》)，他认为人人都具备成长为尧、舜那种圣人的先天潜质，并将其名之曰人的“良知良能”，概括而言就是仁与义。孟子说：“人之所不学而能者，其良能也；所不虑而知者，其良知也。孩提之童，无不知爱其亲者；及其长也，无不知敬其兄也。亲亲，仁也；敬长，义也。无他，达之天下也。”(《孟子·尽心上》)至于怎样才可以成为尧、舜那样的圣人？孟子指出的具体路径是“求放心”，即保护好人先天善的德性——仁义礼智之四端。“恻隐

---

① 《论语集注·里仁第四》，第69页。

之心，仁之端也；羞恶之心，义之端也；辞让之心，礼之端也；是非之心，智之端也。”（《孟子·公孙丑上》）“学问之道无他，求其放心而已矣。”（《孟子·告子上》）这里的“四端之心”也就是孟子所说的“赤子之心”，圣人就是不失赤子之心者，“大人者，不失其赤子之心者也”（《孟子·离娄下》）。但由于人的此种先天善性在不注意时极易丢失，故必须时时护持好，“故曰‘求则得之，舍则失之’”（《孟子·告子上》）。孟子还将“求放心”的德性修养功夫做了生动的描写：“故天将降大任于斯人也，必先苦其心志，劳其筋骨，饿其体肤，空乏其身，行拂乱其所为，所以动心忍性，曾益其所不能。”（《孟子·告子下》）求放心、动心忍性是孟子为士人、君子指明的成圣修养方法，如果做不到，则反求诸己，“行有不得者，皆反求诸己，其身正而天下归之”（《孟子·离娄上》）。

周敦颐将学为圣贤之要概括为“无欲”。“或问圣可学乎？曰：可。曰：有要乎？曰：有。请闻焉。曰：一为要。一者无欲也，无欲则静虚动直，静虚则明，明则通；动直则公，公则溥。明通公溥，庶矣乎。”①周敦颐将“无欲”两字提示为圣贤工夫的要领，也就是《中庸》说的“诚之”的要领。在《养心亭说》一文中，周敦颐解释道，只有无欲才能立诚，才能进入“明”与“通”的圣境，“盖寡欲焉以至于无，无则诚立明通。诚立，贤也；明通，圣也”②。

至于立诚（诚之）的工夫，周敦颐认为就是《易经》损、益两卦的要义“惩忿窒欲，改过迁善”③。从立人极的角度，有时他又说“圣人之道，仁义中正而已矣”④，这便是圣学的易简之道；从效法天地的角度，有时又言“圣人之道，至公而已矣。或曰：何谓也？天地至公而已矣”⑤。而公是先对自己的要求，“公于己者公于人，未有不公于己者而能公于人”⑥。正，是指动而合道，“动而正，曰道。”⑦合道之动，动静相即，实为妙万物之神应，“动而无静，静而无动，物也。动而无动，静而无静，神也。动而无动，静而无静，非不

① 《周敦颐集》卷二《通书·圣学》，第 31 页。
② 《周敦颐集》卷三《养心亭说》，第 52 页。
③ 《周敦颐集》卷三《养心亭说》，第 52 页。
④ 《周敦颐集》卷二《通书·道》，第 19 页。
⑤ 《周敦颐集》卷二《通书·公》，第 41 页。
⑥ 《周敦颐集》卷二《通书·公明》，第 31 页。
⑦ 《周敦颐集》卷二《通书·慎动》，第 18 页。

动不静也。物则不通，神妙万物”[①]。“吉凶悔吝生乎动，噫！吉一而已，动可不慎乎？”[②]

在圣贤工夫论上，朱熹、王阳明均将“立志”作为工夫之本、之首。朱熹言：“学者大要立志。所谓志者，不道将这些意气去盖他人，只是直截要学尧舜。”[③]朱熹还把“立志”与“居敬”合起来，强调“立志”要以“居敬”的态度来保持志之不失于空：“人之为事，必先立志以为本，志不立则不能为得事。虽能立志，苟不能居敬以持之，此心亦泛然而无主，悠悠终日，亦只是虚言。立志必须高出事物之表，而居敬则常存于事物之中，令此敬与事物皆不相违。言也须敬，动也须敬，坐也须敬，顷刻去他不得。”[④]除具备学为圣贤的志向和理想外，朱熹认为只有努力不辍才能修成圣贤，“圣贤直是真个去做，说正心，直要心正；说诚意，直要意诚；修身齐家，皆非空言”[⑤]。朱熹认为，立志成圣成贤，是因为人皆可以为尧舜，“曾看得‘人皆可以为尧舜’道理分明否？……若见得此分明，其志自立，其工夫自不可已”[⑥]。王阳明在《教条示龙场诸生》中说：“志不立，天下无可成之事。虽百工技艺，未有不本于志者。……故立志而圣，则圣矣；立志而贤，则贤矣；志不立，如无舵之舟，无衔之马，漂荡奔逸，终亦何所底乎？”[⑦]王阳明把立志比喻为种树培根，强调立志贵在专一：“种树者必培其根，种德者必养其心。欲树之长，必于始生时删其繁枝；欲德之盛，必于始学时去夫外好。”“我此论学，是无中生有的工夫。诸公须要信得及，只是立志。学者一念为善之志，如树之种，但勿助勿忘，只管培植将去，自然日夜滋长，生气日完，枝叶日茂。树初生时，便抽繁枝，亦须刊落，然后根干能大。初学时亦然。故立志贵专一。”（《传习录上·门人薛侃录》）

王阳明对于圣贤工夫论的重要理论贡献在于其致良知学说。王阳明曾直截了当地说：“夫圣人之学，心学也。学以求尽其心而已。……圣人之求尽其心也，以天地万物为一体也。”[⑧]他将“明本心”确立为“圣学之要”：“圣人

---

① 《周敦颐集》卷二《通书·动静》，第 27 页。
② 《周敦颐集》卷二《通书·乾损益动》，第 38 页。
③ 《朱子语类》卷第八《学二·总论为学之方》，第 164 页。
④ 《朱子语类》卷第十八《大学五·传五章》，第 512—513 页。
⑤ 《朱子语类》卷第八《学二·总论为学之方》，第 165 页。
⑥ 《朱子语类》卷第一一八《训门人六》，第 3473 页。
⑦ 《王阳明全集四·卷二十六续编一·教条示龙场诸生》，第 7 页。
⑧ 《王阳明全集壹·卷七之文录四·重修山阴县学记》，第 213 页。

之学，乃不有要乎？若世儒之外务讲求考索，而不知本诸其心者，其亦可以谓穷理乎？”[①]《尚书·大禹谟》有“人心惟危，道心为微，惟精惟一，允执厥中”之说，而阳明则借此推导出圣贤之心与人之本心无异的观点：“彼其自以为人心之惟危也，则其心亦与人同耳。惟其兢兢业业，常加‘精一’之功，是以能‘允执厥中’而免于过。古之圣贤，时时自见己过而改之，是以能无过，非其心果与人异也。”这样便为士人、君子学为圣贤开出了通途——改过明本心。“本心之明，皎如白日。……一念改过，当时即得本心。”[②]

接着，王阳明把圣贤工夫论从明本心转为致良知。他阐述道：“夫心之本体，即天理也。天理之昭明灵觉，所谓良知也。”[③]而良知就是孟子说的是非之心，人人皆具，圣愚平等。“是非之心，人皆有之，即所谓良知也。孰无是良知乎？但不能致之耳。”[④]“是非之心，不虑而知，不学而能，所谓良知也。良知之在人心，无间于圣愚，天下古今所同也。”（《传习录中·答聂文蔚》）若不能认识到这一点，则会走向知行分离，“近世格物致知之说，只一知字尚未有下落，若致字功夫，全不曾道著矣。此知行之所以二也”[⑤]。由此，在王阳明的心学思想体系中，圣贤工夫由修心、明本心，顺理成章地转换为致良知，除致良知外别无其他功夫，“则知致知之外无余功矣”[⑥]，“良知之外更无知，致知之外更无学”[⑦]。而且，这是最简易真切的工夫，“若今日所讲良知之说，乃真是圣学之的传，但从此学圣人，却无有不至者。凡功夫只是要简易真切。愈真切，愈简易；愈简易，愈真切”[⑧]。

王阳明对自己拈出“良知”两字来概括圣学的精髓颇为自得，曾多次说“某近来却见得良知两字日益真切简易。朝夕与朋辈讲习，只是发挥此两字不出。……若致其极，虽圣人天地不能无憾，故说此两字，穷劫不能尽”，“除却良知，还有甚么说得！”[⑨]“区区所论致知二字，乃是孔门正法眼藏，于此见得真的，直是建诸天地而不悖，质诸鬼神而无疑，考诸三王而不谬，百世

① 《王阳明全集壹·卷五之文录二·与夏敦夫》，第 152 页。
② 《王阳明全集壹·卷四之文录一·寄诸弟》，第 146 页。
③ 《王阳明全集壹·卷五之文录二·答舒国用》，第 160 页。
④ 《王阳明全集壹·卷五之文录二·与陆原静二》，第 159 页。
⑤ 《王阳明全集壹·卷五之文录二·与陆原静二》，第 159 页。
⑥ 《王阳明全集壹·卷五之文录二·与黄勉之二》，第 162 页。
⑦ 《王阳明全集壹·卷六之文录三·与马子莘》，第 162 页。
⑧ 《王阳明全集壹·卷六之文录三·寄安福诸同志》，第 186 页。
⑨ 《王阳明全集壹·卷五六之文录三·寄邹谦之书三》，第 172 页。

以俟圣人而不惑。”[①]

王阳明还将致良知与《中庸》所讲的“戒慎恐惧”结合起来，他把戒慎恐惧作为致良知的工夫，以确保心之良知不失其昭明灵觉之本体，如此则此心时时处于“动容周旋而中礼、从心所欲不逾矩”的真洒落境界，这就是孔子曾描述的圣人的精神境界。“戒慎恐惧之功，无时或间，则天理常存，而其昭明灵觉之本体，无所亏蔽，无所牵扰，无所恐惧忧患，无所好乐忿懥，无所意必固我，无所歉馁愧怍。和融莹彻，充塞流行，动容周旋而中礼，从心所欲而不逾，其所谓真洒落矣。”[②]

宋明理学家皆以成贤作圣为人生价值追求。周敦颐基于其太极本体论，提出“诚者，圣人之本”以及“主静”而“立人极”的希圣思想，从性体（天道）上说圣人之本性——诚，其学为圣贤的方法为“立诚”；王阳明则发挥《孟子》“良知良能”和心之“四端”以及《尚书》“人心惟危，道心为微，惟精惟一，允执厥中”的“十六字心传”，从心体上说圣人之本性——良知（是非之心），将学为圣贤的方法简约为“致良知”。周敦颐、王阳明的圣学，既体现了儒学成圣的共同价值取向，但也有着不同的哲思特征，即由用显体与立体达用。两者从思维方式上既坚持了儒学传统的天人合一思维，但又分别融贯吸收了道家老庄虚静、坐忘而返本归真的致思方法和佛教禅学顿悟的思维路径。此为另一话题，在此略而不论。

通观历史，华夏文明演进的主旋律是探寻天地人生生不息之道。历代先哲们在孜孜不倦的求索过程中认识到，天地人“三才”一体共生，万物与人不一不异，人类只有诚意正心，修身养性，由安身立命而达至“与天地合其德，与日月合其明，与四时合其序，与鬼神合其吉凶”，方可进入天地人一体生生不息之化境。正是在这一意义上，《礼记·礼运》说“故人者，天地之心”。五千年来，基于人的德性修养关乎天地人三才的和谐共生与长生久视，华夏文明形成了丰富、宏博的圣贤思想体系，确立了“内圣外王”的人生最高境界，这一源远流长的圣贤思想是华夏文明之魂。如上所述，它在各个领域均产生过深远影响，举凡修身、齐家、治国、平天下，无不渗透了圣贤思想的文化基因。历代皆以圣贤治世、贤良安邦、选贤任能为善治，以慕贤希圣、见贤思齐、修身志贤为价值追求，可以说，传统圣贤思想凝结了华夏文

---

① 《王阳明全集壹·卷五之文录二·与杨仕鸣》，第156页。

② 《王阳明全集壹·卷五之文录二·答舒国用》，第160页。

明关于天地人生生不息之道的理论精华，它矗立于人类文明史的思想高峰，至今仍散发着强大的文化生命力。

编纂“圣贤文化传承与华夏文明创新研究”丛书，主要是想为读者提供一套关于圣贤文化的系统性、研究性读物。本丛书尽量兼顾学术性与可读性、理论与实践的结合，全面解读圣贤文化的理论体系、概念范畴、嬗变脉络、古今实践，结合现代案例，诠释其人文精神、德性修养、治国理政等丰富思想内涵的深层价值，推动圣贤文化在新时代的创造性转化和创新性发展。至于是否达到了这个编撰目标，只能交由读者来回答了。

（钟海连　执笔）

序一

企业文化的使命

管国兴*

讲贤文化或者企业文化的时候，我的脑海里经常浮现《庄子·天道》里的一个故事，叫“轮扁斫轮”。轮扁斫轮的技巧、技艺，“得之于手而应于心，口不能言”，其实就是一个技巧性的东西，没办法像一个具体的产品，当然也不是讲斫的产品，而是讲技艺，所以说“口不能言，有数存焉乎其间”，但是做出来的产品肯定能够体现出是谁做的。这个和企业文化特别相像。企业文化到底用什么样的方式落地？如何落地？我们可以通过大量的活动使贤文化落地。但就像“轮扁斫轮”故事中的这个斫轮，轮扁他就不可能教给他儿子。就像圣贤留下的书籍一样，写书的人不在了，这些书籍也只是圣贤的糟粕。圣贤离世了，从他们留下来的书籍里面我们可以看到圣贤的往迹，我们可以循着圣贤的往迹知道怎么成圣成贤，其实这也是我们为什么读书的一个原因，就像我们从书中能够读到轮扁斫轮的痕迹一样。这个故事其实很丰满，可以把企业文化部的工作要怎么做、做成什么样子概括其中。这个故事里面讲了一个方式，我觉得也适合企业文化，叫“不徐不疾”。太慢太快了都不行，斫轮要不徐不疾，这其实就相当于企业文化的一个方式，也只能是“不徐不疾”。企业文化是以培养人、成就人为目的，这是百年的事业，就是我们所说的江南雨也好，不徐不疾的方式也好，培养人只能是这样。

企业文化部的角色，让我想到《金刚经》中佛陀的一句话：“知我说法，如筏喻者，法尚应舍，何况非法。”既然企业文化部的工作以培养人、成就人、让员工成圣成贤为目标，就要有像佛陀所讲的这样一种牺牲精神。成就

---

* 管国兴，哲学博士，正高级经济师，博士后合作导师，中盐金坛盐化有限责任公司总经理、党委副书记。

了人之后，我们得意而忘象，象或者法就不能再成为主角。

《道德经》里面也有一句话叫“功成事遂，百姓皆谓我自然”。我们的员工都成功了，或者我们企业的事情都做成了，或许我们的员工说“本来就是应该成功的，跟你企业文化部的工作一点关系都没有”，也是一种“功成事遂，百姓皆谓我自然”。员工都认为是自然而然的事，也体现出你是一个“筏”，一个“舟筏”，企业文化建设者就起一个“舟筏”的作用。当然，佛陀所说的“筏喻”，你如果自己不能自度，哪能度人？你这个筏不是一般的筏，是要度人的筏，不是仅仅作为交通工具的筏，要有这样的想法。

这种牺牲精神在经典中比比皆是。所以，我们企业文化的源泉就在传统经典中，我们其实只是一个“流”，贤文化其实就是从中国传统文化源泉中出来的一个“流”。我们这个“流”能不能成为下一代的“源”，这就看我们是否有一点“觉悟”，如果我们不能“觉悟”出来，不能度人，也就不能成为后人的“源”，为往圣继绝学的中间传承角色就没有传承好。中国传统文化的很多思想者，多数都是在普通的工作岗位上，孔子也说过可以做“执鞭之士”。

我们在一个企业里做企业文化工作，思想家并不是一生出来就是思想家、哲学家。我们现在就是在普通的岗位上，争取能够做出有文化思想的产品。“祸莫大于肤浅”，如果思想不深刻，只是呼吁一个口号——“敬天尊道，尚贤慧物”八个字，不能从传统文化源泉中找到深刻的思想，不能深入浅出来度人，也就不能成为下一代的“源”。

能否在中国盐行业、在中国的企业里，使贤文化管理成为一种实实在在的管理方式。我们的思想能不能落地，能不能把我们现在正在做的尚贤管理丰满起来，丰满到可以抽象，可以形而上地总结、上升到中国的管理方式？现在流行的都是西方的管理方式，向日本、美国学。在公司品质部申报“市长质量奖”的时候，我就体会到，如果仅仅是以获得一个奖杯或成功获奖为目的，那也是肤浅的；如果我们通过这个活动能够使我们在管理方式方面进行创新，包括管理思想的创新，创新出成果来，那样，质量奖就是自然而然的。我们讲“义利之辩”，达到了“义”，“利”这个附属物就是自然而然的事。若目标直接奔着质量奖而去，或许得不到质量奖；直接奔着利去，就不一定能得到长久的利。

王弼说：“夫进物之速者，义不及利；存物之终者，利不及义。”事业刚开始的时候，利是有作用的，义不及利；但要长久，还是要靠义。

习近平总书记说过“靡不有初，鲜克有终”。我们要追求有终，必须追求义，而不能只追求利，所有的事情都可能有开始，但很少有达到长久的、有始有终的。我们追求“终”，若不追求义，就会“鲜克有终”。我们追求的贤文化，其实就是追求有终的结果，追求长生久视之道。我们在经典里都能找到我们自己要追求的目标。这个追求的目标能不能用简洁的方式表述出来，让别人认识到不是只有日本才有百年老店，中国的企业也是有始有终的企业。

现在很多人在评价互联网的缺点，技术不是决定成败的因素，决定企业成败的只能是内在的企业精神，精气神的东西。现在流行的思想中太多的是要“敢为人先”，敢为人先有可能结果适得其反。《道德经》说“上善若水，水利万物而不争”，这才是我们要追求的。这是给企业文化部提出的想法，因为这是企业文化的担当，是企业文化的使命，这也是我们企业要努力的，是我们大家一起要努力的，看看能不能在这上面做出点精神产品，这更值得我们奋斗。这也是我们每个员工在中盐金坛公司的不一样之处，这里不仅仅是一个工作单位，更是一个学习的单位，是创造文化的一个场所，这才是我们要追求的。

（原载《贤文化》2015 年第 2 期）

序二

以文化人，化人成贤

董爱民*

有人问我，什么是企业文化？我说是企业做的以文化人的工作，“以文化人”是职责，“化人成贤”是目标。为什么要搞企业文化呢？因为从企业的“企”字来看，说明没有人就停止了。企业的第一资源是人，而人的一切行动受大脑指挥。思路决定出路，态度决定高度。不管人的思想就是舍本求末，抓好人的思想就能形成无穷之力量，就能纲举目张，搞好企业。

文，应该是指世界的一切文明成果，包括中国传统文化、西方的文化、当代社会实践产生的新文化，包括物质文明、精神文明与政治文明。

不管一个国家多么强大，这个国家的文化都不可能主宰世界。费孝通先生的一句话值得大家记取，“各美其美，美人之美，美美与共，天下大同”，所以文化需要兼收并蓄。中国文化博大精深，大力弘扬传统文化不是发思古之幽情，不是津津乐道于古之辉煌，不是简单地复古，是要扬弃，在继承中发展，在发展中继承，去伪存真，以文化人。

化，就是一切消失在没有形式、没有压力的情况下，你接受它，化成你的血液，成为你的灵魂，你一讲话、一抬手、一投足都体现它“随风潜入夜，润物细无声”的结果。你可能没读过四书五经，但你身上一定有传统文化的基因。化，就是让这种基因和多种文化的精华共同滋养起你的精气神。化，内化于心，外化于行。

温家宝总理曾在同济大学作过一次即席演讲，他说，一个民族有一些关注天空的人，他们才有希望；一个民族只是关心脚下的事情，那是没有未来

---

* 董爱民，研究生学历，高级经济师，中盐金坛盐化有限责任公司党委书记。

的。我们的民族是大有希望的民族。一个企业也是这样，不光是制造产品，更重要的是培养人。松下幸之助说："我们主要的不是制造产品，而是培养人。"

我曾经去河南的开封府考察，看到开封府门前有个大牌坊，上面写了两个大字——宣化。身边人介绍这是"宣传教化"，说明古人都知道化人的重要性。

贤，我们的目标定位在"贤"，我认为比较准确。人从精神层面可以分为圣人、贤人、一般人、小人，我们的目标是比一般人要高，圣人太难，普罗大众成圣人者，几希。小人肯定是不能做的。如果仅仅把目标设成普通人，那做不做企业文化意义就不太大了。

中盐金坛要做百年标杆企业，要靠管理，靠科技创新，但引领这些的更是精神追求和文化理念，文化是我们参与市场竞争的软实力。内圣才能外王，习近平总书记说"没有高度的文化自信，没有文化的繁荣兴盛，就没有中华民族伟大复兴"。同样，企业如果没有强大的文化就不会走得更高、更远。

我想重温古人的一段话。《易经·贲卦》的象辞上说："刚柔交错，天文也；文明以止，人文也。观乎天文以察时变，观乎人文以化成天下。"

多年来，中盐金坛公司企业文化部以文化人，做了大量工作，我们为他们点赞。化人成贤，"士不可以不弘毅，任重而道远"，我们为他们加油！

（原载《中盐人》2016 年第 6 期）

目　录

三、贤之理

四、贤之思

一、贤之知

贤文化纲要

创业之路，必著艰辛，世代相续，力行无悔。金盐人秉自然之恩泽，承宿沙之精神，习时代之文明，育贤者之气象，水中寻盐，化盐为水，回报社会民众，贡献国家民族。由此立百年基业，成最受尊重之誉。

敬天

世间万物乃天生之，地养之。故人当用仁心助天生物，助地养形。如此，则天地间万物得以畅茂，资用富足，瑞应常现，天下和乐，此为企业者不可不审且详也。盐盆资源为天赐珍物，金盐人深察于资源有限，不敢以私心恣意取利，故怀敬畏感恩之心，构循环发展模式，珍惜资源，爱护万物，保一方碧水蓝天，以不失天地之心，顺四时生，助五行成。

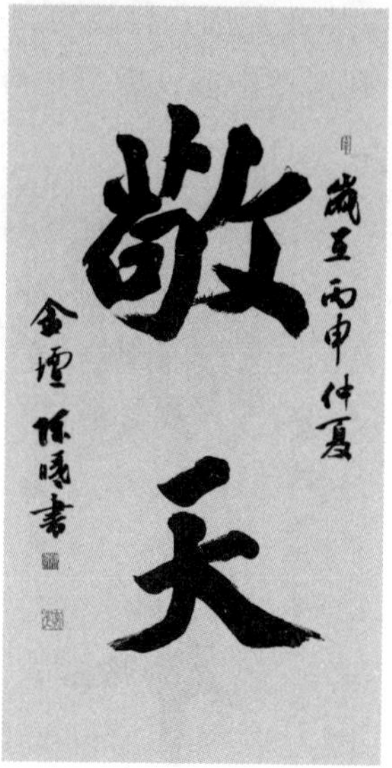

敬天 陈曦 / 书

尊道

企业运行，必有其道，尊道而行方能长久。道也者，不可须臾离也，可离非道也。万物乃道生之，德蓄之，尊道贵德为应然之理。尊道之要在于进德，进德之要在于修身。故治企之大者，在尊道贵德，因循相习，自然天成，无为而治，臻于化境。

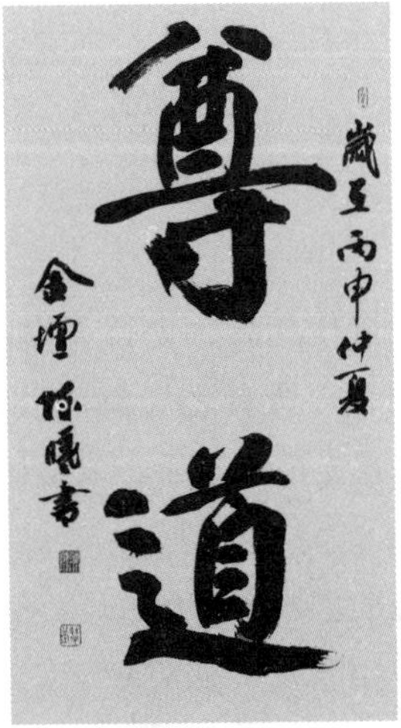

尊道 陈曦 / 书

明本

员工为企业之本，本立则企业固；科技为兴盐之方，方举则企业强。人文科技，二者不偏。若此必汇通中西，融贯古今，明本达用，人成则事成，事成则业兴。

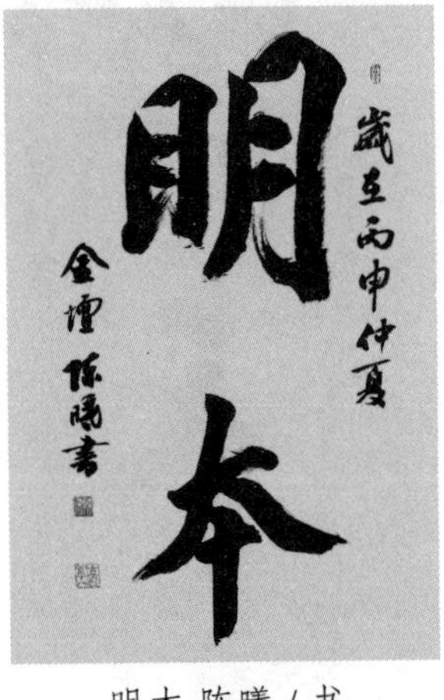

明本 陈曦 / 书

顺性

诚为人之本性，亦为企业之本性，故顺性者必明诚，不诚则无以成己成物。致诚之道，在于博学、审问、慎思、明辨、笃行。人心本静，盖因私欲起则不静。致诚者少私寡欲，清静自守，智慧由生，开物成务，功业可定；顺性者辛而不躁，劳而不愠，洵美且乐。

顺性 陈曦 / 书

尚贤

知之不易，行之亦艰，唯贤者可通知行。如是则知中有行，行中有知，知则真切笃实，行则明觉精察，知行合一方为贤才。贤者内修其身，博学厚德；达者外建其功，修己安人。

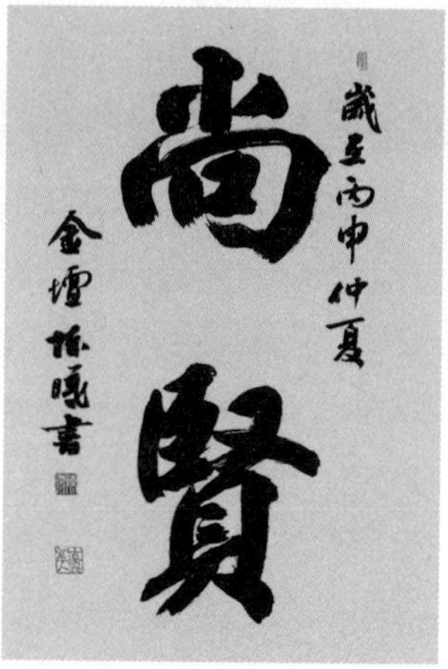

尚贤 陈曦 / 书

慧物

水无私心，利万物而不争，谦下而容众，攻坚而无不胜，此为上善。企业亦如是，无私则容，容则公，公则无争，无争则无所不利。故贤者之德若水，和而不同，随方就圆，近者亲而远者悦；贤者慧物，见利思义，重义而兼利，责任为先，富国利民。

慧物 陈曦 / 书

贵和

礼者，企业之法度也；乐者，企业之伦理也。以礼治企，可辨秩序；以乐和人，其乐融融。礼之用，和为贵。治企之道，选贤任能，贤者在位，赏罚有制，见贤思齐。员工博学于文，约己以礼，文之以乐，礼乐兼备，则人莫不敬也。

贵和 陈曦 / 书

致远

诚实无欺，是为信也。员工无信不立，企业无信不兴，故讲信为企业兴盛之源。睦者，和也，讲信则人和事齐。然世事复杂，贤者如有源之水，盈科而后进，以己之信，平沟壑，涤污杂，讲信修睦而致远。

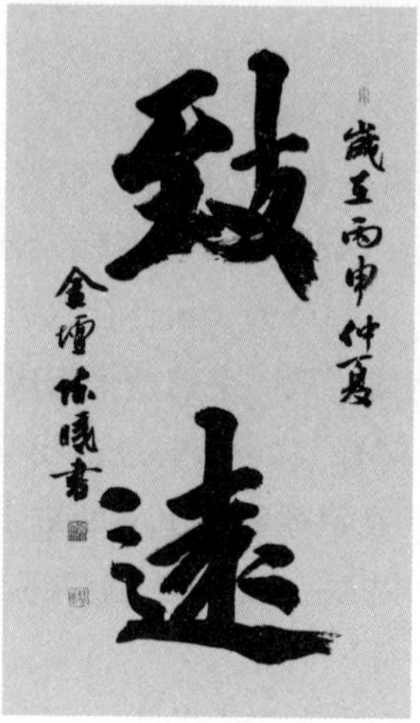

致远 陈曦 / 书

（中盐金坛企业文化部供稿）

贤文化解读

钟海连　孙鹏 *

一、敬天

习近平总书记在庆祝中国共产党成立95周年大会讲话中指出“坚持不忘初心、继续前进，就要坚持中国特色社会主义道路自信、理论自信、制度自信、文化自信。”中华民族拥有历史悠久、博大精深的文化，这是我们文化自信的基础，是最深厚的软实力。在中华优秀传统文化中，敬天思想是融入民族血脉之中的旋律，具有深刻的含义。

（一）字义辨析

“敬”字义为恭敬、严肃、尊重、信仰、敬畏、有礼貌地献上，“恭在外表，敬存内心”。也就是说，“敬”是外在言行、态度和内在思想、观念的统一，只有言行恭敬、认真与内心尊重、敬畏合二为一才能算得上“敬”。许慎在《说文解字》中指出，构成“敬”字的两个组成部分分别表示“自我告诫、自我警醒”“用棍子或鞭子敲打”，意为通过自我反省、自我鞭策，警醒自己不要犯错误，严格要求自己在道德修养上不断进步，追求个人素养的提升和人格的完善。经过汉字改革之后，“敬”的偏旁部首发生了变化，但其最初的含义不变。

“天”字在甲骨文、金文中意为人的头，这种意思在“天灵盖”“刑天”等词语中还可以体会出来。后来，“天”字多用引申义，即指上面的、地面以上的高空、自然界等。在中华传统文化中，天也是文化信仰体系的核心，

* 钟海连，哲学博士，编审，博士后合作导师，中盐金坛盐化有限责任公司副总经理；孙鹏，哲学博士，常州市社会科学院盐文化研究中心副主任。

狭义上的天，仅指与地相对的天；广义上的天，即道、太一、大自然、天然宇宙。

天还是一个神格化的概念。春秋战国之时，季梁曰："夫民，神之主也，是以圣王先成民，而后致力于神。"神为人创，民为神主，上古神秘观念渐消，"皇天上帝"之概念渐由自然之"天"取代，天为道德民意的化身，构成了后世中华文化信仰的基础。"敬天"成为中华文化中最基本的信仰要素之一。

现代意义上的"敬天"，就是对自然的敬畏，对资源的珍惜，对生活于其中的自然环境及社会环境发自内心并体现于言行的爱护和敬畏。

（二）敬天思想的内涵

如果往前推几十年，提起"敬天"两字，不少人会不以为然，或视之以保守，或批之以迷信。但是，在目睹了世界多地的诸如沙尘暴、海啸、暴雪、雾霾、地震等灾害，听闻过水污染、假冒伪劣产品、恐怖袭击、金融诈骗等事件后，人们开始冷静思考"敬天"的意义和重要性，开始反思一度流行的"人定胜天"观念和"耗尽式"开发自然资源的行为。

科学发展、节能减排、循环经济、低碳生活、绿色环保等转型发展理念的提出，是人类反思自身不"敬天"思想行为之后的理性选择。这里的"天"不是天帝鬼神，而是自然的规则，是社会的法则。只有对自然和社会心怀敬畏感恩，才能在处理人与自然及社会的关系时摆正位置，做出符合规则的事情。

敬天的必要性就像人们必须遵守规则和法律一样。自然规律是天地万物运行中的规则，法律是为维护社会秩序而人为制定的规则。如果缺少敬畏、感恩的敬天之心，世界会是什么样子？结果可想而知。

敬天思想的内涵和意义体现在以下三个方面。

一是敬天思想要求人们遵循自然规律。

人类生活在大自然之中，是大自然为人类提供了衣食和活动的场所。人类需要遵循大自然自身的规律，合理地从自然中获取所需，而不可不顾自然的法则恣意妄为。人类的活动倘若违背了自然的规律，破坏大自然固有的运行规则，必将造成自然秩序的紊乱和自然环境的恶化，进而危及人类自身的生活质量和生命安全。遵循自然规律是人类活动的必需，这种必需不是对人类活动的限制，更不是带给人类的枷锁，而是对人类生活的保护。只有遵循自然规律，人类的活动才不会危及自然和自身，人类社会才能够实现可持续发展。天高任鸟飞，鸟儿不可穿越到大气层以外去飞翔；海阔凭鱼跃，鱼儿只有在水中才能够保障自身的自由。人类的活动也是这样，只有遵循自然规律，才能够自由快乐地生活。

二是敬天思想提醒人们遵守社会秩序。

人类生活在社会之中，社会为个人提供生存和发展的基础和平台。倘若离开了社会，个人的生活将会极其艰难。社会环境也是个人赖以生存的“天”。遵循社会法则，维护社会正义，维持社会和谐，为社会创造美，以个人努力和奉献来感恩、回报社会，也是个人的“敬天”之举。

美好社会的形成离不开全体社会成员自觉做到遵守秩序、诚信友善、热爱生活、敬业爱国。如果人们缺少对社会的敬畏和感恩，缺少基本的道德和诚信，那么社会中每个成员的基本权利和利益都将无法得到保障，甚至会危及生命安全。诸如坑蒙拐骗、假冒伪劣产品、恐怖袭击等违法犯罪现象已经在一定程度上损害了人们的利益。尤其在当今信息发达的时代，以“敬天”心态对待生活是形成美好社会的重要保障。

三是敬天思想促进人类与社会及自然实现互利共赢。

人们心怀敬畏和感恩之情面对自然或处理社会事务之时，营造的必然是生态良好的自然环境及有序和谐的社会环境。这样的自然环境和社会环境有利于人们的身心健康，有利于人们享受自然之美和社会之美，有利于人们幸福指数的提升。所以说，敬天有利于人类与社会及自然在相处的过程中实现互利共赢。

以敬畏之举开发自然资源，则资源得到合理的利用而造福人类；以敬畏之情看待自然万物，则大自然给人以美的感受；以敬畏之心处理人与自然的关系，则自然会给予人类以宜居的回报；以感恩之举参与社会活动，社会就给人以愉悦；以感恩之心处理社会关系，社会就给人以和谐；以感恩之情看待社会百态，社会就给人以美和收获。

总之，人们爱护自然的同时，也会享受到自然带来的乐趣；人们营造美好社会的同时，也会享受到社会带来的福利。敬天，是中华民族的优秀文化传统，其对个人、自然及社会都是有利而无害的。

（三）敬天思想的传承

在科技发展日新月异的新时代，人们该如何传承、发展敬天思想呢？

首先，要培养良好的个人品德和自我约束能力。美好的环境需要人们自觉地爱护，美好的生活需要每一个社会成员共同努力。传承优秀传统美德，践行社会主义核心价值观精神，培养良好的个人品德和自我约束能力，提升自身素养，这是对自身和社会发展负责任的态度。把“爱国、敬业、诚信、友善”作为行为准绳和道德规范，是提升个人素养、建设美好生活必须迈出的步伐。祖国是个人赖以生存发展的摇篮，以振兴中华为己任，促进民族团结、维护祖国统一、自觉报效祖国，这种对祖国的敬畏和深厚的情感就是“敬天”。工作是人们获取生活所需、实现人生价值的平台，忠于职守、克己奉公、服务人民、服务社会，对职业的敬畏和爱也是“敬天”。诚实劳动、信守承诺、诚恳待人，人与人之间和睦友好、互相尊重、互相关心、互相帮助，这种诚信、友善的处世原则和生活态度也是“敬天”。贤文化提倡反求诸己的思维方式，正是提倡人们自我反省、提升素养，为社会奉献出自身的爱与美，是把敬天思想贯彻在日常生活之中。

其次，要培养科学的生态伦理思想。生态伦理是人类处理自身与生态环境关系的道德规范。大自然是人类生存的客观环境，人类对自然生态的爱护也是对自身的关怀。科学的生态伦理包括保护生态平衡及生物多样性，保护并合理使用自然资源，保护自然生态与物种多样性，最大限度实现人与自然和谐共生。生态伦理思想把道德的范围扩展到人与人的关系之外，而关注人与自然和谐发展。自觉维护人类活动与自然规律相协调，保持污染物排放与自然生态系统自净能力相协调，促进自然资源开发利用与自然再生产能力相协调，为人类的持续发展留下充足空间。人类只有自觉控制自己的生态道德行为，并理智而友善地对待自然界，人与自然的关系才会保持和谐，才能够实现人与万物的和谐共生。贤文化提倡的“三才相通”，就是倡导关注和爱护人与自然的关系，维护人类与自然万物之间的共生状态，追求天地人之间的和谐，是要求把敬天思想落到实处。

再次，要培养高尚的社会伦理思想。社会伦理指在处理人与人、人与社会关系时应遵循的道理和准则，是做人的道理和人际符合道德标准的行为准则。社会是人们进行生产劳动、交流交往、实现个人价值、获取物质及精神所需的场所。良好的社会环境是人们获得幸福生活的基础。以敬畏和感恩的心态营造良好的社会关系，建设美好的社会环境，是人们应有的生活态度。诚实劳动、合法经营，担当社会责任，为社会奉献美好，只有每一个社会团体和个人都自觉遵守社会公德，以高尚的道德情操和社会伦理对待社会，自由、平等、公正的美好社会才会真正实现。贤文化主张理事圆融的思维方式，也就是提倡人们摆正自身在社会中的道德位置，素位而行、积极进取、乐于奉献，尽己所能地为社会发出光和热，奉献更多的爱和美，使敬天思想能在社会实践中体现出来。

（四）敬天思想在企业的实践

企业是利用自然资源及社会资源，综合运用资本、技术、劳动力和企业家才能等生产要素，向社会提供商品或服务的社会经济组织。企业的生产、经营和管理都是在自然和社会环境中进行的。珍惜资源、爱护环境、遵循规律、顺应自然的敬天思想对于指导企业运营尤为重要。

任何事物都是在其固有的环境中诞生的，环境造就万物、滋养万物、承载万物。万物生存发展所依赖的环境是天地运行的产物，所以说“世间万物乃天生之，地养之”。

天道变化而生出万物，地道承载而滋养万物。人生于天地之间，当效法天地之精神，自强不息、厚德载物，遵循天地生养万物的规律，经常反省自身的言行，使思想和言行不违逆天地规律，顺应天道生物、地道滋养的规律，将仁爱万物之心发扬光大。所以说“人当用仁心助天生物，助地养形”。

天地人三才相通之时，阴阳平衡顺畅，万物有序运行，世界生机勃勃，社会和谐美好。这是物资丰富、资源得到合理利用的社会，是人民幸福、百姓和乐的太平盛世，是所有社会团体都应该努力追求的方向。“如此，则天地间万物得以畅茂，资用富足，瑞应常现，天下和乐，此为企业者不可不审且详也。”

盐盆资源是大自然赐予的珍物。金坛盐盆形成的年代久远，拥有丰富的优质岩盐资源，埋藏于距离地表八百米以下的岩层中，是适合综合开发利用的天然宝藏。面对这宝贵的资源，中盐金坛人从社会发展的大局出发，以敬畏感恩之心，珍惜资源、爱护万物，有计划、有步骤地走盐穴综合利用之路，构循环发展模式，建设绿色矿山，建立高新技术企业。节约资源、保护环境、造福民生，顺应自然规律，奉献国家社会，立天地良善之心，行天地生养之道，保一方碧水蓝天，建企业人安身立命之家园。故此曰：“盐盆资源为天赐珍物，金盐人深察于资源有限，不敢以私心恣意取利，故怀敬畏感恩之心，构循环发展模式，珍惜资源，爱护万物，保一方碧水蓝天，以不失天地之心，顺四时生，助五行成。”

回顾中盐金坛公司的发展史，敬天思想一直是中盐金坛人发展路上的指南针。“有限资源，无限循环”的发展理念，“三个一体化”的循环经济格局，“以人为本，科技兴盐”的战略布局，“科技人文，协同发展”的双轮驱动模式，“敬天尊道，尚贤慧物”的价值观，金盐人锐意进取、敬业奉献、反哺社会、勇担社会责任的思想和行为，无疑是敬天思想的生动诠释。

二、尊道

（一）字义辨析

“尊”有多种含义。首先，“尊”通“遵”，有遵循之意。在古代，这种用法比较普遍。《墨子·备城门》中“然则守者必善而君尊用之”就是这种用法。其次，尊字有重视之意。《玉篇·寸部》解释为：“尊，重也。”《吕氏春秋·审为》的“能尊生，虽富贵不以养伤身，虽贫贱不以利累形”，其中的“尊”为“重视”之意。再次，“尊”还有“敬重”的意思。《广雅·释诂一》曰：“尊，敬也。”《论语·尧曰》“尊五美，屏四恶，斯可以从政矣”，其中的“尊”即为“敬重、推崇”之意。贤文化关键词“尊道”中的“尊”，比“遵”的含义更加丰富，有遵循、重视、敬重之意。

《说文解字》把“道”解释为“所行道也”。《说文解字注》进一步注解为：“道者人所行，故亦谓之行。道之引申为道理，亦为引道。”《汉语大词典》进一步把“道”解释为道路、门类、方法、本体、规律、道德、引导、治理等多种意思。哲学中的“道”，是指万物运行的自然轨迹，是自然而然地遵循着规律的运行。万物的产生是环境综合作用的结果，故此，万物运行皆有其自然而然的规律。此规律，就是其运行应有的“所行道也”。

尊道，就是遵循事物的规律行事，推动事物向健康的方向发展。尊道的行为表现为重视环境对事物的作用及事物本身对环境的反作用，以事物与环境之间的和谐关系及可持续发展为重，对事理、规律、道义、技艺等存有尊重和敬畏之情，并付诸行为过程中。

（二）尊道的意义

尊道而行有利于人与自然的和谐，有利于社会和谐有序，有利于成就个人之仁德，是人类社会的一种必需。尊道而行方为德，有德者人成事成。《礼记》曰：“德者，得也。”意思是说有德行的人必然会有所得。因为养成仁德才是人之所以为人而有别于其他生物的根本，所以，尊道而行才能够成就真正意义上的“人”。

人类如果对生存于其中的大自然缺少敬畏与尊重，倘若任意破坏自然环境，不但会使环境恶化，迟早还会遭到大自然的惩罚。尊重和敬畏人类所处的环境，做计划的时候了解自然规律，做事情的时候顺应自然规律，日常生活中遵从自然的法则，以不违背自然规律、不破坏自然环境为基本准则。这样的尊道之举有利于人与自然的和谐。

社会是人与人形成的各种关系的总和，是在特定环境中共同生活的人群形成的相互依存的集合。特定的社会环境形成了特有的规律，社会成员遵从这种规律就利于自身的发展并保持社会关系的和谐，违背这种规律就会阻碍自身的发展且破坏社会关系的和谐。遵从社会规律，尊道而行，则其乐融融，社会和谐有序。

万事万物在特定环境中产生，是环境之道运行的产物。万物运行仍然需要遵循环境大道运行的规律。遵循这种“道”做事，则顺应了所处环境固有的规律，就会减少事物发展中可能受到的阻碍，助推事物健康发展；遵循这种“道”做人，行为和思想符合了自然及社会发展的规律，使人的德行在生活中彰显、人格在岁月中完善，使人在顺利发展中有所成就。故此，尊道而行有利于成人成事。

为人处世应遵循什么“道”？这个“道”的具体表述就是道德规范。崇德而能不断积德，就会成为德高望重之人，众望所归，为天下人所敬仰。没有道德的人，为众人所不容；没有道德的社会，必然混乱、腐朽、堕落。道德与人类幸福息息相关，尊道贵德是人类必须做的。

（三）怎样尊道

所谓“尊道”，就是按事物的发展规律行事，推动事物向健康的方向发展。《周易·说卦传》曰：“立天之道曰阴与阳，立地之道曰柔与刚，立人之道曰仁与义。”这段话阐明了天地人之道，指出了仁义道德是人道的核心，贵德是万物得以昌茂以及人得以健康发展必须遵循的道。故《周易·系辞传上》说：“一阴一阳之谓道，继之者善也，成之者性也。”但道看不见摸不着，“仁者见之谓之仁，知者见之谓之知，百姓日用而不知”，如何尊道而行呢？《道德经》给了我们提示：“道生之，德蓄之，物形之，势成之。”这就是说，万物生于道，依靠德来养育，得于道而成于德，道德是物之为物、人之为人的根本。抽象的道落实到人的层面就是具象的德，尊道者当从贵德入手，以遵循人道为出发点，坚守道德，提升素养，则思想行为契合于天地大道。

尊道是一种理念，更是把道德思想融合于行动之中的行为，需要人们留心生活，体悟万物之道，在明理的基础上把思想和行为掌控在与“道”相合的健康发展之路上。在生活中，尊道之举亦体现出一些共同的特征。

留心生活，体悟万物之道。“道”不是遥不可及的玄幻虚无，而是蕴含于万事万物之中的规律和道理，是事物自然而然的样子。热爱生活，留心观察事物，体悟并认识事物之中的道理和规律。认清了事物之“道”，才会有利于尊道而行。

尊重与敬畏自然规律、社会规律及一般规律等各种各样的法则，合“道”而行，勇于实践。万物运行有其内在的规律，遵循自然规律有利于自然和自身的发展，是尊道之举；社会是按一定关系而组成的人的集合，尊重社会运行和发展的规律，做人做事心存敬畏，是尊道之举；万事万物在运行发展中都有其已形成的规律，尊重事物固有的规律，遵循事物之道，亦是自觉的尊道之举。

涵养“德”，提升个人素养。万物之道自然而然地存在着，然而，由于欲望的驱使，并不是每一个人都能自觉地尊道而行。尊道的关键是为人处世心存尊重和敬畏，自觉地换位思考，遇到问题反求诸己，在利益面前先义后利，把思想和行为控制在健康的方向上。只有严格要求自己，自觉提升素养，修正自身的不良习性，涵养道德，才能够自觉地尊道而行。

尊道理念在表明为人处世态度的同时，更提倡一种融合知行的行为实践和知行合一的安身立命之功夫。

（四）贤文化之尊道

对于企业来说，尊道是什么呢？中盐金坛公司结合中华优秀传统文化及现代企业实际提出的贤文化，指明了企业的尊道之路：企业运行，必有其道，尊道而行方能长久。道也者，不可须臾离也，可离非道也。万物乃道生之，德蓄之，尊道贵德为应然之理。尊道之要在于进德，进德之要在于修身。故治企之大者，在尊道贵德，因循相习，自然天成，无为而治，臻于化境。

企业是现代社会的重要组成部分，企业运行发展既有自身的规律，又要与自然及社会的规律保持一致。尊道而行，才能使企业在与自然及社会的和谐相处中发展壮大自身，成就立于不败之地的百年企业，成就造福社会的受人尊重的企业。故曰：“企业运行，必有其道，尊道而行方能长久。”

“道”是万事万物固有的规律，是事物所处的自然环境与社会环境具有的规律，道无处不在，万物都处在“道”中。离开“道”的事物是不存在的，可以完全摆脱的就不是真正的“道”。

万事万物都是在特定的环境中产生的，只有遵循环境规律才能生存发展。对自然及社会环境的尊重和敬畏，对规律的顺应和遵从，这是万物应该具有的根本之“德”，也是万物的生存之道。涵养道德，尊道而行，是包括企业在内的一切人和事物最基本的法则和应有的生存之道。万物生于道，依靠德而成长，尊道者当从遵循人道出发，尊道贵德，思想行为契合于天地大道。故此，《贤文化纲要》曰：“万物乃道生之，德蓄之，尊道贵德为应然之理。”

万物之道自然而然地存在着，人的各种活动及做法遵循万物之道，则万物和谐有序，自然而美好。然而人的活动及做法往往以利益为中心而忽视道的存在，甚至在内心欲望的驱使下不惜违背外在的规律，破坏原本和谐的秩序，从而造成多种问题的出现。要拥有和谐，就需要人们自觉地遵守自然和社会的规律，在自身利益和外在环境产生冲突的时候，能够严格要求自己，不以自身利益而任意破坏外在的规律。这就需要人们修身养性，以道德为第一准则，把自我的思想和行为掌控在遵从大道规律的范围之内，以修身而进德，因进德而尊道。故此，《贤文化纲要》曰：“尊道之要在于进德，进德之要在于修身。”

企业是社会的组成部分，更是活跃在社会及自然环境中的有机体。企业活动受到社会及自然环境的制约，同时也反过来影响到社会及自然环境。企业是由多人在一起进行生产经营的有机体，企业的一举一动都会对社会及自然产生影响。遵循社会及自然的规律，尊重人性的本然，不以私心恣意取利，以人为本，先义后利，这是保证企业活动与自然及社会和谐的根本，是企业人安身立命的基础。企业经营管理的过程中当遵循自然及社会规律，把服务社会、造福百姓作为一切活动的宗旨，形成良好的企业人文生态，把强烈的社会责任感一代代传承和延续下去，使企业的生产经营活动在自然中奏出和谐的乐章，在社会中谱写美好的音符，在自觉的尊道行为中建设人民向往的美好生活，不给自然及社会带来瑕疵，达到最受人尊重之企业的境界。故此，《贤文化纲要》曰：“故治企之大者，在尊道贵德，因循相习，自然天成，无为而治，臻于化境。”

三、明本

习近平总书记在中纪委十八届七次全会上指出，“修身立德是为政之基”，强调“既猛药去疴、重典治乱，也正心修身、涵养文化，守住为政之本”。习近平总书记讲的“修身立德是为政之基”，“正心修身、涵养文化”是“为政之本”的重要思想，既可指导治国理政，也可指导社会治理和企业治理，包括企业如何“明本”这一理论与现实问题。

（一）本的字义

“本”的字义为“长在木下的根”，《说文解字》解释为“木下曰本。从木，一在其下。”如果树没有根，就无法吸收养分，也就无法生长，故名之为“本”。从这个角度上扩充开来讲，“本”是人和动植物的生命之源。因此，人和树一样要有“根”或“本”才能生存发展，而人的“根”或“本”则是人之所以为人的特性——人的德性，儒家称之为仁或良知，道家称之为德。人若离开了为人之“本”则不成其为人，甚至与禽兽无别，所以孟子说人的德性（仁或良知）是人区别于禽兽的“几希”。企业是由众多人组成、立于天地之间有生命力的组织，同样有它的“本”，企业若要持续生存发展，同样不能离开“本”。那么企业的本是什么？《贤文化纲要》明确指出：“员工为企业之本，本立则企业固；科技为兴盐之方，方举则企业强。”科技是第一生产力，而科技掌握在员工手中，所以员工就是企业的核心生产力，是企业的第一资源，是企业之“本”。一家企业如果人才兴盛，必然事业兴旺；只有筑牢企业之基，稳固企业之本，企业才能够如有本之木苍翠茂盛，如有源之水奔流不息。

（二）为何要明本

“明本”为何十分重要？试从“本末”关系来理解。

“本”与“末”相对。《说文解字》解释“末”为“木上曰末。从木，一在其上。”对于树木来说，“末”指的是树枝、树叶。枝叶的茂盛依赖于根系的发达，只有树根牢固，根系健壮，才能够枝叶茂盛；枝繁叶茂亦反哺树木，彰显树木的生机和活力。《大学》开篇说：“物有本末，事有终始，知所先后，则近道矣。”古圣先贤告诉我们，做事若要符合“道”，首先要明白“物有本末，事有终始”这个理，换言之，也就是要“明本”，要抓住事物的“本”。做事要分清本末，这样才会有始有终，如此才能接近“道”、符合“道”，才能够顺应事物的发展规律，把平凡的工作做到最好。所以，本与末相辅相成，末以本为体，本以末为用。经营企业也是这样，要明了人（员工）是企业生存发展之本，只有培育好人才队伍，使企业的根基牢固，才能够明本达用，成人成事，百业兴旺。

（三）如何明本

个人要明本，企业也同样要明本，这是贤文化的明确主张。但细论之，个人在明本方面的修行，与企业明本的修行，还是有所不同，需要详加论述。

1. 个人如何明本

作为个体的人，当如何在其人生中“明本”并紧紧抓住“本”不放？《大学》指出：“自天子以至于庶人，壹是皆以修身为本。”《大学》认为，修身是人生最根本的事，别的事都是“末”，如果没有抓住“本”，没有修好自身，要想达到家齐、国治、天下平的目标是不可能的，所以说“本乱而末治者否矣”。人生在世，会面临很多复杂的现象和矛盾，《大学》这部经典跳出纷繁复杂的万象，告诉人们要走好成功的一生，抓住“修身”是最根本、最关键的，修身是人生成功的保障。这种以“修身”为人生之“本”的哲学思维方式，教人在众多矛盾中抓主要矛盾，在主要矛盾中抓矛盾的主要方面，理清做人做事的思路，找到解决人生问题的关键所在，这就是个人的“明本”。

明确了修身是个人之本，那么，又该如何修身呢？儒家的另一部经典《中庸》点出了修身的方法：“修身以道，修道以仁。”这就是说，修身要努力做到仁，而仁的表现是“仁者，人也，亲亲为大”。孔子说仁者爱人，若要爱人须从处理好身边最亲近的人伦关系做起，让亲近者感受到自己的仁爱之心，让贤达者体会到自己对其的尊敬之意，这就是儒家说的“亲亲、尊贤”。“故君子不可以不修身；思修身，不可以不事亲”，修身，必须从处理好身边的人伦关系做起。

孔子在《论语》中提出“君子务本，本立而道生”的观点，他把“仁”视为君子所应当务的本，并提出君子务本修养的最高境界是“仁”。他在回答弟子如何做到“仁”时指出，“孝悌”为仁之本，孝即对长、对上要有恭敬之心，悌即对幼、对下要有友爱之心。人若能从“孝悌”做起，以恭敬之心待长、以友爱之心待下，这样离仁就不远了，也就接近人之“本”了。这也是说的修身必须处理好身边的人伦关系。

2. 企业如何明本

如前所述，人之本是修身立德，彰显人的德性，以身边的族群为中心、以德性为亲和力，向外辐射构建和谐稳定的社群关系。如果把企业视为有生命力和生命周期的组织，那么，企业的明本，实际是个人明本的放大或推广。企业由员工组成，他们围绕一个共同目标走到一起，因此，从结构和基础上讲，员工为企业之本，员工队伍强，则企业的生命力就强；员工素养高，则企业的发展水平就高，这是一个简单易懂的道理。而员工之强就强在责任心强、奉献精神强、爱国之心强、业务能力强；员工素养之高就高在思想觉悟高、道德水平高、做事风格高、看问题视角高。所以，高素质的员工团队是企业永葆生机与活力的根本，正如《贤文化纲要》所言"本立则企业固，方举则企业强"。

从不忘初心、牢记使命这一角度来讲，建立企业这样一个组织，其出发点和归宿是以企业为工具或平台，实现人类的各种理想，包括儒家所说的"经世济民、治国平天下"的崇高理想。因此，"以人为本"无疑是建立企业这一现代经济组织之初心和使命。企业之明本，即是清醒地把握人是企业的出发点和目的（主体），而不能反过来将人作为企业的工具，正如《诗经·大雅·荡》所说"靡不有初，鲜克有终"，如果忘记初心和使命，企业也无法长久。

因此，无论从哪个角度讲，人是企业之"本"，企业是实现人类价值与理想的载体；而人之本是修身立德，故企业之本也是修身立德。

如果说作为个体的人"明本"必须从处理好身边亲近者的人伦关系入手，那么，作为企业的"明本"，则必须从提供产品与服务入手，在不断解决市场供需矛盾、满足人们的幸福美好生活所需的过程中立企业之德，以德性的力量亲和客户、合作伙伴、股东等企业的周围关系，形成共生共长的命运共同体，使企业长生久视。而这些实质上仍然是为了人。

正因为企业的明本具有如此浓厚的人文特质，当前有很多企业在探索和实践如何把传统文化导入企业精神文明建设中，以推动企业生产经营管理不断向"以人为本"的目标优化和创新。如方太集团的方太儒道管理模式，我们中盐金坛公司的尚贤管理模式，等等。方太集团的儒道管理经验表明，企业的市场竞争力不是从与其他企业同行的相争中产生，而是在自身的创造、突破中产生和提升。企业只有从以人为本出发，不断提升产品和服务的人性化满足程度，才能具备真正的市场竞争力。方太集团认为，企业管理的本质是引导员工修炼内功，修身立德。

中盐金坛公司贤文化传承优秀传统文化之精神，融合现代科技文明之资源，把“尚贤慧物”作为“明本”的实现路径，以科技创新、人文创新为动力，持续探索盐产品的创新和盐矿资源的综合利用，调整结构，延伸产业链，建立“有限资源，无限循环”的发展模式，达到企业永续经营的新境界。

“员工为企业之本，本立则企业固；科技为兴盐之方，方举则企业强。人文科技，二者不偏。若此必汇通中西，融贯古今，明本达用，人成则事成，事成则业兴。”这是中盐金坛贤文化对企业如何明本的独特阐释，也是金坛盐矿开发三十年的经验总结。历史的经验告诉我们，只有对企业之本理解得更加深刻和精准，企业的健康发展之路才会更加广阔。

四、顺性

怎样理解贤文化提倡的“顺性”？为什么说“诚为人之本性”“致诚者少私寡欲”“顺性者辛而不躁”呢？这要从弄清楚“顺”“性”的字义开始。

（一）字义辨析

“性”字由“心”和“生”构成，表意为内心产生，指人的本性、事物的性质或特性，也可以指人或事物的性情、脾性以及思想、情感和生活态度等。《广雅》指出“性，质也”，认为“性”是人或事物的本质，即本性。《中庸》开篇“天命之谓性”，指明“性”是天然禀赋。《荀子·正名篇》提出“生之所以然者谓之性”，意思是说性乃生命之所以为生命的本来样子。

《说文解字》对“性”的解释是“人之阳气性”“善者也”，表明“性”是指人之阳，具有善的特征。中国传统哲学认为万物都有阴和阳组成。“性”是人的“阳”，表现出来就是“善”。古人把行为和思想分为善和恶，并且用阴阳对应善恶：善念善行可公之于众，属阳；恶念恶行难以见人，属阴。故此，《说文解字》把“性”解释为“人之阳气性”“善者也”，也就是说“性”是“阳”，是“善”。

这种认为“性”是“阳”“善”的思想，在孔孟学说中已经形成。孔子有“性相近也，习相远也”的论断，认为人们阳的一面是相似的，人与人的悬殊是由于生活中形成的不同的“习”造成的。孟子明确提出人性本善的论断，并且用水之处下不争比喻人性之善：“人性之善也，犹水之就下也。”孟子认为人的“性”是善的，处下不争，是人厚德包容的一面。

“性”亦有“不改，不迁”之意。改指时间变化，迁指空间运动。从“不改”“不迁”的字义可知“性”具有稳定、忠实、自然的特征。董仲舒认为性是生命的根本，表现出来就是人的质朴和可靠：“性者，生之质，质朴之谓性。”本质、质朴、稳定是“性”的体现，而不稳定、多变是情和欲使然；性静而情动，情动而产生欲；人欲变动不定，使生命在和自然的矛盾运动中逐渐损耗。关于情、欲的多变性以及对生命的伤害作用在中国传统思想中形成已久。《礼记》把人的情分为七种：“何为人情？喜、怒、哀、惧、爱、恶、欲。”七情六欲不同于“性”，人的“性”是自然、质朴、稳定不变的；情和欲是不稳定、多变的，对生命起到损坏作用。所以，古人提倡清心寡欲以减少对生命的消耗，以坚守的执着和稳定的信念修身养性。贤文化所说的“人心本静”正是对性“不改”“不迁”之意的表达，“盖因私欲起则不静”亦是对情、欲多变特征的表述。

再来看一下《说文解字》对“顺”的解释：“理也。理者，治玉也。玉得其治之方谓之理。凡物得其治之方皆谓之理。理之而后天理见焉。条理形焉。非谓空中有理。非谓性即理也。顺者，理也。顺之所以理之。未有不顺民情而能理者。凡训诂家曰从，顺也。曰逊，顺也。曰驯，顺也。此六书之转注。曰训，顺也。此六书之假借。”《说文解字》把“顺”解为“理也”，并且借助对玉的打磨使其彰显本身漂亮的纹理来解释“顺”的字义，表明了“顺”的意思不是简单的顺从，而是通过顺应而进行治理、教化、驯服，使其抛开不规则的外在蒙蔽而彰显出固有的质朴和美丽。

通过以上对“顺”“性”字义的分析，有助于全面理解顺性，清楚顺性的意义。

（二）顺性的意义

性乃人之阳气性，是善的一面，是人对善不变、不迁的坚守。顺性就是要通过理顺，使阳和善的一面充分地发挥出来，彰显出本性中的质朴和美好。

在中国传统思想中，人是阴阳二气的聚合体，健康的人阴阳和谐；生命的衰老和病变是因为向着阴性发展而导致的阴阳失衡，当身体中全是阴之时，也就是生命走向终结的时候。如何增强阳的一面、阻止生命向着阴性发展，成为很多人关注的问题。古人认为，做事正大光明、内心光明磊落，这些可以公之于众的行为和思想是阳性的，有助于增强自身的阳性；相反，内心的阴谋诡计和行为的自私自利都是无法见人的，是具有阴性的思想和行为，做得多了就会增长自身的阴性而影响健康和生命。中国传统文化提倡助人为乐、积德行善、养浩然正气，是古人为人生意义的提升和人生价值的实现而做出的引导，也是为提高生命质量和增强健康程度、提升阳气性而做出的选择。

贤文化继承中国优秀传统文化思想，结合现代社会实际倡导顺性，是结合“性”字的本义，倡导尊重生命的阳性规律，发扬善的人性，使生命的长度和宽度得到充分的拓展，堂堂正正做人，踏踏实实做事，养浩然之阳气，助长生命的活力，提高生命的质量，活出健康人生。

综上所述，性为人之固有的阳，乃善，不随时空变动而改变；顺为理之意，是如治玉，通过顺而理，发挥导向、治理的作用，使事物之天理和本性彰显出来。顺性具有提升阳性，坚守善性，彰显本性之质朴和美好的意义。那怎样做到顺性呢？

（三）怎样做到顺性

要顺性就要长期坚持向阳向善的精神和行为。孔子说过：“人皆曰予知，择乎中庸而不能期月守也。”说明在生活中坚守中庸之道很不容易。顺性就是要顺应自身阳气、善良的本性，管理好自身的思想和情绪。顺性是人自控能力的体现，是顺应生命的善性，守护生命的阳气性，坚守生命应有的追求，做好生活中该做的事情，在平凡的岗位上把该做的事做好，在精微之事上尽心尽力。

要顺性就要顺应生命不改、不迁之本性。不改，是对本真的执着，是对阳的坚守，是对善的忠诚；不迁，就是不忘本，不离真，不随波逐流，不因外界的诱惑而迷失本身，不会为外界的干扰和自身的欲望伪装成原本不属于自己的样子。对不改、不迁的坚守也是人的“诚”，体现为诚实守信，忠贞不贰，诚实做人，诚信做事。“诚者天之道也，诚之者人之道也。”《中庸》指出“诚”是天地的属性，人要不断向至诚努力，一切事物的存在皆依赖于“诚”。

人类乃至所有生命的诞生来自天地合乎规律的运行，如果没有日月星辰的有序运转，没有云行雨施的自然造化，就不会有生命的欣欣向荣；没有春华秋实的普遍规律，没有五运六气的规范运行，就不会有人类的繁荣昌盛。日月轮值，阴阳交替，四季变换，春华秋实，日复一日，年复一年，大自然忠实地遵守宇宙的运行规律，才有了生命的诞生和繁盛，这是自然界对其本性的坚守，是自然之“诚”。生命是自然的产物，是宇宙之“诚”的杰作。人类生于天地之间，长于自然之中，得益于天地之“诚”，生长于自然之“诚”，禀天地自然之性，亦具有“诚”之本性，故“诚乃人之本性”。

企业的本性是什么？企业如何顺性呢？人是构成企业的主体，人之本性为“诚”，企业之本性理所当然为“诚”。企业只有遵循“诚”的原则才与人的本性相一致；诚实做事，诚信经营，企业才能发扬本性，发展壮大。正所谓“诚为人之本性，亦为企业之本性”。

顺人之本性当诚，顺企业之本性亦当诚。不诚则违背人之本性，亦违背企业本性。天地若不“诚”，则宇宙间秩序紊乱，可能造成灰飞烟灭的结局；万物若不“诚”，则会天下大乱，等待的是灭亡的厄运；人若不“诚”，则失信于人，失生存之和谐，将会面对失败的命运；企业若不“诚”，则失长存之根基，失发展之机遇，难以长存于社会，故“顺性者必明诚，不诚则无以成己成物”。

“诚”为人之本性，为企业之本性，为万物之本性，为宇宙之本性。“诚”是人类得以生存、企业得以发展的基础。怎样才能坚守“诚”而不会偏离呢？过度注重于名利情色等外在事物会产生欲望，私欲犹如迷雾使心灵难以找到正确的方向，只有博学至诚之方，审问至诚之理，慎思至诚之意，明辨至诚之道，笃行至诚之举，做到少私寡欲、清静自守，才能不被私欲困扰，智慧由生，开物成务，开创功业，享受和谐生活，营造幸福人生。故“致诚之道，在于博学、审问、慎思、明辨、笃行。人心本静，盖因私欲起则不静。致诚者少私寡欲，清静自守，智慧由生，开物成务，功业可定；顺性者辛而不躁，劳而不愠，洵美且乐”。荀子曾言：“君子养心莫善于诚，致诚则无它事矣。”先哲视“诚”为治国、齐家、修身、正心的根本。

（四）企业之顺性

对于企业来说，“阳气性”是什么呢？《易》曰：“天行健，自强不息。”天为阳，自强不息是对“阳气性”的描述。企业的“阳气性”就是企业的自强不息、奋发有为。

对于企业来说，顺性就是尽力研发和生产满足不同客户需求的产品，积极投身于服务社会的生产经营活动，尽可能提高产品质量和服务民生的能力，充分发挥企业在国民生产和社会生活中的作用。

研发并生产品种多、质量好的生活用盐以满足人民的需求，积极进行产品结构调整，共同发力于研发、生产和销售特种盐，更好地服务百姓的健康生活，这就是中盐金坛的顺性而为。走“三个一体化”之路，节能减排，进行技术创新，打造新型的产业特色，走循环发展之路，积极进行盐穴储能、压气储能建设，勇担社会责任，不断追求管理、技术、服务和业务等方面的创新，致力于推动中国制盐技术的发展，开创中国真空制盐技术的里程碑，发展绿色矿山，实现两化融合，获得常州市市长质量奖，这些都是企业的“阳气性”，是公司顺性而为的过程和必然结果。

企业之“善”是什么呢？《易》曰：“地势坤，厚德载物。”善是厚德载物，企业之“善”体现为反哺社会，厚德载物。

积累道德资本，在发展自身的同时反哺社会、服务民生，在创造物质财富的同时，为社会创造精神财富，培养德才兼备之才，这是企业回报社会的善举，是企业的顺性而为。

为客户提供卓越服务，为社会提供优质产品，贡献税收，带动行业发展，创造就业机会，与产业链和运营所在地区共同成长，以金坛盐盆为基础形成经济共同体，带动采卤、制盐、电力、化工、物流、安装、服务等企业的共同发展，创造更多的就业机会，为经济建设和社会服务做出更大的贡献；以人为本，培养人、成就人，助力人才成长，培养贤才贤德，为员工建立安身立命之所；以敬畏感恩之心开发资源，尊道而行，致力盐穴综合利用，服务国家能源储备战略；积极开展社会公益活动，扶持弱势群体。这些都是中盐金坛的顺性而为。

贤文化倡导的顺性，就是要顺善良心性。人的本性是善，以阳光心态顺着善的方向做人做事就是顺性。

五、尚贤

尚贤思想，古已有之。战国初期，墨子提出“尚贤”是“为政之本”的观点。墨子指出，国家之所以“不得富而得贫，不得众而得寡，不得治而得乱”，原因在于“王公大人为政于国家者，不能以尚贤事能为政也”，强调了国家用人要考察人们的能力和素养，让高素质的有才之人有职有权，发挥作用。墨子“尚贤”思想在后世得到了继承和发展，历经时代变迁，人们对“贤”的景仰和追求成为不变的旋律。

成圣成贤是儒家提倡的人格追求。儒家注重道德修养的提升和人格的完善，具有以德治国的理想。故此，儒家衡量人或认定圣贤的标准是把德放在第一位的。依据道德素养的高低而给予相应职位，使德位相配成为儒家选贤任能、治国理政的理想化尺度。“故大德必得其位，必得其禄，必得其名，必得其寿。故天之生物，必因其材而笃焉。故栽者培之，倾者覆之。”《中庸》这段话肯定了“德”是担当重任的先决条件和充分条件，有德者必然得到相应的职位、财富、名声和健康，这是儒家的“尚贤”理想。因此，“尚贤”是指引导和培养人提升道德素养，给予有德者相应的尊重和职位，使德才兼备之人能够在造福社会方面发挥应有的作用。

（一）贤的字义

何谓贤？贤字从贝，其本义是“多财也”。段玉裁《说文解字注》在注解“贤”字时说：“贤，本多财之称，引申之凡多皆曰贤。人称贤能，因习其引申之义而废其本义矣。”如《左传·文公六年》：“使贤者佐仁者。”范宁《集解》注释道：“贤者多才也。”随着时代的变迁，贤的本义用得越来越少，而其引申义则渐成通义。引申义在使用的过程中，也有了多重衍变：一是“超过”义。韩愈《师说》：“弟子不必不如师，师不必贤于弟子。”二是“善”义。《礼记·内则》：“若富，则具二牲，献其贤者于宗子。”郑玄注：“贤，犹善也。”三是“尊重”义。《论语·学而》：“贤贤易色。”贤文化之贤，取“德才兼备、德才过人”之义。

从字形结构来看，“贤”的繁体字写作“賢”，由臤和贝组合而成。“臤”意为驾驭或掌握，“贝”在古代意指财物。“贤”本义为多财，贤人是有财富而且有道德、拥有造福众人之才能的德才兼备之人。儒家思想是中华传统文化的主流，这种对“贤”的解释很显然体现了儒家对“贤”的认识。儒家认为修身立德是成就事业的基础，有“积善之家必有余庆”的观点。在儒家看来，贤人是有财、有才，德才兼具、德才过人的理想人格典范。

《汉语大字典》对“尚”的解释有增加、添饰、超过、尊重、举荐、喜欢、愿望、久远等多种含义，而且还有与其通假字“上”“掌”“常”等字相同的字义。《说文解字》中有“尚，曾也，庶几也”，徐灏对此注曰：“尚者，尊上之义，向慕之称。尚之言上也，加也。曾犹重也，亦加也。”在和“贤”连用而组成的“尚贤”一词中，“尚”显然是尊重、举荐、喜欢、增加之意。

尚贤，也就是鼓励人们朝着德才兼备方向努力，提升其自身素养和服务社会的能力，尊重有德有才之人，举荐并给予贤者相应的职权让他们更好地发挥造福社会的作用，形成并坚守尊贤、爱贤、用贤、成贤的良好风气。

（二）尚贤之路

如果说从字义上诠释“贤”，更多的是理解“贤”的内涵，那么，从具体表现言之，贤者的德才兼具、德才过人是什么样的状态呢？儒家创始人孔子认为，贤者应具备的品行和才能主要有以下几个方面：

一是见利思义。孔子称赞其弟子颜回之贤曰：“贤哉，回也！一箪食，一瓢饮，在陋巷，人不堪其忧，回也不改其乐。贤哉，回也！”“乐道不忧”的贤德修养体现在企业生产经营活动中，就是要求企业和员工“义利兼顾，以义为上”，换言之，即以维护义、维护公共利益作为企业行为的价值取向，在此前提下实现企业和员工之福利。“贤者之德若水，随方就圆；贤者慧物，见利思义”，其所倡导的是一种乐道不忧的精神。

二是知人善任。鲁哀公问政于孔子时，孔子提出“见贤必进之，而退与分其禄”，“国无事，则退而容贤”的观点。使贤者在其位，使英雄有用武之地，用好用活人才这个第一资源，尚贤之举才能落到实处。

三是见贤思齐。孔子说：“见贤思齐焉，见不贤而内自省也。”向优秀者学习，向贤者看齐，消除自身短板，善于通过学习贤者和改过自新而提升自身的素养和能力，才是实实在在的尚贤。

四是贤贤易色。子夏曰：“贤贤易色；事父母能竭其力；事君，能致其身；与朋友交，言而有信。”看到贤人能肃然起敬；在家能竭心尽力地爱家庭，爱父母；在社会上做事，对人、对国家能放弃自我的私心，能够许身为国；在事事物物上做到向优秀者学习，则能不断向贤者的目标接近。

中国自古就有修贤育贤、选贤任能的治国理政之道。孔子将“先有司，赦小过，举贤才”作为治政的三方法、文王访姜尚于渭水、刘备三顾茅庐请孔明，这些求贤若渴的故事流传千年。企业作为社会组织，其治理之方亦离不开贤才。传统的尚贤智慧，同样有益于企业的发展和基业长青。尚贤，表达了贤文化主张唯才是举、选贤任能的人才观，同时也指明了企业人才的成长方向。贤文化所尚之“贤”有两大特点：一是知行合一，二是修己安人。

首先，贤者要做到知行合一。贤文化提出“知之不易，行之亦艰，惟贤者可通知行”的理性观点，既看到人人有追求成圣成贤的愿望，但又看到人在具体问题和现实生活中保持理想人格的艰难；既肯定人修身立德提升自身素养的决心，又承认人在利益及欲望面前容易造成知行分离的实际困难。“如是则知中有行，行中有知，知则真切笃实，行则明觉精察，知行合一方为贤才。”为此，贤文化提出以成就圣贤人格为目标，在实际行动中坚持道德修养的提升和人格的完善，既知则行、行则有知，使知与行相互融合与促进。

其次，贤者要做到修己安人。要成为贤才，需从提升内在的素养开始，既要加强对科学文化知识的学习，使自己具有服务社会、造福大众的坚实本领，又要注重思想道德水平的提升和人格的完善，使自己真正成为爱国爱家爱人民的大爱之人，这样才能“内修其身，博学厚德；外建其功，修己安人”。

要言之，贤文化所说的贤者，是德才兼备、德才过人、博学厚德、知行合一的人格典范，是浸润了中国优秀传统文化风骨、同时又兼具现代文明素养的时代精英。正如《贤文化纲要》之《尚贤》所言：“知之不易，行之亦艰，惟贤者可通知行。如是则知中有行，行中有知，知则真切笃实，行则明觉精察，知行合一方为贤才。贤者内修其身，博学厚德，达者外建其功，修己安人。”

六、慧物

（一）字义辨析

慧物之“慧”是聪明、智慧的意思。“慧”是一个形声字，由“彗”和“心”构成。“彗”字上部的两个“丰”指的是草、竹之物，“彗”意为用草、竹之物制成的扫帚。在“彗”的下面加上“心”，表达的意思是把无用的野草、竹竿，经过内心构思后，制作成方便人们使用的扫帚，使无用之物成为有用之物。从“慧”的构成可以感知到它的本义是把没法直接使用的自然之物改造成方便使用之物的构思和想法，是通过劳动把无用之物生产为有用物件的才能和智慧。该字在表达聪明、智慧之本义的同时，也体现出对生产劳动及经验技能的肯定与认可。在汉字演化过程中，由“慧”的本义引申为狡黠之意，兼具仁爱、柔顺、善待等意思。在佛学中，“慧”意指了悟、破惑证真，如慧根、慧眼；在中医中，“慧”有清爽、眼睛清亮等意思。“慧”作聪明义时，与“惠”通假。比如，《世说新语·夙惠》中“何宴七岁，明惠若神”，此处的“惠”有聪明之意，通“慧”。《礼记·表记》中“节以一惠”，郑玄注释此句曰“惠，犹善也”，此处“惠”通“慧”，意为善良。

看到“物”字，人们自然而然会认为是“物体”“外物”等意思。“物”也是一个形声字，牛旁勿声。在古人思想中，觉得牛是庞然大物，故此以“牛”作形旁表示“物”。《说文解字》有“牛为大物”。段玉裁注此句为“牛为物之大者。故物从牛”，意为牛看起来比较大，所以用“牛”作形旁来表示物。甲骨文中的“物”特指杂色的牛。众多毛色差异的牛统称为杂色的牛，因此，“物”引申为万事万物之意。现代汉语中，“物”表示物体、事物、形色、环境等多种意思。《易·系辞》有“方以类聚，物以群分”，其中“物”指的是客观存在的物体。“物”字不但指物体，还可以指事、事情之意。《玉篇·牛部》有“物，事也”，这句话直接表明“物”就是事、事情之意。《易·家人》中“君子以言有物，而行有恒”中的“物”也是“事”之意。《礼·哀公问》说：“敢问何谓成身，孔子对曰：不过乎物。”《周礼·地官·大司徒》中“以乡三物教万民，而宾兴之”，其中的“物”皆是指事、事物、事情之意。

综上所述，慧物兼有慧“物”和慧“事”之意蕴。慧物，就是要顺应自然，善待万物，以合理的方法、科学的技术开发利用自然之物，使无用之物成为有利于百姓生活及社会进步的有用之物。慧事，就是要以仁爱之心待人处事，敬畏自然，成就人事，以利于人的发展和社会进步，坚守善的德行和操守，建设人民向往的美好生活。

（二）慧物解读

通过对字义的了解，可以认识到慧物的含义：人们在相应思想理念的指导下，通过劳动把没法直接为人所用的自然之物改造为方便使用的有用之物，以仁爱和智慧把事情做好，建设美好的生活。

慧物是结合自然物本性而进行改造和利用的思想。自然之物本无贵贱好坏之分，认清其本性而进行合理的改造，就会产生相应的功用。万物皆有其自身的规律，只有顺应其规律加以开发和利用，才会发挥自然物方便生活、造福社会的功用；倘若不结合自然物的本性，不遵循大自然固有的规律而盲目改造，不但无法发挥自然物应有的作用，还可能带来麻烦，遭受自然的惩罚。在改造和利用自然的过程中，需要遵循自然的规律，任何一个环节的失误或大意都有可能造成意想不到的损失。因材施用，才能够物尽其用；以敬畏之心谨慎用好自然的每一个环节，才会使生产过程安全高效，充分发挥自然资源造福人类社会的功用。

慧物就是以合理的方法，使自然之物成为有利于百姓生活及社会进步的有用之物。大自然是人类赖以生存的环境，拥有人类生存所需的各种资源。但是，多数自然之物没法直接被人类使用，需要借助一定的方法和技术加以改造，才能变为人类可以使用的有用之物。这不但需要人类以科学的理念和构思开发自然之物，还需要以合理的方法和技术改造自然之物，以合适的方式和态度利用自然之物。以科学发展观为指导，最小程度消耗自然资源，最大程度开发自然资源的价值，综合利用，可持续发展，增加生产产品的附加值，正是贤文化慧物告诉企业人应该拥有的理念和态度。

慧物是要以仁爱之心待人处事。对自然物的利用要遵循自然的规律而不能为所欲为，待人处事同样需要遵循社会的规律而不能违背伦理道德。伦理道德是人们在生活实践中总结出来的待人处事应有的态度，是维系社会秩序和保障生活美好的准则。“慧”有仁爱之意，慧物就是要在为人处事中秉持仁爱之心。仁爱是以儒家伦理为主流的中国传统伦理道德的核心思想，是符合中国实际、具中国特色的道德准则，是为人处事中的亲善关系。孔子提出“克己复礼谓之仁”，主张人们以克制礼让的心态保障社会关系的美好，并且指出“为仁由己”，待人处事中要以自觉的道德修养保障思想和言行之道德。宽仁慈爱，正是慧物理念提倡的待人处事之准则。

慧物是要尽己所能地妥善处理各种事务。社会生活是由各种各样的事务组成的，人们在现实生活中需要以正确的态度和方法处理好各种事情，处理这些事务的态度和方法决定着事情的发展方向。慧乃智慧，物乃事务。掌握必要的生活技能，尽己所能地运用经验和智慧，做好该做的事，把行动与思想有机结合起来，以可持续发展理念为指导，处理好长远利益与眼前利益之间的关系，处理好个人利益与国家及人民利益之间的关系，做事情义利兼顾，先义后利，这样才能够保障所做的事朝着利于个人发展和社会进步的方向前进。

慧物是要建设美好的生活。慧物是在认清自然物的基础上，科学地开发自然物的构思；是合理地改造自然物，使原本无法使用的无用之物成为有用之物的行为；是以仁爱之心待人处事，营造宽仁、慈爱的社会环境；是尽己所能地做事情，处理好义利关系。以善良和友好的心态对待生活中每一件事，在人际交往与合作中充满真诚和友爱，让人们在工作和处理事务的过程中感受到快乐，使人们在交往和独处中都能够感受到和谐与美好，使人们在处理每一件事务的过程中创造美、分享美。

（三）贤文化之慧物

中盐金坛公司本着以人为本、科技兴盐的精神，综合利用盐穴资源，建设绿色矿山，以贤文化为企业文化，提出“敬天尊道，尚贤慧物”的核心理念，旨在建设履行社会责任和可持续发展的现代化企业，在具体的工作中培养和锻炼人，提升员工素养，为企业和社会培养德才兼备的人才。贤文化提倡的慧物，是要引领企业顺应自然和社会规律，科学利用自然资源，经营管理中以人为本，义利兼顾，建设企业人安身立命的精神家园，为中国梦的实现贡献企业和企业人应有的努力。

《道德经》第八章从论述水的特性开始，对“善”做了说明。“上善若水。水善利万物而不争，处众人之所恶，故几于道。居善地，心善渊，与善仁，言善信，政善治，事善能，动善时。夫唯不争，故无尤。”先哲以水喻善，告诉人们为善就像水承载和滋润万物一样。水承载万物而利于万物的生存，滋润万物而利于万物的发展，利万物而不与万物争夺利益，在自然而然的运行中接纳万物、成就万物。谦和不争、接纳进取，这正是水自然流露出的德性，是体现出“道”的上善。贤文化引领企业在经营管理中借鉴水利万物而不争的德性和攻坚而无不胜的智慧，做受人尊重的企业。贤文化提倡企业人学习水无私的美德和谦和的胸怀，成就德才兼备的贤者。贤文化提倡以水之德性和智慧引领企业人，善于建设安身立命的场所，善于以宽广的胸怀保持内心的平静，善于真诚待人、营造友爱的人际关系，善于把诚实守信的品行贯穿在说话和做事中，善于在社会建设中无为而治地体现管理的艺术，善于发挥所长而做好自己擅长的事，善于顺应时机所需而做出决定和行动。贤文化提倡正确对待利益问题，见利而思义，不为私利而争夺，以平静的心态建设和谐美好的生活。故此，贤文化提出：“水无私心，利万物而不争，谦下而容众，攻坚而无不胜，此为上善。企业亦如是，无私则容，容则公，公则无争，无争则无所不利。”

“故贤者之德若水，和而不同，随方就圆，近者亲而远者悦。”贤文化提倡学习水之善德，秉持谦和、低调、承载、容纳、利万物而不争的德行；与人相处真诚友善，尊重和接受世界的多样性，心无芥蒂，和乐融融；看问题不偏执，做事情不走极端，养成遇到问题反求诸己的思维方式，生活中圆融无碍，与自然及社会环境和谐共生，三才相安。

贤文化承认人们对利益需求的正当性与合理性，也看到了利益问题几乎是一切社会问题的根源。故此，贤文化鼓励人们掌握科学技术以提高劳动生产率，以合理的方式创造和获取利益，以科学发展理念综合利用自然资源。而且，贤文化认识到利益的大小及社会财富的多寡并不能从根本上保证人们的幸福及社会的和谐，在面对利益和诸多问题的时候，明辨义利关系，以国家和人民的利益为重，以道义和责任为先，才能够保障社会和谐及国家的发展，重道义、顾大局、讲和谐，利益面前不因私利而动心，这样才能够心平气和，利己利人，才是贤者应有的素养，这才是实实在在的“慧物”。故此，贤文化提出：“贤者慧物，见利思义，重义而兼利，责任为先，富国利民。”

贤文化提倡慧物，这是给企业经营和管理提出的基本方向，也是给企业人工作和生活提出的基本准则。企业作为国民经济建设的重要组成部分，有责任以科学发展观为指导，综合利用自然资源及社会资源，以美好的物质文明成果和精神文明成果造福百姓生活及社会发展和建设；企业人作为社会主义经济建设的主力军，有义务在工作和生活的历练中不断提升思想道德素养和科学文化素质，以更高的生产技能和更加完善的人格修养，为社会提供更高质量的物质产品、精神文化产品和能够创造美的行为。慧物，是贤文化赋予企业和企业人的一种理念，也是建设美好生活的一种追求。

七、贵和

（一）字义辨析

“和”字由“禾”与“口”组成。“禾”代表禾苗，意为粮食五谷。通过种植庄稼、获取五谷的途径满足对食物的需求，而不是通过捕猎或掠夺。这表明“和”字体现的是和谐共生、和谐相处之意。

“和”字在古代写作“龢”，由“龠”与“禾”组成。“龠”指多孔的竹管乐器，用以和众声。“禾”泛指谷物。古人用五谷祭祀，伴以和悦的乐声，换取内心世界的满足与和谐。

“和”的另一种写法是“盉”。盉是古代一种调味的器皿和礼器。《论语疏正》曰：“乐调谓之龢，味调谓之盉，事之调适者谓之和，其义一也。”无论乐声之调和、味道之调和，还是人事之调适，都是通过调配不同成分之间的比例关系，以达到和的最佳状态。

“和”字还可以看作由“千”“人”及一个“口”字组成。千人口中说出一样的话，同声相应，可见人们之间心往一处想、力往一处用、志往一处凝的关系。这种关系是人们之间想法一致、志趣相投、为着共同的理想而齐心协力的人与人之间的和谐关系。

“和”是多音字，虽然发音不同，但是都接近和谐、协和之意。《汉语大字典》对其解释如下：四声发音的“和”字表达声音相应，和谐地跟着唱或伴奏；附和，响应；答应，允许；以诗歌酬答，依照别人诗词的题材和体裁作诗词。《道德经》中的“有无相生，难易相成，长短相形，高下相盈，音声相和，前后相随”，其中的“和”就表示相应、相随之意。二声发音的“和”字表达和谐，协调；适中，恰到好处；喜悦；和顺，平和；和睦，融洽；和解，和平；暖和；调和，调治，调教；汇合，结合等。《论语》中“君子和而不同，小人同而不和”的“和”表达协调、协同之意。《中庸》之中“喜怒哀乐之未发，谓之中；发而皆中节，谓之和”的“和”表达恰当、恰如其分之意。

“贵”字义为崇尚、重视、敬重、尊重，或表达以某种情况为贵之意。

从“贵”“和”的字义可以看出，贵和一词表示崇尚和谐、重视和气、做人做事以和顺为贵的意思。

（二）古代贵和思想

“贵和”意识源自古人对自然万物同生共存的思考以及人在自然中寻求生存发展的经验总结。

古人因对食物的需求而期盼禾苗的成长与丰收，因乞求丰收而祭拜天地，寻求人与自然之间的和谐。古人在饮食中调和各种味道达到适合口味的需要，调和各种声音满足悦耳的目的。古人在合作中寻求和谐共处。贵和意识正是在生存、生产及生活中萌生和发展起来。

“贵和”意识在原始的自然崇拜以及婚嫁习俗中得以突显。原始先民面对自然灾害给人类生存带来的威胁非常恐惧，他们深感自己的生活与自然之间存在不可回避的联系，他们努力探索人与自然和谐相处的途径及方法。原始部落婚姻和家庭的形成过程也体现出“贵和”观念的逐渐形成。聘女以礼是古代买卖婚姻的遗制，这种方式结束了氏族之间的野蛮抢夺，促进了氏族之间的和谐共处。

随着原始社会向文明社会的发展，“贵和”思想也完成了从经验形态向理论形态的转化。《周易·兑》爻辞“和兑，吉”，意为和悦则吉利。《论语》中的“和为贵”，更加强调了贵和思想。《周礼·冬官》云：“和则安。”这些论断体现的是“贵和”取向。

西周末年史伯提出了“和实生物”观点，肯定了和的意义，他说：“夫和实生物，同则不继。以他平他谓之和，故能丰长而物归之。”以他平他谓之和，这是中国历史上对“和”的一个定义。与史伯同时代的晏婴用比喻的手法说：“和，如羹焉。水、火、醯、醢、盐、梅以烹鱼肉，之以薪，宰夫和之，齐之以味，济其不及，以泄其过，君子食之，以平其心。”以和羹之喻说明“和”是调和各种成分所达到的最佳状态。这些论述揭示了“和”的思想内涵，表明了“贵和”的价值取向。

儒家继承了史伯、晏婴的“贵和”思想，将其引入道德修养方面，提出立身处世的一些基本原则：君子和而不同，和而不流，天时不如地利、地利不如人和，并且从哲学体用关系认识“和”。《论语·学而》中，有子曰：“礼之用，和为贵。先王之道，斯为美。小大由之，有所不行。知和而和，不以礼节之，亦不可行也。”礼的运用以和谐为贵，“和”是“用”的最好标志。《中庸》曰：“喜怒哀乐之未发，谓之中；发而皆中节，谓之和。中也者，天下之大本也；和也者，天下之达道也。”《中庸》认为“中”是“天下之大本”，也就是“体”；“和”是“天下之达道”，也就是“用”；“中”是“和”的本体，“和”是“中”的体现——用。这种以“和”为“用”的思想在儒家经史子集里一以贯之。

“贵和”思想源自对生活经验的总结、对现实社会的观察。这种贵和取向是理性选择和道德判断的取舍，而不是不讲原则的一味求和。中国传统文化主张“和”的同时要保持自身的原则和价值标准，要“和而不流”，既保持和谐、和气，又保持自身的特色与追求。

古人在观察自然中洞明“和实生物”，在修身养性中讲究“心平气和”，在人际交往中恪守“和而不流”，在治国理政时朝向“政通人和”，在生活选择中追求“天人合一”。总之，“贵和”思想源远流长，是先民生活经验的总结和道德价值的选择，是古圣先贤留给我们的思想精华。

（三）和的现代意义

现代社会发展日新月异，人们在享用科技带来的便利的同时，也面临各种各样的合作、竞争及矛盾。人生幸福的根本在于内心的快乐及身心的和谐，一些人不快乐的原因主要是缺少身心的和谐及社会关系的和谐。因此，“和”在现代社会仍然是重要的。

个人健康依赖于和谐。内心和谐的人待人温和，情绪稳定，情志舒达，这些都有利于人格的完善和身体的健康。和谐的身心依赖于和谐的生活，身心的和谐也有利于生活的和谐。人的内心矛盾超过正常状态就会对健康造成不利的影响。人及事物的衰老和消亡就是破坏力比聚合力更占上风的结果。

企业发展需要和谐。企业管理中要协调团队，使众人能够互相配合、互相呼应，有序开展工作；要培养团队从容和谐的心态，不为外界所动，朝着既定的目标坚定不移，全力以赴，这样才能取得长足的进步。调动员工积极性，成就百年企业的一个重要条件就是“和”。企业内部和谐，员工则齐心协力，敬业爱岗，愿意在工作中尽心尽力；企业外部环境和谐，兄弟单位、客户企业愿意与之长期合作，共谋发展。企业生产经营中自觉保护环境、诚信爱国，则能得到社会各界及政府部门的支持，赢得和谐发展的势头。台塑集团创办人王永庆先生指出，百年老店都有可持续的经营能力，这种有序经营源自企业处于和的状态，内部组织都协同有序、恰到好处、和谐发展。

国家治理更需要“和”。首先，国家治理中需要注重官民关系的和谐。只有广大民众接受治理方略，认识到国家治理方针对于百姓利益的保护作用，才会愿意服从管理，积极投入生产和国家建设之中。其次，国家治理中也要注重各个职能部门之间的和谐。只有各个职能部门关系和谐，才方便相互配合，提高办事的效率和效益，共同推进国家建设事业。再次，国家治理中也要注重与周边国家及世界各国之间的和谐关系。一个国家的发展离不开与其他国家的交往，对外开放、互通有无是一个国家立足于世界民族之林的必然选择。在国际社会中，和平共处、和谐共赢显然是非常重要的。和谐社会就是一个美好的、持续发展的、有生命力的社会。

（四）贤文化之贵和

中盐金坛公司《贤文化纲要》对贵和的阐释是：礼者，企业之法度也；乐者，企业之伦理也。以礼治企，可辨秩序；以乐和人，其乐融融。礼之用，和为贵。治企之道，选贤任能，贤者在位，赏罚有制，见贤思齐。员工博学于文，约己以礼，文之以乐，礼乐兼备，则人莫不敬也。

礼指的是礼节、礼貌，是待人接物的基本准则，是处理人际关系的基本标准，也是社会和谐的基本保障。企业运行需要有相应的规章制度及法律保障，员工遵守这些规章制度和法律法规，则企业运行有序、和谐高效。企业的规章制度以及相应的法律法规就是企业和谐运行的“礼”，所以说“礼者，企业之法度也”。

“乐”是五声八音的总名。《乐记》曰：“感于物而动，故形于声。声相应，故生变。变成方，谓之音。比音而乐之，及干戚羽旄，谓之乐。”由“感于物”引起“动”而形成“声”，众多“声”的交融产生变化，按照一定规则把这些错综变化的“声”组合起来而形成歌声一样的“音”，把“音”按照顺序演奏出来并配以优雅的舞蹈，这就叫作“乐”。企业是社会的组成部分，是由众多员工组成的大家庭，员工的道德自觉、生产经营的伦理秩序是企业有序运行的重要保障。就像众多的“声”只有合理有序交融才能奏出美丽乐章一样，伦理道德是保障企业和谐有序的准则，所以说“乐者，企业之伦理也”。

有相应的规章制度及法律法规，则企业运营有明确的准则，有利于企业有序运行；提升员工素养和道德自律能力，加强企业伦理道德建设，有利于企业内外关系的和谐，营造愉快的生产经营环境。所以说“以礼治企，可辨秩序；以乐和人，其乐融融。”

“礼之用，和为贵。”意为礼的运用以和谐有序为贵。《论语·学而第一》中，有子认为治理之道的手段和目标分别是“礼”与“和”，管理之中无论大小之事都应该遵照“礼”的法则，实现“和”的目标。庄子也表达过“礼之用，和为贵”的思想。不可以一味地为了“和”而放弃“礼”，“礼”的节制作用是不可忽略的，是保障“和”的基石。

贤文化的一大思维特征是“三才相通”，认为人在天地中间，要促使天地人和谐、有序发展。《贤文化纲要》引用这句话正是为了突出“礼”与“和”是企业运营中不可缺少的，重视和发挥“礼”的本体作用，“和”的效用就一定能够显现出来。健全相关的规章制度，把伦理道德建设贯穿在企业日常工作之中，一定能够营造良好的运营环境和畅通的人才成长跑道。在“以礼治企”“以乐和人”的企业环境中，员工自觉进取，自觉律己，德才并进，员工道德素养的提升和德才兼备人才的培养成为企业管理中水到渠成之事，和谐有序的企业环境将成为企业人安身立命的最美场所。“治企之道，选贤任能，贤者在位，赏罚有制，见贤思齐。员工博学于文，约己以礼，文之以乐，礼乐兼备，则人莫不敬也。”这是贤文化“贵和”管理的方法和目标之所在，是成就百年企业之愿景的具体做法，是完成企业生产物质财富和为社会培养人才之责任的重要手段，是企业成就受人尊重之誉的必然选择。

八、致远

（一）字义辨析

“远”之义主要有二：一是遥远，指空间距离大；二是久远，指时间长。由此二义引申出深远、高远、边远、差距大等多种含义。

《说文解字》对“远”的解释是：“远，辽也。从辵，袁声。”“远”之义与走息息相关，意指迈开脚步，走向远方。要走得遥远，就需要迈开脚步，不怕苦和累，不畏险与阻，要有明确的目标、坚强的意志、清晰的头脑、充分的准备。“远”字用于形容人或企业的发展状况，意指前途广阔，事业扩展到遥远的地方，功业绵延到久远的未来。

“致”之义有多种，主要是达到、引来、导致、致使之意。《说文解字》解释“致”为“送诣也”。《言部》曰：“诣，候至也。”送诣者，送而必至其处也，引申为召致之致，又为精致之致。《说文解字》进一步指出：“谨畏精微，深造以道而至，曰诣。”从对字义的解释可以看出，“致”所表达的“达到，致使”是因为谨慎敬畏地深造，把精微细致之处都已经做得很好之后，自然而和谐地达到想要的境地，“以道而至”地实现目标。

“致远”一词较早出现在《周易·系辞》中：“服牛乘马，引重致远。”意为负载沉重的货物或负担，坚忍不拔地走到远方。《周易》法天象地，效法天地精神，提倡奋发厚德，获大成就：“探赜索隐，钩深致远，以定天下之吉凶，成天下之亹亹者，莫大乎蓍龟。”借用蓍草龟甲之象表明天地之道，鼓励勤勉努力，追索隐秘的事理，钩取深藏的法则，获致远大的成就。“钩深致远”后来就被沿用下来，表达钩取深处之物，招致远方之财的意思。“良马难乘，然可以任重致远；良才难令，然可以致君见尊。”《墨子·亲士》的这句话表达出要善用良马良才推动事业到达遥远之境。宋代诗人秦观在其《贺孙中丞启》诗中写道：“力足以扶颠持危，器足以致远任重。”这里用“致远”形容人的才干卓越，可任大事。

由“致”“远”之意以及历代典籍中的用法可知：致远，就是以平和的心态、敬畏的精神、谨慎的言行、精深的造诣，尽精微而致广大，自然和谐地发展，以道而至地推进人生和事业。

（二）致远的意义

“致远”一词意在表达以自强不息、厚德载物的精神，走好任重道远的人生之路；鼓励勤勉努力，追索隐秘的事理，钩取深藏的法则，获致远大的成就，给社会留下利益万代的成果。

日常生活中，人们在面对具体问题时，常常受到认识水平的限制及自我觉悟的局限，把目光盯在眼前而疏忽了长远大计，把思维局限在自我而无法实现质的突破，把事业局限在短期利益而无法造福长远。致远的意义在于突破局限和障碍，使人生和事业的价值得以升华。

成名应成万世名。成名成家是仁人志士自古以来的追求，依聪明才智、高尚品德或奉献精神为社会立德、立功、立言者自然会名垂青史，万古流芳。孔子教书育人，宣传仁政，留下不朽的思想成果，成为受人敬仰的圣人。司马迁不畏艰难，发奋完成我国历史上第一部纪传体通史，给后人留下宝贵的“史家之绝唱，无韵之离骚”。范仲淹清正廉洁，倡导“先天下之忧而忧，后天下之乐而乐”思想和仁人志士节操，对后世产生深远的影响。古圣先贤以救世济民的情怀给后世留下思想的宝藏，以一心为公的品行为人们树立起道德的楷模，以不朽的功绩给社会留下宝贵的财富，他们的所做所为不仅成就了万事之名，更为社会的进步注入了永恒的动力。

谋利当谋天下利。春秋时期的管仲辅助齐桓公开创“官山海”的盐铁官营制度，不但规范了当时的盐铁生产秩序，激发了生产者的生产热情，而且很大程度地充实了齐国国库，壮大了国家实力，制衡了诸侯混乱局面，有效维持了时代的和平，管仲也因此被后人誉为“春秋第一相”。战国时期的李冰父子，为了当地的百姓生活和经济发展，主持修建都江堰等水利工程，奠定了成都平原成为“天府之国”的坚实基础，功在当时，利在千秋。瓦特发明蒸汽机，解放了众多产业工人体力劳动的艰辛生活。爱迪生发明了电灯，极大地增强了人类应对黑暗的能力。就像胸怀天下、品行高洁者能够成就万世美名一样，为天下谋利者才能成就长远的利益。

立企须立百年企。随着社会的发展和生产力的进步，企业在经济发展中担当了重中之重的历史使命。然而，一些短命企业的出现不但给经济发展带来沉重的包袱，而且造成社会资源的巨大浪费。立足历史和社会的高度，注重可持续发展，成就百年企业，不但成为企业人的责任和使命，更是国家发展的基础，社会和谐的保障，人类进步的必需。百年企业是能够持续发展的，能够长久造福社会的优秀企业。百年企业不但推动着国家的发展，经济的进步，而且是民族自豪的底气、国家骄傲的资本、社会发展的希望。百年企业的数量和质量可以说是衡量一个民族、国家和社会发展状况的重要标尺。身为企业人，为成就百年企业而奋斗不仅是使命，更是责任。

无论成名、谋利，还是做企业，只要胸怀天下、钩深致远，其意义和价值都会无限升华。

（三）怎样致远

《淮南子·主术训》指出：“非澹薄无以明德，非宁静无以致远，非宽大无以兼覆，非慈厚无以怀众，非平正无以制断。”这段话告诫人们只有内心沉着、专心致志，才能厚积薄发、有所作为的道理。诸葛亮在《诫子书》中进一步强调宁静才能够致远的道理："夫君子之行，静以修身，俭以养德。非淡泊无以明志，非宁静无以致远。""淡泊明志，宁静致远"几乎成了家喻户晓的格言，成为人们对怎样才能够致远的基本认识。

宁静是致远的基础。当内心不起波澜之时，人的感知能力和判断能力就会达到最理想状态，就像平静的水面能够清晰映照万物一样。面对纷繁复杂的世界，如果缺少坚定志向和平常心态，就很容易受到外界牵动而随波逐流、东摇西摆、心潮澎湃，因缺少明确的方向而蹉跎岁月，因内心躁动而无法做出准确的判断和正确的决定。所以说淡泊才能明志，宁静才能致远。

怎样才能宁静呢？对于个人或集体来说，所谓宁静，并非无所事事，而是在自强不息中保持和谐有序，在洒扫应对中内心不起波澜。集体和个人都是一样的有机生命体，生命的和谐在于有序运动而非静止不动。倘若是非不断，一波三折，即使静坐幽室、无所作为，也不可能真正宁静。和谐有序的关键在于诚信。相互之间及一切社会活动中都做到了诚实守信，秩序井然、生机蓬勃的和谐盛况就会自然而然地呈现。"致虚极，守静笃；万物并作，吾以观复。夫物芸芸，各复归其根。归根曰静，静曰复命。复命曰常，知常曰明。不知常，妄作凶。知常容，容乃公，公乃全，全乃天，天乃道，道乃久，没身不殆。"《道德经》这一章指出：安守本分、至诚守信的虚极静笃状态，就是生机蓬勃、和谐有序的状态；回归生命最为真实的常态，最能够洞察万物的根本规律；遵循事物固有的运行法则，故此能够长久致远。

现实生活中，很多人在诚实做人、诚信做事的道路上行稳致远，迈向人生和事业的辉煌。湖北博大生物股份有限公司董事长孙国平带领博大公司员工以诚待人、诚信经营，一步一步把事业推向辉煌，向着百年名企进军。孙国平给自己定下的行为准则是"老实做人，扎实做事"。他认为"老实做人"就是要诚信做人，不浮夸、不欺瞒；"扎实做事"就是要做事认真，高标准、严要求。"老实做人，扎实做事"也成为博大公司的企业文化，成为推动博大公司行稳致远的强劲动力。随着社会的发展和生活质量的提高，人们在交往、消费等活动中对诚信的需求也越来越高。在做人、做事、做企业的过程中越来越多的人认识到诚信是立足之本、长久之道。国内已有很多企业都在诚信经营方面下功夫，力争创立诚信品牌，留下好的口碑，成就百年企业。

（四）贤文化之致远

中盐金坛公司的企业文化——贤文化，是中盐金坛人价值追求的提炼和文化理念的总结，贤文化秉承和谐、诚信以致远的民族文化精神，引领中盐金坛向着百年企业稳步前进。

《贤文化纲要》指出：诚实无欺，是为信也。员工无信不立，企业无信不兴，故讲信为企业兴盛之源。睦者，和也，讲信则人和事齐。然世事复杂，贤者如有源之水，盈科而后进，以己之信，平沟壑，涤污杂，讲信修睦而致远。

成就百年企业，造福社会民生，这是中盐金坛公司的追求，更是中盐金坛人的梦想。贤文化指出“讲信修睦”是致远的前提条件，主张公司在经营管理及员工的做人做事中一要做到诚信，二要注重和睦。

“诚实无欺”就是在待人做事中真心诚意，实实在在，不去伪装自己，更不欺骗别人；在工作和生活中，说话的内容要真实，如实地反映客观事物的真相。只有做到诚实无欺，才能谈得上“信”。所谓“信”，就是要诚实不欺，不妄言，言由衷，言必行。

中国人自古就重信守诺，赞扬诚实守信、一诺千金的君子。管鲍之交、商鞅立木、尾生抱柱等诚信事例流传至今，可谓影响深远。“诚信”二字构筑了中华民族社会道德和价值体系的根基。近君子、远小人，是每一个注重诚信者的共同选择。虚假不实的言行会受到众人的唾弃，以至于骗人者自食其果。谎言最终欺骗的是自己，守信者得民心，守信者得发展。故此，贤文化指出“员工无信不立，企业无信不兴，故讲信为企业兴盛之源”。

以诚待人、诚实无欺，这也是愉快交往、和睦相处的基础。“睦”字义为和谐、和顺的目光。“和”字本义为和谐地跟着唱或伴奏。无论做人做事，还是企业经营管理，只有诚实无欺才能和睦相处，建立长久的友谊。可以说，诚实守信是和睦相处、取得合作机会和事业发展的必要条件。故此，贤文化指出“睦者，和也，讲信则人和事齐”。

诚信的意义如此重要，诚信作用如此明显，然而，有些人在私欲面前却背离诚信获取眼前利益，故作聪明地制造假象，把原本简单的事实搅得扑朔迷离、复杂难辨，令人叹息社会复杂、人心叵测。贤文化正视社会中谎言的存在，承认“世事复杂”。

违背诚信的现象给人们设置了圈套，给生活制造了艰险，给社会增添了陷阱。然而，社会进步的车轮不可能停息，热心奉献的贤者不会因为险阻而驻足。就像滔滔江水，总是以无私的情怀和无畏的精神，填满沿途遇到的陷阱和沟渠，冲刷遇到的污浊之物，奔向遥远的大海，带来生机勃勃的和谐世界。这正是贤文化主张的精神——贤者如有源之水，盈科而后进，以己之信，平沟壑，涤污杂，讲信修睦而致远。

贤文化问答

1. 贤文化对企业员工有何作用？

答：企业不仅仅是工作和挣钱的场所，也应该是企业人安身立命的场所。企业既是物质生产和物质获取的平台，也是企业员工的精神家园和享受精神生活的地方，这样的企业才是完整的。没有任何精神寄托的纯粹物质生产场所，很难给企业员工提供全面发展的平台。在物质生产中贯穿着精神生活的收获，在辛勤劳动中感受着人文氛围的温暖，在短期利益的追求中涌动着实现远大理想的动力，这正是贤文化要努力带给企业员工的。

2. 通过短期培训就能够使员工真正了解贤文化吗？一线员工文化水平基本都在本科以上，从小到大都在学习，但很难深入理解贤文化，贤文化在短期内难以推广吧？

答：贤文化并非单纯的书面教导或文字解说，而是融合于工作和生活中，感受于心灵和精神之中，是敬天尊道、尚贤慧物、明本顺性、贵和致远的精神追求。它体现在敬业奉献的工作中，体现在心态和谐的生活中，体现在互敬互助的人际关系中，体现在积极健康的言谈举止中。

公司组织的贤文化培训只是贤文化建设的一个环节，旨在通过集中学习，使员工了解贤文化的基本内容，认识贤文化的源头和宗旨，营造贤文化的氛围。贤文化不是在书本上，不是在课堂上，而是在现实中，在一言一行、起心动念之中，在科技兴盐、以人为本的公司发展实践中。

“十年树木，百年树人”，文化建设的过程是漫长的，从经验的积累、目标的提出、体系的建立、理论的推广，到实践检验、信息反馈、内容完善、改进发展等，都需要经历逐步推进的过程。以培养企业员工健康精神和高尚情操为目标的贤文化建设不可能短时间内就取得立竿见影的效果。贤文化建设不仅需要时间和过程，还会受到人力、物力等各种因素的影响。而且，贤文化建设本身也是一个不断实践和探索的过程，在其发展的过程中，难免会走一些弯路。但是，贤文化“敬天尊道，尚贤慧物”的核心目标是结合传统文化精华和现代企业生产实际而做出的价值提炼，是以人为本、科技兴盐的企业精神之集中体现，它始终以造福社会、培养德才兼备、德才过人的贤者为目标，始终以培养人、成就人、营造企业员工安身立命的精神家园为工作内容，只要不断地朝着贴近员工、贴近生活的方向发展，不断地探索更加适合的建设方式，不断丰富和发展出更加科学合理的内涵，贤文化建设迟早会成为造福金盐、令员工喜闻乐见的精神食粮。

3. 有多少人能在当今社会中抛弃名利的诱惑走上贤者之路？贤文化在一线员工心中能走多远？

答：在合法、合理、合情的范畴内，对利益的追求，是人之为人的一种正常生存方式，也是人类社会发展的动力之一。中华民族提倡“君子爱财，取之有道”，以适合社会发展需要的方式追求正当的名利无可厚非。但是，过分地迷恋名闻利养，不择手段地谋取名利，甚至为了个人的名利不惜损害他人和国家的利益，则是走上了“取之有道”的反面，是在名利的诱惑下走上了歧途，不但失去了追求的意义，而且会给社会及个人带来诸多负面影响。古往今来，关于名利的思考已经引起人们的足够重视，由此建立“义利兼顾，以义为上”的价值观也已成为中国传统思想内容。诸子百家对名利的观点虽然不尽相同，但是反对过分迷恋名利成为价值观的主流。佛、道思想更是认为对名利的迷恋禁锢着人生的自由，使精神无法真正地解脱。所以，对待名利的问题，不是仅仅用对或错就能够回答的问题，而是涉及人生境界问题。智者在名利面前坚守德行，以中庸之道处之，追求幸福的人生；愚者在名利的圈子里无法自拔，把一生都耗尽在名利之中却不知道什么是真正幸福和有意义的人生。

贤文化融汇了传统文化的智慧和现代企业的精神，在培养人的过程中培养企业人正确的名利观，成就企业人健全的人格、健康的心理、高尚的情操、圆融的智慧。对名利的追求无须过分地抗拒，只要把握好度——取之有道，不但不会被名利诱惑，而且会成为具有正确名利观念、合理对待取舍的真正幸福的人——贤者。

贤者人格的培养需要时间和实践。在企业人心中建立贤者的价值观不但需要时间和积累，更需要在具体的事上去磨炼。无论需要多少时间和事件，人类追求智慧的道路总会在不断延伸，人类追求幸福的力量总会不断壮大，人类总会不断从迷雾中走出，寻找真正的光明和自由，人类社会总会伴随着对真善美的追求和对假恶丑的扬弃而不断发展。贤文化立足于现代企业，它是现代社会文化的一个支流，会以企业人的经验和智慧为现代社会不断注入应有的活力，也会成为现代企业人的精神营养，在企业人的血液中流淌。

4. 贤文化适应当代浮躁的社会吗？给一个选择：桌上两本书，一本讲述贤文化的，一本商场法则（营利致富），更多人的选择是什么？

答：无论社会怎样发展，人类的需求永远离不开精神和物质两个方面。缺少了物质或是精神追求的人生都是不完整的，也是不现实的。受到生产力水平及价值观的影响，在社会发展的不同阶段人们对物质或精神需求的比重会发生变化，但是，单纯的物质需求或单纯的精神需求都是不会长久的，二者的和谐统一才是人类需求的真实面貌和社会健康发展的必要条件。

当代中国，社会生产力有了突飞猛进的发展，人们物质生活水平有了很大的提高。但是，随之而来的拜金主义、享乐主义等重物质享受轻精神生活的现象成了社会发展特定阶段中难以避免的矛盾，由此而产生的社会问题也在一定程度上影响了社会发展的步伐及社会秩序的和谐。

立足于现代企业和现代社会的贤文化正是要在鼓励物质生产的同时提倡精神的升华，注重文化的引导，培养德才兼备的贤者，营造科技和人文并举的氛围，使企业人在“浮躁的社会”中找到物质和精神的“平衡点”，找到安身立命的幸福家园，找到精神生活和物质生活一样充实的现实世界。所以，贤文化不会不适应这个“浮躁”的社会，贤文化是在这个“浮躁”的社会中给人以思想的营养，是使生活更圆满、更幸福、更充实的精神食粮。

中国文化自古就有对“道”和“技”的论述。技以道为基础，道因技得以体现。商场法则之类书籍传播的是“技”，有其实用性和针对性；贤文化传播的是“道”，是“心法”，是基本原则。用心体会，贤文化带给你的一定是取之不尽、用之不竭的幸福和智慧。

5. 如何更好更深入地在基层员工中推广贤文化，使大家更能主动地接受贤文化？

答：要使贤文化落地生根，使基层员工愿意主动接受贤文化，需要具备以下条件：第一，贤文化要有自身的生命力，有造福基层员工、服务基层员工的现实品格。贤文化立足于现代企业，以培养人、成就人为宗旨，贤文化造福员工、服务员工的性质是不会改变的。贤文化建设有个不断发展和完善的过程。目前，贤文化尚处于不断丰富和完善阶段，将不断增强其造福员工、服务员工的能力；第二，贤文化要有适合于基层员工接受的途径和方法。书面上和理论性的贤文化仅仅是贤文化的一种形式，把贤文化以喜闻乐见、耳熟能详、简单实用的方式送给员工才是贤文化建设永恒的主题；第三，员工要以对家庭和社会负责任的态度，以寻找安身立命之所的追求看待文化生活。无论外因多么强大，它总是需要与内因有效结合才能发挥应有的作用。贤文化传播的正确思想、观念需要员工们用正确的心态才能够接受和接收。

6. 贤文化如何改变人的观念和意识？

答：人的观念和意识往往受到社会环境、自然环境以及个人情感的影响。对于成年人来说，已形成的观念和意识对个人生活产生很大的影响。贤文化以中国传统文化的思想精华和现代企业生产经营的实际为基础，提倡敬天、尊道、明本、顺性、尚贤、慧物、贵和、致远，由此培养科学的世界观和人生观，形成正确的价值观，并且对员工已形成的“三观”起到巩固科学性、纠正偏激性、改正错误性等作用。当然，“三观”的培养和改变是日积月累的过程。贤文化力争通过科学的理论、通俗的表述、真实的案例、喜闻乐见的形式广泛进入员工的工作和生活；贤文化工作者会以身作则，努力通过自己的言行感染和带动身边的人，体现友善、关爱的贤文化态度和进取、贵和的贤文化精神，对员工的观念和意识产生潜移默化的影响。贤文化提倡在工作和生活中以反求诸己、三才相安的思维和知行合一的态度做事做人。这些都会有助于营造和谐愉快的氛围，对员工的工作和生活产生循序渐进的良性影响。

7. 公司贤文化建设的实际内容是什么？

答：确立贤文化建设目标，提出贤文化建设方案，调研贤文化建设需求及理论来源，建立并逐步丰富贤文化理论体系，落实贤文化建设计划，探索并改进贤文化建设的方式方法，提倡并实践知行合一、反求诸己、三才相安的贤文化精神，以先进的文化引领企业发展方向，以润物细无声的方式建设幸福金盐。

8. 怎样让贤文化与员工的生活相适应？

答：这句话应当反过来说，即员工的生活如何适应贤文化。衣食住行是个人生活的外在表现，而内心世界才是个人言行态度的内在决定因素。贤文化从建设人的内心世界开始，培养纯洁的灵魂、高尚的情操、敬业的理念、奉献的精神、博爱的情怀、友善的心灵，由此，激发员工内心的人生真情、待人友情、工作热情、处事纯情，令人在举手投足、起心动念中充满正义、朴实、善良、愉快、幸福、希望。

9. 在他人眼里，会不会觉得贤文化是人力财力的浪费，或者就是虚幻？

答：人类有物质的生活，也有精神的生活；企业既生产经营物质，也生产经营文化，就像万物有两面、世界有阴阳一样，任何社会实体都离不开务实和务虚两个方面的活动。即使在生产力水平极其低下的原始社会，人们在食不果腹的物质条件下，也在创造着文化和信仰。

贤文化是企业人的文化，为企业人提供精神的养料和物质生产的支撑。贤文化是务虚的，也是企业不可缺少的，是务实的伴侣。

当然，文化建设必然会耗费人力和财力，但是，文化建设最终是有利于企业长生久视的目标追求。就像国家需要投入人力物力进行物质生产，也要投入人力物力进行教育文化生产一样，企业文化建设是现代企业建设的重要组成部分。

贤文化采纳中国传统文化的勤俭节约主张，本着厉行节约、知行合一、以身作则精神，尽可能多创造精神财富。这既是传统美德的升华，也是贤文化自身的体现。从企业竞争力、社会责任、长远发展目标来看，贤文化建设虽然要耗费人力财力，但绝不是浪费；贤文化建设是务虚的，但不是虚幻的。

10. 贤文化与现实社会的冲突是什么？

答：贤文化与现实社会没有冲突，贤文化是现代文化的组成部分，贤文化源于中国传统文化和现代企业实际，是当代社会文化的一个重要组成部分，也是现实社会精神和文化生活结构中的重要层级。要说冲突，也只是与现实社会中存在的不正确追求有“冲突”：有的人似乎只需要物质，“有了钱就有了一切”，而贤文化不这样认为，贤文化主张物质和精神对于人如鸟之两翼，既不能忽视物质生产，也不能忽视精神生活。

11. 如何才能从内心读懂贤文化而且落实到实践中？

答：书面的学习只是对贤文化的认知和了解，要读懂贤文化需要用心去理解和感悟，更需要联系工作和生活的实际体会贤文化的意义，认识贤文化的实际价值。

把贤文化落实到行为中更是一件重要、有价值的事，但是需要很长的过程。知行合一是贤文化实现自身价值的唯一途径。可是，知与行的关系问题是历代先贤探讨和难以解决的问题，如何把知落实到行的问题更是摆在现实面前的难题。人类的伟大在于不断克服自身的缺陷，用毅力和志愿实现向真善美目标的一次又一次迈进。

12. 贤文化落实到行动上应该怎样做？

答：贤文化吸收中国传统文化精华和现代企业生产经营管理经验，从整体上给企业人以精神的启迪和思想的引导，贤文化体现的是企业人工作和生活的大道之理——心法。落实到日常行动中，主要表现在中国传统文化所倡导的仁义礼智信，具体表现在当代企业所倡导的敬业奉献、友善博爱、勤劳简朴、诚信恭敬等优秀品行，也就是把贤文化所概括的敬天、尊道、明本、顺性、尚贤、慧物、贵和、致远精神落实到具体的行为之中。

13. 按贤文化精神做事，其他人能知道吗？

答：贤文化提倡的是付出和奉献以及随之而来的幸福和充实感。付出与回报之间虽然没有绝对的对等关系，但是总会存在一定的关系，历史和现实都已证明这种关系存在于现实之中。贤文化立足于现代化生产经营，在传统文化基础上具有鲜明的时代特征。贤文化精神付诸行动的所做所为是坦荡而无任何妄求的，其他人能否知道或赞赏贤文化践行者的思想和行为并不属于贤文化践行者考虑的范围，贤文化践行者思想和行为的初衷与这些几乎没有关系。在这方面，古人早就已有了明晰的论述："人不知而不愠，不亦君子乎？"

14. 贤文化得不到其他人认同时，心里会产生动摇，这时如何坚持贤文化？

答：人的观念影响着人的行为，要使贤文化得到他人的认同，就需要从理论推理、利益分析、行为感化等角度进行引导和说服，晓之以理，动之以情。由于人的价值观已形成，相对稳定，贤文化在短时期内得不到他人的认同时也不要急躁，随着具体事件和时间的推移，有生命力的理论迟早会被大多数人接受。

对贤文化的接受和认同是发自内心的，是经过理性思考分析后所做的选择，这种接受和认同具有稳定性，不会因为外界的影响而随意改变和动摇。

贤文化是企业文化，是员工的文化，是真正利于员工身心、工作和生活的文化。贤文化带给人的是身心的健康、工作的顺利、家庭的幸福、生活的愉快。我们有必要把先进的、造福他人的思想文化介绍给他人；但是，选择适合自己的文化是个人的权利，我们没有干涉他人文化追求的权利，也没有因别人不认同什么就放弃自己的文化追求之义务。

15. 贤文化在各厂矿部门中的具体体现是什么，在生产过程中有何积极意义？对生产的正面作用是什么？

答：贤文化秉持敬天尊道的态度，倡导我们做有意义的事业，做对社会负责任的企业，生产对消费者负责任的产品，这不仅仅是单纯物质利益的驱使，更是道德和良知的使然，是有责任意识和文化担当的企业的必然选择。贤文化倡导的是发自内心的自觉的精神，不需要太多的外在压力而主动地尽职尽责，做对人民有益的、负责任的事情。

处在生产一线，肩负着为国家、为人民提供放心产品的重任，虽然辛苦，但是意义重大。而且，长期坚守在生产一线，面对噪音、高温等“冰与火”的环境，如果没有内心的热情和团队的温暖，就会对工作的枯燥产生厌倦或懈怠情绪，这样不但不利于工作和生活，对于个人的身心健康也是极为不利的。

贤文化从人生观、价值观的高度明理言事，培养员工高尚的情操、阳光的内心、奉献的志愿、工作的热情、纯洁的心灵、友善的言行、和谐的心态，这些不但有利于员工更好地认清工作的意义、端正工作的态度、提升工作的热情，而且有利于营造和谐的工作环境、愉快的工作氛围，提高工作效率。真正认识并贯彻贤文化理念以后，对于生产运营以及个人生活的正面作用是不言而喻的。

16. 员工怎样在技术提升中贯穿贤文化精神?

答:“以人为本，科技兴盐”是公司的发展战略，科技和人文并举是此战略实现的途径。科学技术是第一生产力，人才是公司的第一资源。中盐金坛致力于培养德才兼备的人才，始终把人文素养的提升贯穿在各类培训之中。当然，贤文化精神的培养不是靠短期培训就能够完成的。对贤文化理论的学习会安排在一些培训项目之中，更多的是靠员工自觉地去了解和学习贤文化知识，体会和实践贤文化精神。而且，贤文化理论渊源于中国传统文化，对国学经典名著的了解或学习也是领会贤文化精神的方式之一；贤文化重“行”，诚信待人、敬业奉献、敬天贵和、尊道明本，这些都是贤文化精神在“行”方面的体现，而不是停留在书面的“知”的阶段。

17. 怎样让员工的精神生活更加丰富?

答: 精神生活是人类生活不可分割的组成部分，也是极为重要的组成部分。精神生活的丰富多彩源自崇高的理想、坚定的信念、博爱的精神、和谐的身心，以及为理想信念去追求的行为；离开这些精神快乐之源，无论财富之多、地位之高，也不可能真正感受到精神生活的美好。贤文化以传统文化精华和现代企业实际为基础，培养企业人确立为人民服务的远大理想、敬业奉献的坚定信念、积极友善的人生态度、阳光健康的心理以及知行合一、止于至善的勇气。真正理解并践行贤文化精神，必然会带来丰富多彩的精神生活。

18. 怎样使贤文化的发展激励员工提高道德修养？

答：人只有认识到道德对于集体、他人和自我的重要意义的时候，才会主动地提高自己的道德修养水平。人们往往关注的是自身的利益，这种心态对于人来说是正常的，也是无可厚非的。道德与个人利益的实现之间存在怎样的关系？对此问题的认识直接决定着人们对自我道德提升的态度以及提高自我道德修养之动力。

从历史和现实来看，人们的道德水平是影响生存状态的重要因素，对个人的发展也会产生极大的影响。首先，整个社会道德水平的状况决定着人的幸福程度。如果人道德水平普遍偏低，人与人之间尔虞我诈、唯利是图、弱肉强食，那么，多数人就会生活在忐忑不安、诚惶诚恐、忧谗畏讥、悲观失望的心态之中。这样的社会几乎对每一个成员都没有好处。如果个人的道德水平偏低，这样的人不但会受到多数人的厌弃，而且自己也会活得很累，很难体会到人生真正的光明和温暖。而且，只有内心友善的人才会用善意的眼光观察周围，感知到现实中的善；只有内心纯美的人才会用发现美的眼睛去感知现实中的美；只有道德高尚的人才会用高尚的思想感知和熏陶周围的一切，从而在内心感受高尚纯洁之美。

总的来看，道德水平是决定个人生活质量及社会幸福指数的重要因素，要使生活更美好，使人生更幸福，使生命更精彩，加强道德锻炼，不断提升道德修养水平，是最为重要的方法。

19. 能否对贤文化关键词进行剖析和讲解？

答：可以的，这是贤文化建设必不可少的工作。受到人力和经验的限制，目前在这方面所做的工作还很不够。用通俗易懂的语言和事例，让员工清晰地理解贤文化的内涵及其对于企业人的重要意义，这是贤文化建设亟待解决的问题，也是贤文化建设工作的方向。

20. 贤文化对公司发展有什么立竿见影的效果吗？

答：文化建设不可能有立竿见影的效果，也无法急于求成。“十年树木百年树人”，文化建设的效果只能逐步实现，急不得。当然，如果员工能够对贤文化求知若渴，能够主动地理解和实践贤文化精神，这也是非常欢迎的。

21. 都说“三流公司做产品，二流公司做品牌，一流公司做文化”，我们公司是否在产品、品牌上做到了极致，以至于需要用建设企业文化让公司发展更进一步？是否有点好高骛远？

答：产品、质量和文化，是一个有机的整体，只有三者融合在一起才能产生长久的生命力，所以此三者从来都不是单独起作用的，更不是单独能“做”的事。只有好的文化做引导，才能建立有担当精神的企业，才能培养有担当精神的人才，才能保证产品的质量，生产出放心产品。

看问题不能绝对化，要有整体观。如果没有文化激活人内心的良知，进而建立企业的良心；如果没有文化为企业的发展方向做出正确的指引；如果没有文化为企业的管理确立人文精神，那么这个企业可能连三流企业都做不长久。因此，孤立地看待产品、品牌、文化，认为三者可单独在三个阶段发展，这是一种典型的机械论，而不是科学的发展观和整体性的有机论，此种发展理念给企业带来的必然是短视性发展，将不可避免地把企业带入不可持续的发展状态，虽可获得短暂的“辉煌”，但终将被无情地淘汰。

同时也要认识到，任何企业都会经历创业、改革、发展等不同阶段，体现不同的发展层次，因此，会形成不同阶段、不同层次和境界的企业文化，但并不能因此认为创业或改革阶段就不需要文化，甚至认为中小型企业不需要文化，只有等到企业进入良性循环阶段才需要建设企业文化。就如同一个人，怎么能只顾身体，不要灵魂？过于头脑简单的人能在这个高速发展的社会发达起来吗？中盐金坛公司 20 多年来一直致力于承担社会责任、推动盐业科技创新，已经成为中国盐行业的标杆，当然要发展文化，提升企业层次。我们的员工要建立对企业的自信，要主动用先进的文化提升自己，助力百年企业的建设，在此过程中实现个体人生的价值。

22. 贤文化的表述能否更简洁易懂让员工接受？

答：会的。员工的需求就是贤文化建设努力的方向。也希望每一位金盐人都能够为贤文化建设出谋划策，贡献每一个人的经验和智慧，共同建设好我们的贤文化。

23. 如何践行贤文化？

答：贤文化写在纸上，但绝不是纸上谈兵。纸上谈兵从不是金盐人的风格，更不是贤文化的精神，无论从市场、经营、建设等各个方面，金盐人不需要纸上谈兵。贤文化志在造福社会、造福中盐金坛。但是，理论和实践的脱节甚至脱离在发展过程的某些阶段也是难以克服的现象，知与行的脱离是力争避免却难以克服的问题。知行合一是贤文化追求的目标之一，纸上谈兵是贤文化力争避免和迟早要克服的问题。

贤文化建设的高级阶段就是要让员工把贤文化精神用在实际之中，以利于员工的工作和生活，营造幸福人生。

24. 怎样记住贤文化？

答： 贤文化的核心思想可用“敬天尊道，尚贤慧物”八个字概括，其关键词为“敬天、尊道、明本、顺性、尚贤、慧物、贵和、致远”十六个字。这已经是非常简洁明了，记住它并不难。至于如何理解，可参考《贤文化纲要》，在今后的工作、学习、生活中逐渐体会和理解。

25. 贤文化怎样引导员工的职业规划？

答： 贤文化引导员工的职业规划，主要是方向和价值追求的引导，概而言之即“德才兼备，德才过人”。至于具体的职业生涯设计，因人而异，因岗位而异。

26. 怎样使员工发自内心地学习贤文化、热爱贤文化、主动地宣传贤文化、向周围的人推广贤文化？

答： 认识并感受到贤文化利于个人身心健康，有利于工作和生活之后，就会做到。

27. 贤文化是针对个人还是针对企业？贤文化的长期发展目标是什么？

答： 贤文化是金坛盐盆经济共同体的企业文化，它是企业的文化，也是每一位金盐人共同的思想家园和精神港湾，它服务并应用于企业，也服务并应用于每一位金盐人的工作和生活之中。

贤文化建设的发展目标在于落实到人上，即培育一支可爱可敬的贤才队伍。人培育成了，我们的事业自然长久发展，基业长青，受人尊敬的目标自然可以实现。

28. 如何才能对贤文化有个全面的理解？

答： 要全面理解贤文化，首先要理解中盐金坛建设的历史和现实，理解其中以敬业奉献、敬天尊道、尚贤慧物、以人为本为主旋律的精神。其次，要对中国传统文化，尤其是儒家仁义礼智信及修齐治平思想有所了解，可以从四书五经中找到贤文化的思想源头。再次，要在具体的工作和社会中体会和思考，把贤文化反求诸己、三才相安的思维方式用在指导思想和行为之中，向着知行合一、止于至善的目标不断迈进。另外，遇到具体的问题可以多和同事们交流，企业文化工作者会与你进行诚恳地交流、平等地讨论、耐心地解说，使贤文化在实践中不断发展壮大。

（中盐金坛企业文化部供稿，

原载《贤文化管理》2016年第1期，标题有改动）

二、贤之行

“华夏文明传播与企业家精神培育”研讨会在金坛举行

郑明阳 *

2018 年 9 月 15 日，由中盐金坛盐化有限责任公司与厦门大学传播研究所、江苏宏德文化出版基金会主办的首届“华夏文明传播与企业家精神培育”研讨会开幕式在中盐金坛宿沙院良知堂举行。

原南京军区空军装备部部长、书法家乔永立将军为祝贺本次研讨会的召开，特别书写了毛泽东诗词书法作品并赠送给中盐金坛公司。南京大学中华文化研究院院长、江苏宏德文化出版基金会理事长赖永海教授，南京图书馆原馆长、江苏省周易文化研究会会长徐小跃教授，扬州大学党委书记姚冠新教授，南京大学管理学院院长、《中国文化与管理》编委会主任王跃堂教授，中国铁路上海局集团公司南京客运段党委书记杨翠坤先生等出席并在开幕式上致辞。

* 郑明阳，文学硕士，助理研究员，中盐金坛盐化有限责任公司党委宣传部副部长、《中盐人》副主编。

聚焦华夏文明传播与新时代企业家精神培育

会议开幕式上，嘉宾的精彩发言引起企业家和学者的共鸣与深思。

赖永海表示，中华传统文化中的人本思想、利他主义、家国情怀、担当精神，这些既是现代社会需要传承的精神，也是企业家精神的重要来源。

南京图书馆原馆长，江苏省周易文化研究会会长、南京大学哲学系徐小跃教授则表示，华夏文明是一种与其他文明相比较而形成的特色文明，概而言之，华夏文化就是心性文明。重心性是华夏文明最重要的特点，所谓明明德是也；作为文明的企业，一定要回馈社会，有强烈的社会责任感，亲民是也；企业家有高远的志向，有光明和文明的方向，止于至善是也。徐小跃指出，一个企业做到文明并做大做强，必须具备“三心四要”：心态低、心胸广、心地善；要诚信、要公正、要干练、要重实。

“文化是重要的软实力和核心竞争力。纵观全世界百年以上的老牌企业，无一不是精心培育出自己的企业文化并代代相传，从而成就了企业的品牌和生命。”扬州大学党委书记姚冠新教授指出，提倡企业家精神、塑造企业文化，既是我国经济发展和文化建设的需要，也是企业自身发展的需要。塑造优秀的企业文化才能形成品牌、保持长久的生命力和竞争力。以人为本、以文化为本培育企业家精神，建设和打造优秀企业团队，能够将企业文化转化为事业发展的强大竞争动力。他提出，对于中国企业来说，企业文化建设应当传承中华优秀传统文化，塑造能够代表中华文明的企业。

中盐金坛公司总经理、党委副书记管国兴在致欢迎词时表示，中华文化独一无二的理念、智慧、气度、神韵，是中华民族对人类文明的巨大贡献，探讨华夏文明传播，让中华文化惠及全人类、走向全世界，对于增强中国的文化软实力、构建人类命运共同体意义重大。同时，华夏文明有着丰富的治理思想和治理经验，对于新时代企业家精神的培育、推动企业高质量发展意义重大，本次会议的召开，可谓适逢其时。

中华传统文化提出“内圣外王”的人生修养目标。作为一个独立的人，应该寻求生命修养的止于至善，追寻天人合一；作为一个社会的人，应该寻求事功经济的经世致用；对于一个企业人来说，企业是实现内圣外王的载体。有学者认为，以儒家文化为代表的中华文化，失去了农业社会载体，已经成为现代工商社会的游魂。然而，儒家以“己所不欲勿施于人”为代表的仁义思想，在 20 世纪 90 年代却被一批获得诺贝尔奖的科学家公推为 21 世纪人类社会应当遵循的黄金法则。中华优秀传统文化，作为中国人对天人之道的独特探索成果，既然能在农业社会生根发芽，也一定会在新时代实现习近平总书记提出的“创造性转化、创新性发展”。

企业是经济活动的主要载体，经济在中华文化中有经世济民之意，所以企业不仅是经济组织，更是一个社会组织，企业应当成为传承中华优秀传统文化的重要载体，成为构建家国命运共同体的基本单元。中共中央办公厅、国务院办公厅下发的《关于实施中华优秀传统文化传承发展工程的意见》，要求社会各界形成传承中华优秀传统文化的合力，企业理所当然应该积极参与这一重要的工程，在传承发展中创造具有中国特色、中国风格、中国气派的企业经营模式、产品服务、管理经验，让中华文化惠及现代社会并走向世界。中华文化历经几千年传承不息，这本身就说明了文化的力量。扎根于中国的企业，必然要学习研究和传承发展中华文化；而作为追求长生久视的现代企业，更需要有立足中华文化的企业文化。

会上，厦门大学原常务副校长郑学檬教授、江苏省社会科学联合会夏东荣处长为中盐金坛公司和厦门大学传播研究所共建的“华夏文明传播研究中心”揭牌。

推进华夏文明传播理论的建设

与会专家学者围绕“传播华夏文明，用中华优秀传统文化涵养企业家精神，培育中华文明企业”等话题展开深入研讨，举办主题报告会和“企业家精神培育工作坊”“华夏文明传播研究工作坊”，倡导和推动更多的企业成长为传承中华文明的中坚力量，进而以中华文明传播促进“中华文明企业”的塑造和新时代企业家精神的涵养，推进中华优秀传统文化的传承与创新。

与会学者认为，中华文化博大精深，具有强大的传播力，华夏文明传播研究是具有丰富价值的学术研究领域，值得学者们努力探讨，深入研究，不断创新，形成和丰富华夏文明传播体系，进一步推动中华文化广泛而深入地传播。厦门大学原常务副校长郑学檬教授认为，华夏文明传播方式的多样化和多层次性，说明了华夏文明传播研究具有广阔的研究空间。他指出既要对古代中国传播现象进行挖掘和理论提升，探讨古代中国传播现象在现代社会的延续，也要研究其在现代社会新的传播样态及效应等。

会上，还举行了“苏州大学—中盐金坛”研究生工作站揭牌仪式，管国兴与苏州大学政治与公共管理学院哲学一级学科博士点带头人、江苏省儒学会副会长周可真教授共同为工作站揭牌。此外，国内首家盐文化科普刊《盐》、新创刊的《中国文化与管理》《华夏传播研究》和新出版的《中华文化与传播研究》学术集刊等的发行仪式也同期举行。

传统智慧有助于解决企业走向国际的文化融合难题

与会学者认为，企业既是中华优秀传统文化的重要传承载体，也是其滋养对象。中华优秀传统文化蕴涵着丰富的管理思想和治理经验，对于新时代企业家精神的培育和企业高质量发展意义重大。传承中华优秀传统文化，培育企业家精神，塑造中华文明企业，就要从中华优秀传统文化中寻找企业家精神的文化源泉。中华优秀传统文化中的许多内容能够成为现代企业发展、企业文化建设和企业家精神培育的思想之源和精神滋养，而在全球化时代，越来越多的中国企业迈开了国际化步伐，则更需要借鉴中华传统文化的智慧。

在国际化的发展经营中，我国的新兴跨国企业往往面临着身为外来者、对制度差异理解偏差与品牌形象低等不利情况，国家文化和组织文化的双重差异对企业的国际化形成实质性的挑战。上海对外经贸大学工商管理学院谢佩洪教授认为，应进一步研究中国传统文化与西方管理理论之间的融合方式，以及实现这种融合的企业行为与文化认同作用机制，采取“中西结合”的方式来解决国际化困境。

谢佩洪谈到，没有哪一种商业模式可独立应对全球化的挑战。能否成功创立一个可实现动态平衡的国际化商业模式，取决于能否将西方和东方的文化与实践整合起来。文化融合不仅是全球化的趋势，也是当代管理理论获得新思想、新体系的重要途径。以“文化双融”的思维模式跨越差异、整合对立，是在商业实践过程中为获取平衡和持续进步而需要选择的路径。

在长江师范学院外国语学院杨玉英教授看来，面对不同文化的阻碍，只有互相不断交流与对话，才能促进了解与沟通。《道德经》和《孙子兵法》在英语世界得到了广泛传播，被中华文化的“他者”应用到了企业经营管理、设备管理、人力资源管理、市场营销、商业政治等众多领域。对于中国企业来说，需要根据实际情况和时代大环境，以辩证的态度借鉴“他者”的经验与教训。

四川外国语大学中外文化比较研究中心林克勤教授提出，现代化和全球化的快速发展对人类文明提出了新的要求。“空间文明”视角下的人类文明凸显了东西方文明的互体互用。当前，一方面需要重构全球化的包容性，实现世界的均衡发展、共同繁荣；另一方面则需要创新人类文明生态，实现全球力量再平衡，建设和平之路、合作之路、和谐之路。

中盐金坛贤文化是培育企业家精神的有益探索

如何用中华优秀传统文化涵养企业家精神？公司副总经理钟海连博士认为，首先要从培育企业家的健康心态入手。他认为，企业家心态集中反映了企业家的思维方式、认知方式与行为方式。改革开放以来，中国企业家群体的贡献得到社会公认，被赋予"经济脊梁"的美誉。然而调查表明，中国企业家群体已成为心理疾病的高危人群，从已发生的企业家违法犯罪、企业家自杀、企业家过劳死、企业家焦虑症等负面事例中发现，企业家心态的健康问题日趋严峻。王阳明心学对"心"这一人类精神现象做了独特的阐述，提出了心即理、心之本体是良知、心之本体常觉常照、心之本体是乐等命题和观点，其心学智慧有助于企业家培育心性正能量，塑造积极、健康、快乐的企业家心态。

南京大学在读博士研究生、公司纪检监察部刘晓民提交《尚贤管理：儒商精神现代实践的一种模式》一文，对公司尚贤管理模式的探索做了总结提炼。该文认为，建立于中华优秀传统文化基础上的尚贤管理，以教化人、培养人、成就人为目标，在管理中以人为本，反求诸己，培育道德资本，为企业员工打造安身立命的精神家园；尚贤管理以润物细无声的方式教化、感化、同化企业员工，顺企业慧物之性，顺员工止于至善之性，达到心理合一、知行合一、理事合一，在顺性中建立事功，通向无为而治。

南京大学王浩斌教授、东南大学徐嘉教授在点评公司贤文化建设的意义时认为，中盐金坛公司以"敬天尊道，尚贤慧物"为核心理念的贤文化，引导公司员工在做好生产经营、服务好顾客和社会的同时，致力于建设企业员工安身立命的精神家园。中盐金坛改革发展30年的事实证明，汲取中华优秀传统文化思想养分培育起来的企业文化和企业家精神，能够大大提高企业管理团队和企业员工的社会责任意识，强化担当精神，带动企业科学发展、改革创新；中盐金坛尚贤管理的修己、立人、利他思想，是新时代国有企业文化建设和企业家精神培育的有益探索，值得总结和研究。

（原载《中盐人》2018年第16期，标题有改动）

百余位政学企精英齐聚昆明论管理之道，“中国管理模式”成为关注热点

刘晓民*

2017年8月12日至13日，第三届“中国传统智慧与现代管理”论坛在云南昆明举行。来自南京大学、清华大学、中国科学院、复旦大学、浙江大学、上海交通大学、中山大学、东南大学、厦门大学等著名高校的学者以及来自政府、企业界的百余位代表们，聚焦中国管理实践的热点议题，梳理中西管理思想资源，挖掘中国传统智慧，分享“中国式管理”实践经验理论思考。此次论坛由南京大学、江苏宏德文化出版基金会、昆明学院主办。云南省社科联副主席戴世平，昆明市副市长王建颖，贵州省社会科学联合会党组书记包御琨，南京大学校长助理范从来，昆明学院党委书记陈永明，昆明学院党委副书记、院长黎素梅等领导出席了会议。

昆明学院党委书记陈永明教授致欢迎辞。陈永明表示，当前中国经济发展进入了新的常态，在经济全球化的大背景下，在中国经济“转方式、调结构”的关键阶段迫切需要中国管理学者传承和发扬中国传统文化，从传统智慧中探寻现代管理之道，用传统文明指引当今的发展，通过不断发掘我国传统文化的思想之源并结合中国文化和社会现实做出创新性的理论探索。贵州省社会科学界联合会党组书记包御琨代表学界向此次会议致贺词，他表示，要积极响应习近平总书记号召，深入对中华优秀传统文化的挖掘和阐发，使中华民族最基本的文化基因与当代文化相适应，与当代社会相协调，与现代文明相发展，把跨越时空、超越国界、富有魅力、具有价值的文化精神弘扬起来，推动中华文明创造性转化，创新性发展，激活其生命力。昆明市副市

* 刘晓民，助理研究员，中盐金坛盐化有限责任公司纪检主管，南京大学马克思主义学院博士生。

长王建颖在开幕式说，在面向未来的时候，除了管理人和管理心之外，放在人类面前最大的难题就是机器人和人工智能的发展，所以现在说的这个管理要延伸到一些非人类的东西或事物上，甚至是人类与外星生物的关系上。最后南京大学校长助理范从来代表南京大学讲话。范从来称，早在20世纪新文化运动期间，南大就形成了“学衡派”，提出了“昌明国粹，融化新知”的主张，为中国文化的创造性转化和中国道路的独特性路向做出了积极的思考。学衡派试图从文化发展的继承性和规范化上来制衡文化的激进主义，以及唯科学主义带来的社会文化观念和人生信念的现代失范。南京大学发起召开中国传统智慧与现代管理论坛是南京大学学衡派思想的一种体现，更是对南大精神的一种追求。

主题发言环节由教育部长江学者特聘教授、南京大学校长助理范从来教授主持，南京大学赖永海教授、中国科学院潘垚天教授、中山大学黎红雷教授分别做了主题发言。赖永海提出，某种意义上现代管理是传统管理思想在现代条件下的延续和发展。传统管理思想主要关注人，随着工业革命开展管理开始关注机器、制度，当现代社会遭遇瓶颈，人们为提高生产力，又开始关注人的因素，这是否定之否定。中国传统文化是管理人的文化，所以回归传统寻找智慧是自然的选择。古今中外对人的管理，有四种基本的约定，分别是人与人的约定，人与自我的约定、人与群体的约定、人与神的约定、对人的管理可以从这四个角度来看中国传统文化，分别对待，把有利的部分吸取过来。潘垚天运用科学方法分析了中国传统文化的价值观模型。黎红雷提出企业儒学的概念，他认为企业儒学将儒家的治国理念转化为现代企业的治理哲学，以儒学之道驾御现代管理科学之术，不但能解决企业自身的经营管理问题，而且为儒学在当代的复兴开拓了新的途径。

本次会议的管理案例汇报环节由教育部长江学者特聘教授、南京大学管理学院院长王跃堂教授主持，南京大学郑称德教授、四川大学聂圣哲教授和昆明学院周立君博士分别做了题为“儒家伦理领导对企业创新的影响：基于OCB视角的案例研究”“浅谈公司政治”“名可名，非常名：褚橙的品牌之路”三个管理案例汇报，分享中国传统智慧与现代管理结合的实践经验。郑称德教授通过对中盐金坛盐化有限责任公司的案例研究发现，儒家伦理领导能有效促进企业创新。从与会管理案例和研究论文中可发现，儒学智慧与现代管理的结合方兴未艾。儒学中的修身治国理论正在被学界、工商界发掘整理，指导中国的管理实践。

中西管理对话环节由江苏人民出版社总编辑、江苏宏德文化出版基金会副理事长府建明和《江海学刊》主编韩璞庚主持，来自政府、企业、高校的代表参加了对话。中共临沧市委常委、副市长余长火博士，南京大学工商管理系主任贾良定教授，华南师范大学公共管理学院戴黍教授，九江绿地大都会实业有限公司董事长皇甫金石先生，针对中西方管理文化的同异、中国传统文化在企业中的应用、中西管理如何实现优势互补等问题进行了对话交流。

学术分组讨论环节，共分为中国传统“心性思想资源”与现代管理研究、中国本土管理模式及理论研究、东西方管理比较研究、中国文化与管理研究、管理思想研究 5 个议题。与会学者认为，中国管理学者需要真正地进行探索性研究来发展中国本土管理的新观念和新理论，要立足于中国文化的话语体系构建中国管理思想，用中国的文化来理解、指导当代中国的管理实践，指导中国本土管理理论体系的构建。与会学者认为，管理是对人、事、物的统筹协调过程，其核心在人，其出发点和基础则在人性和人心。中国传统文化中的管理是“内向性”管理，中国文化具有丰富的“心性思想资源”，与西方管理迥然不同，将弥补西方管理的缺陷，为现代管理提供指导参考。

论坛最后，江苏人民出版社总编辑、江苏宏德文化出版基金会副理事长府建明做大会总结发言。府建明指出，本次大会所思领域广泛，所议内容丰富，不仅深入研讨了被广泛关注的儒释道三家传统管理思想，也广泛论及法墨兵等各家学说，乃至文学与德行在管理学中的应用。不仅从历史角度，纵论天下家国的治理特质，也切入现实地探讨企业社会的管理。研究方法多样，观察维度独特，既有哲学层面的宏观思考，也有微观层面的实用考证；既有本位单一的深入考察，也有跨学科的比较分析；既有学理性阐释，也有实操性总结，反映出中国管理学研究的趋势。

据了解，由南京大学和江苏宏德文化出版基金会发起的“中国传统智慧与现代管理”论坛，旨在为关心中国文化和管理之道的思想界、管理界、工商界等，搭建一个交流合作与沟通对话的平台，推进中西文化交流与对话，推动中国式管理模式的建立，促进人类社会的和谐与发展。南京大学校长助理范从来表示，连续三届的论坛，在大家的努力下，已经取得了一定的成效。未来，主办方还将继续借助这个平台，促进政界、学界、实业界的交流互动，系统总结本土优秀企业的管理经验，汇聚国内外专家学者的管理智慧，发掘东西方的管理思想资源，结合中国文化和本土情境，做出创新性的理论探索。他希望，新的思考和研究能为中国管理实践提供有效供给，能为国家治理能力现代化、为人类命运共同体构建提供更多的中国学人的声音。据了解，第一届和第二届“中国传统智慧与现代管理”论坛分别在南京和海安召开，对“中国传统文化与现代管理结合的可能性”“政商关系”“中国式管理”等问题进行了广泛而深入的探讨。

（原载“江苏宏德文化出版基金会”网站）

中盐金坛公司主办
“贤文化与华夏传播研究”工作坊

荀美子 *

2019 年 7 月 6 日，由厦门大学传播研究所与中盐金坛盐化有限责任公司发起，江苏宏德文化出版基金会、华夏传播研究会、厦门大学人文学院哲学系共同承办的“贤文化与华夏传播研究”工作坊在厦门大学新闻传播学院召开。厦门大学新闻传播学院副院长林升栋教授、厦门大学传播研究所所长谢清果教授、中盐金坛公司总经理管国兴博士、复旦大学新闻学院谢静教授、南京大学新闻传播学院潘祥辉教授等出席会议，来自国内外传播学领域的 30 余名专家学者围绕华夏传播研究视角下的贤文化、“贤”内涵的古今流变、贤文化与传媒研究、贤文化与社会治理、圣贤思想与道德建设等话题展开研讨。会议开幕式由中盐金坛公司副总经理钟海连博士主持。

* 荀美子，助理馆员，中盐金坛盐化有限责任公司策划主管、《贤文化》执行主编。

林升栋教授在开幕式致辞中表示，传播学中国化伴随改革开放的历史进程已过去了四十年，然而有中国特色的传播学话语体系、学科体系和学术体系的锻造依然任重道远。他指出，贤文化是以经世致用为特征的中华文化的重要组成部分，华夏文明以圣贤治世为基本治理模式，以贤士为兴国安邦之桥梁人才，以乡贤作为教化民众的意见领袖，贤文化是中华绵延五千年文脉的关键所在。

管国兴博士在致辞中引用《周易》“乾以易知，坤以简能；易则易知，简则易从；易知则有亲，易从则有功；有亲则可久，有功则可大；可久则贤人之业”来解读“贤”的思想内涵。他认为，圣人对于“贤”的理解基于对“天地之道”的阐释，“天地之道”就是《道德经》所说的长久之道，要达此“天长地久”的事业境界，需要我们按照乾卦“君子敬德修业”的要求修身。《大学》提出了“修齐治平”的士人修身进阶，这是传统文化对“贤”德修养的详细解释，是对如何遵循“天地之道”的具体注解。他表示，中盐金坛正在努力探索贤文化管理和建设贤文化礼乐，以期在现代企业将传统文化对圣贤的敬仰转化为企业员工的日常道德准则，在奠定企业的长久事业中传承“敬德修业”的贤文化精神。

7月6日上午进行的主题报告会上，谢静教授以浦东新区城市网格化综合管理中心为案例，解说网格化管理作为城市治理新模式，不仅仅是实现组织目标的工具，更提高了组织的刚性与弹性，将非正式性更深地嵌入正式机制之中。她从传播学角度考察网格化管理，认为作为界面的网格加深了治理组织与生活空间这两类异质系统之间的耦合；由技术实践中介的网格化管理，以空间化的方式应对日益增加的流动性，重新分配了组织逻辑与空间逻辑，再造了公共传播网络。她希望未来能够推动组织传播、治理传播研究的深化和范式创新，为城市治理研究贡献传播学的力量。

钟海连博士以“走出华夏文明传播的现代困境——以中盐金坛贤文化组织传播为例的思考”为主题，分析了中学西学长短、国学的跨时空价值、如何创造性传承中华优秀传统文化等华夏文明传播面临的现代困境，以及华夏传播学的学科使命等问题。他认为，华夏传播学与华夏文明传播是同一命题两个层次的讨论，即“理与事之分”的关系。传播学者应增强学术自信和提高学术主体意识，在传播学本土化的研究中，尤其是华夏传播学如何发展的探讨中，虽然“传播学与其他社会科学一样，皆为术也，非道也”，但不应固守“一曲之士”的心态，需加强与各学科的学术交流对话，形成合力而不是分散力。他认为，五千年华夏文明博大无涯，其跨时空的价值在于“生生不息”之道，他建议从人文精神入手传播华夏文明，践行王阳明“知行合一”的方法论，正确把握学术理论辨析，同时运用反求诸己、三才相通等思维方式，放下学术优劣、真伪之争，破解华夏文明传播的难题，走出华夏文明传播的现代困境。

中盐金坛公司兼职研究员英达博士介绍了中美不同视角下的美德，他认为，美德是人类的根本，受两国文化影响，中美对美德的标准存在一定差异，但殊途同归，中美文化中的美德都是致力于建立社会秩序，创造和谐生活。

开幕式上还举行了新书发布会，谢清果教授推介了《中华文化与传播研究》（第 5 辑）学术集刊，莆田学院文化与传播学院副教授吉峰介绍了他的新作《中华传统文化传播研究举隅》的出版情况。

在分论坛学术交流阶段，中盐金坛公司提交的《贤文化组织传播与尚贤治理结构：基于理念与实证的研究》《企业人文生态与贤文化管理的意义》两篇报告备受关注。报告指出，以“学为圣贤”为第一等事的华夏文明在组织传播过程中，形成了尚贤希圣等理念和追求，在治身、治世、治国等领域呈现出华夏文明独特的“圣贤气象”。当今学界和管理界开始关注华夏圣贤文化的传承，无论是理论探讨还是实践探索，都取得丰富成果，研究视角涉及哲学、史学、语言学等学科，实践传承关联文化传播、企业管理、社会治理等领域。中盐金坛通过贤文化组织传播，在团队建设、人才培育、企业文化建设等方面实践传统的尚贤希贤理念，并建构起内贤外王的企业“尚贤”治理，贯穿了传统文化“反求诸己”“三才相通”的思维方式，为创造性传承发展华夏圣贤文化做出了有益的探索。

此外，中山大学哲学系张丰乾副教授、澳门科技大学柳旭东副教授、西北师范大学传媒学院李红副教授、毕业于韩国首尔大学的王超博士等皆在会上发言并互评。与会学者普遍认为此次工作坊立足于现实关怀，极具华夏传播研究的想象力和创造力。

（原载《中盐人》2019 年第 12 期）

中盐金坛公司管理创新成果在全国管理哲学创新论坛备受关注

刘晓民

2018 年 10 月 13 日，第七届全国管理哲学创新论坛在青岛中国石油大学（华东）召开。来自中央党校、国家行政学院、中国人民大学、中国石油大学、苏州大学、东北财经大学、海军航空大学、黑龙江大学等高校和企业的 60 余名学者、管理专家参会，共同探讨本土化视野下的管理哲学创新之道。中盐金坛公司总经理、党委副书记、《中国文化与管理》主编管国兴博士受邀做论坛主题报告，中盐金坛公司副总经理、《中国文化与管理》副主编钟海连博士在分组会议交流发言，共同向参会代表介绍管理创新的实践成果，分享传承发展中华优秀传统文化的经验体会，引起了代表们的广泛关注和热烈讨论。

自我管理和教育培训是中国管理哲学创新的原则与方法

管国兴在论坛主题报告发言中指出，管理分为内在的管理和外在的管理。从中国管理哲学看，内在的是治心，外在的是治世，中国管理哲学在当代的理论与实践创新更应注重治心。

管国兴通过解读《庄子·大宗师》阐释中国管理哲学的特点和理论特质。他认为，可以把《庄子》当成一部管理哲学经典来读。《庄子·大宗师》的篇名意指以大为宗、以大为师，而这个“大”在《庄子》看来就是“效法天地”，要求管理以合“天地之道”为原则。围绕这个“大”原则，《大宗师》还讲了四个“小”的管理原则，说明了治心和治世的具体方法。这四个管理“小”原则是“以刑为体，以礼为翼，以知为时，以德为循”。“以刑为体”，刑通型，庄子注释为“绰乎其杀也”，主要指内在的约束。“杀”应理解为改过，《周易·益卦》言“君子以见善则迁，有过则改”。中国传统哲学特别强调改过，王阳明在“龙场书院”四教条中提出“立志、勤学、改过、责善”，将“改过”立为重要的一条，可见改过是治心的大原则，故“以刑为体”就是自治的原则。“以礼为翼”，此处的礼是指伦理道德原则，“以礼为翼”便是用伦理道德原则来治理世间，所以庄子把“以礼为翼”解释为“所以行于世也”，是指在人世间处事的管理原则。“以知为时”，庄子在遇到事务的时候以“不得已”的原则来应对。《庄子·人间世》言：“且夫乘物以游心，托不得已以养中，至矣。”“不得已”是在遇到事务需要选择“有为”“无为”的时候，以不得已为原则，所以其处事的原则就是“以知为时”。“以德为循”，特别有寓言体的意味，庄子说“言其与有足者至于丘也，而人真以为勤行者也”。管理实践需要团队来治理，这个管理团队就是群龙，庄子虽然没有指出“有足者”为龙，但是以寓言体的方式指出“群龙无首”是管理的最高境界。“与有足者至于丘”中的“丘”，不是一个高山，是一个山丘，是一个与同行者可以走上去的道德高地而非道德高山，这是管理的最高境界，也是“群龙无首”、人人均能自治、事事出于自为的自我管理佳境。

管国兴在报告中介绍了公司管理创新的实践方法与体会。他指出，自治是克己的过程，而克己的思想源自中华文化经典，故中盐金坛公司提倡管理者多读中华文化经典，用的管理方法是教与学。教育和培训是管理的主要职责和功能，公司在管理实践中采取的是道德教育。《尚书·说命》言“惟教学半”，《礼记·学记》说“建国君民，教学为先”，皆强调教与学。公司在管理创新实践中注重各方面的培训，职工教育在管理中具有重要意义。管国兴以《中庸》的“诚”解释管理的教化之责，认为管理之道应该是成己成人之道，而《中庸》“诚动天下”的思想，要求管理者用“诚”的态度，不仅把自己培养成圣贤，更要把被管理者培养成圣贤。管国兴指出，中国管理哲学中的“善因而为”“善因而革”就是要求管理者顺随事物的变化，“舍己从物”，顺着事物发展的趋势去辅助他，使他成为他想发展的方向，这是管理的应然状态，也是管理的教化目标。

传统心学思想有助于培育企业家健康的心态

钟海连在论坛的分组会上做了《王阳明心学智慧与企业家心态建设》的专题发言。

钟海连认为，改革开放以来，中国企业家群体的贡献得到认同，被赋予“经济脊梁”的美誉。然而调查表明，中国企业家群体已成为心理疾病的高危人群，改革开放以来已发生的企业家违法犯罪、企业家自杀、企业家过劳死、企业家焦虑症等负面事例表明，企业家心态的健康问题日趋严峻。中国传统哲学特别注重人的精神生命安顿问题，由此产生了十分丰富的心性哲学成果，明代王阳明心学是其中的一座思想高峰，它对“心”这一人类精神现象从伦理本体、宇宙本体、认识本体、情感本体等角度做了独特的阐述，提出了“心即理、心之本体是良知、心之本体常觉常照、心之本体是乐”等命题和观点。根据阳明心学的上述观点，“心态”是心与物相交感而产生的“意”，而意的本体是至善无恶的良知，但心态以可善可恶的“七情”（喜、怒、哀、惧、爱、恶、欲）作为表现形式，因而容易偏离心的本体状态（良知），产生对自己和他人均有伤害的行为。从王阳明心学角度言，企业家心态建设应着重于“修复”，即“修”去与良知相背离的私欲，“复”归心的本然状态——良知（这是心处于天理纯全、私欲克尽的境界与状态）。具体方法是企业家要在企业生产经营实践中从细微处着手，省察克治与企业为公的价值取向相左的种种私欲，在“为善去恶”上下一番格物致知功夫，修养出“廓然大公”的心态境界；此外，面对人生中的各种曲折困难，本着“循理为乐”的原则释放正常的情绪，舒解内外压力，保持心态的平和中正，体会心地光明之乐。如此，则企业生产经营过程变成美妙的致良知过程，企业家也可在此过程中体验着自古以来中华民族追求“成圣成贤”人生理想的真实意义，成就新时代的贤商。

钟海连指出，王阳明心学既揭示了人类“心”的共同与不变不动之本体层次——良知，同时也指明了复归心本体（良知）的方法，其理论成果可作为企业家心态建设的重要思想资源，为培育企业家健康向上的良好心态提供理论支持和方法启迪，有助于企业家更好地为中国特色社会主义市场经济的改革创新做出更大的贡献。

尚贤管理是现代企业传承发展优秀传统文化的一种探索

中盐金坛公司纪委办公室刘晓民在分组交流会上做了《尚贤管理：儒商精神现代实践的一种模式》的发言，介绍并分享公司管理创新的实践成果——贤文化管理。他认为，成圣成贤是儒家的人生价值追求，儒商在现代社会的追求是贤商。尚贤管理以教化人、培养人、成就人为目标，在管理中以人为本，反求诸己，培育道德资本，为企业员工打造安身立命之所，实现成贤合道。尚贤管理以润物细无声的方式教化、感化、同化企业员工，顺企业慧物之性，顺员工止于至善之性，达到心理合一、知行合一、理事合一，在顺性中建立事功，通向无为而治。

论坛讨论会上，参会代表对中盐金坛公司管理创新的理论和实践成果兴趣浓厚，就许多细节和方法问题与公司参会领导展开了热烈讨论。论坛主办单位中国人民大学管理哲学研究中心主任刘敬鲁教授对公司贤文化及尚贤管理探索做了肯定评价，并表示愿意牵头组织相关高校和科研机构的专家学者深入公司调研，梳理、总结、提炼、提升公司管理创新的探索成果，作为编写高校中国管理哲学教科书的重要素材，同时向社会推广。

（原载《中盐人》2018 年第 18 期）

金坛“盐穴”华丽转身绿色能源中心

——探访“盐穴压缩空气储能发电系统国家示范项目”

赖杰*

前往工业区的道路两旁是返青的农田，其中还穿插着许多错综复杂的管道，有运输天然气的，也有运输盐矿采出的卤水的。进入中盐金坛公司的园区，庞大的真空制盐工厂和发电厂高高的烟囱占据了整个视野。而这一切都和地下的盐穴紧紧地联系着。

近日，笔者赶到江苏省常州市金坛区，实地探访位于该地的盐穴压缩空气储能项目。它是国家级试验示范项目，被称为储能领域“前沿中的前沿”。盐穴压缩空气储能电站相当于给电网加了一块巨型“电池”，可以储能也可以发电。由于使用的是空气这一清洁的储能介质，不会产生污染排放，是非常优异的大规模储能技术方案。

我国能源结构转型的目标是不断提升清洁能源占比，在能源生产、输送、储存和使用等各环节大力贯彻节能环保理念。盐穴压缩空气储能电站改变了传统电力“即发即用”的状态，为能源结构转型及传统电网的升级改造提供了有效技术支撑。

削峰填谷，空气压缩储能发电大有可为

盐穴压缩空气储能电站是一种大规模储能发电技术的应用，其原理类似于目前常见的抽水蓄能电站。抽水蓄能电站在夜间用电低谷时，利用电能将水抽到上库；白天用电高峰时再将水释放发电。盐穴压缩空气储能电站则将上库换成了盐穴，将水换成了空气。

---

* 赖杰，烟台大学新闻系本科生。

水可以储能发电，空气也能实现储能发电。盐穴压缩空气储能技术是以压缩空气为储能介质实现能量的存储转化。通过这种新型技术，可从电网吸纳用电低谷时的“过剩电能”——电动机驱动多级压缩机将空气压缩至高压并储存至地下盐穴中，完成电能到空气压力势能的转换，从而实现电能的储存。在此过程中，通过换热器回收压缩热，回输的热量储存在储热装置中。

用电高峰到来之时，释放空气驱动透平膨胀机即可做功发电，将电能回馈至电网，完成空气压力势能到电能的转换。在此过程中，利用储热装置中存储的压缩热加热透平膨胀剂进口空气，提高系统的循环性能。压缩空气储能可以实现电能的大规模清洁储能，大幅改善发电、用电的时空结构，实现电力供需的“削峰填谷”。

清华大学教授梅生伟介绍说：“目前，金坛盐穴压缩空气储能电站采用非补燃先进绝热压缩空气储能技术，其中电转电的储能效率达到 60% 以上，除供电外还能够实现供热和供冷，能量综合效率可达 85%。而随着技术研发的推进，未来系统的储能效率会进一步提升，有望突破 70%。”

梅生伟掰起手指细数了盐穴压缩空气储能在容量、寿命、成本和环保上的各种优势。盐穴压缩空气储能采用空气作为清洁的储能介质，是无燃烧的纯机械物理储能装置，具有清洁环保的特性。它前期的生产和后期的报废都不会产生排放和污染。压缩空气储能电站配置的盐穴储气库容量大，使其单机容量就可以达到数十万千瓦甚至百万千瓦，能够更好地发挥储能作用。此外，盐穴压缩空气储能电站的运行寿命长，例如德国亨托夫补燃压缩空气储能电站自 1978 年建立至今已运行 40 余年，且仍在正常运营。金坛压缩空气储能电站的设计寿命也可达 40 年以上。

地下造腔，建设盐穴面临多重技术挑战

金坛盐穴压缩空气储能项目是“中国创造”有力证明。由于这是国际率先采用非补燃技术的压缩空气储能电站，项目团队没有相关技术经验可以借鉴，只能自行研发。该项目副总工程师王国华介绍说：“我们走的是与国外压缩空气储能电站完全不同的技术路径，所以一切都得靠自己摸索创新。”

当问及使用何种具体技术时，清华大学薛小代博士表示，由于涉及技术机密，他不能做深入介绍，不过可以向外界透露的是，他所在的项目团队已经探索建立了一个拥有百余项专利的、完善的自主知识产权体系，涵盖核心技术环节如高负荷空气压缩机、高效蓄热 / 换热、大容量稳定储气、宽工况

空气透平、高效空气膨胀、大容量空气注采器等。

对项目推进过程中遇到的问题，中盐金坛总经理管国兴说，在建设地下盐穴储气库方面，大家都没有经验，需要攻克的技术难题很多，其中最大的有两个：一是如何在无法直接窥探盐穴的情况下完成地下造腔工艺；二是如何消化造腔过程中产生的大量卤水。

王国华解释说，由于盐穴在千米深的地下，开采只能通过管道井进行，无法直接窥探其内部真实场景，只能从地面管道和控制机械略知其中一二。在施工过程中，保持盐穴墙室的形状至关重要。理论和实践证明，将其塑造成“梨形”可以承受更高压力，因此在施工过程中，综合利用声呐探测等各种手段，及时了解掌控形状变化状况，引导其向“梨形”拓展。经过10多年探索和实践，中盐金坛掌握了国内一流、世界领先的盐穴造腔工艺，在此基础上，建成三大盐穴天然气储气库群，成绩斐然。

对于造腔过程中的卤水处理问题，中盐金坛有大规模综合利用渠道。管国兴说：“对于中盐金坛来说，建腔过程中采出来的卤水可是宝贝，是公司制盐的原材料。”

对于压缩空气储能这一新型的技术，目前国家没有现成的技术标准，为项目实施带来了一定的困难。对此，王国华表示：“现在项目团队正在着手准备起草非补燃压缩空气储能电站的相关标准。这也是国家试验示范项目给我们的一个重要任务，以便后期压缩空气储能电站的快速推广。国家试验示范项目给我们的一个重要任务，以便后期压缩空气储能电站的快速推广。”

多年积累，从储气到压缩空气储能发电

对中盐金坛来说，建设国家试验示范项目，起草相关标准，积累成功经验，既是一项光荣的任务，也是一项重大使命。为争取建设该项目，中盐金坛早在本世纪初就审时度势地推进相关工作。彼时，国家西气东输工程正在如火如荼建设中，有关方面要在沿线建设一批储气库。中盐金坛利用自身盐矿资源丰富的优势，向有关部门上报自己的盐穴资源非常适合做储气库。

为了证明盐穴储能的可行性，中盐金坛方面收集整理了翔实的资料，并钻取了盐芯样本一起送到相关研究检测机构。经过论证，评审专家一致认可盐穴适合做储气库。中盐金坛抓住机会，趁势而上，于2007年在金坛建成了中国第一个盐穴天然气储气库。

盐穴储存天然气成功后，中盐金坛把盐穴资源的用途瞄准了盐穴压缩空

项目首席专家梅生伟教授接受记者采访。

气储能。实际上，在此领域，中盐金坛的相关科研人员早在 2006 年就开始关注了，只是当时国内相关技术非常薄弱，不具备基本建设条件。时间到了 2011 年，清华大学开始推进相关技术攻关，并在两年后取得重大突破。

中盐金坛方面与清华大学技术团队合作建立联合研究中心，推动新技术的研发。2017 年 5 月，“盐穴压缩空气储能发电系统国家示范项目”获国家能源局批复。2017 年底，中盐金坛携手有关方面，组建了以清华大学梅生伟教授为项目首席科学家的技术专家团队，协力推进盐穴压缩空气储能国家示范项目。2018 年 10 月取得当地政府建设许可并于当年底开工建设。至此，我国盐穴压缩空气储能项目进入真正的工业实施阶段。

盐穴储能项目创建了具有完全自主知识产权的压缩空气储能技术体系，推动储能产业自主创新水平的提升，引领智能电网向低碳、绿色的方向建设与发展，促进我国能源结构的清洁化转型。以盐穴作为新的储能载体，不仅是消除工业盐穴地质灾害风险最有效、最经济的手段之一，也是盐行业实现结构转型发展的良机，推动中国丰富的盐穴资源的开发利用。

（原载《人民日报海外版》2019 年 3 月 27 日第 10 版，标题有改动）

常州市社科院盐文化研究中心在中盐金坛揭牌

郑明阳

构建中国特色哲学社会科学是个系统工程，需要统筹各方面力量协同推进。常州市哲学社会科学界联合会（以下简称常州市社科联）、常州市社会科学院（以下简称常州市社科院）就此做出了新尝试。2019 年 11 月 9 日，常州市社会科学院盐文化研究中心成立仪式在素有江东第一福地之称的金坛举行，来自高校、社科系统、科研单位的 40 多名专家学者，见证了盐业央企与社科系统跨界合作的初步成果。

这是江苏省社科系统成立的首家盐文化研究机构，是跨界合作推进哲学社会科学服务社会、服务现实的新探索。中心设在中盐金坛盐化有限责任公司，由常州市社科联、常州市社科院委托中盐金坛公司负责建设与运行管理。中心将按照常州市社科院的统一安排和部署，完成相关研究项目和课题，为

当地的盐业经济、盐业文化、盐企改革发展等提供决策咨询参考。同时，也将结合中盐企业改革、企业文化建设、管理提升、人才培育等方面的现实需求，不断推出高质量的研究成果，逐步把研究中心建设成为特色鲜明、优势突出、在国内外有影响的实践性应用性新型智库和现代盐业文明研究协同创新平台。

江苏省哲学社会科学界联合会党组成员、副主席尚庆飞出席仪式并讲话，他与常州市社科联党组书记、主席朱明辉，常州市金坛区委宣传部常务副部长邢卫东，中盐金坛公司总经理管国兴，共同为盐文化研究中心揭牌。教育部“长江学者”特聘教授、南京大学博士生导师洪修平，南京大学教授、博士生导师李玉等一批专家学者受聘担任研究中心的学术顾问和特聘研究员。成立仪式由中盐金坛公司党委书记董爱民主持。

尚庆飞在讲话中指出，常州市社会科学院盐文化研究中心在金坛正式挂牌成立，这既是央企坚定文化自信、履行社会责任的新举措，也是哲学社会科学界服务改革发展、回应时代需求的一次有益探索。他要求盐文化研究中心以习近平新时代中国特色社会主义思想为指导，全面贯彻落实党的十九大及十九大以来历次中央全会特别是十九届四中全会精神，继承和弘扬中华优秀传统文化，为繁荣中国特色社会主义文化做出贡献。他对盐文化研究中心的建设和发展提出三点要求：一要坚守共建的初心，打造在省内外具有较大影响力的盐文化高端科研平台和创新基地；二要聚焦特色研究，紧紧抓住“盐”与“常州”这两个关键词，把行业文化与地域文化的特色有机融合；三要注重成果的转化应用，围绕盐业体制改革与转型发展，以具体的现实问题为导向，多学科力量合作攻关，产出指导性和操作性强的高质量应用成果，并积极推进和实现成果转化，在人文社科研究成果应用上走出一条“产学研”相结合的特色之路。

管国兴在致辞中对常州市社科联、常州市社科院将全省社科系统第一家盐文化研究中心设在中盐金坛公司表示感谢。他说，生产放心盐，是盐业人的初心；传承盐文化，是盐业人的使命。作为中央企业，中盐金坛积极响应中央的号召，把继承和弘扬中华优秀传统文化的要求落实在企业文化建设的各个层面，而作为第一家直接建在盐业企业、为传承和弘扬中国盐业文明服务的高层次产学研平台，盐文化研究中心制定了五年规划，包括课题研究、成果出版、成果传播、成果转化四个方面共23项工作内容，将通过资源整合，结合时代需求和现实需要，凝练研究特色，提升研究水平，深度推进研究成果的转化应用，在提高企业文化软实力的同时，培育新时代中国盐业的继承人。

出席成立仪式的专家学者来自复旦大学、南京大学、厦门大学、华东政法大学、苏州大学、扬州大学、南京中医药大学、常州大学、南京晓庄学院、孔子研究院、中国商业史学会盐业史专业委员会、河南省盐业协会等单位，他们对盐文化研究中心的五年规划课题展开了论证。

（原载《中盐人》2019 年第 19 期，标题有改动）

“尚贤慧物”成就大盐业

——中盐金坛企业社会责任实践述评

郑明阳

2015年5月上旬，中盐金坛与江苏某化工企业合作建设的MVR淡盐水浓缩项目正式投产。“这个项目的重大意义就在于使用淡盐水替代精制盐，对于整个氯碱行业都有巨大的节能减排效果。主动做这样的技术创新，是我们对社会应有的担当。”谈起这项技术革新，中盐金坛公司总工程师兼技术部部长陈留平有说不完的话。

以往谈起这个话题，陈留平都不免神情凝重：“美国80%的烧碱采用卤水直接生产，而我国这一比例只达到10%。”

“卤水—精制卤水—一次盐水—淡盐水浓缩—高硝母液循环利用，这些技术创新不仅使中盐金坛成为国际液体盐行业的领导者，在产能、节约标煤、盐水质量等各项指标上均达到了国际一流水平。”陈留平说。

与氯碱企业的传统生产方式相比，“一次盐水”省去了真空盐生产环节和固体盐再溶水环节，大大节约了资源和能源。同时，盐水品质的提升，也使得氯碱企业在生产上更节能环保。

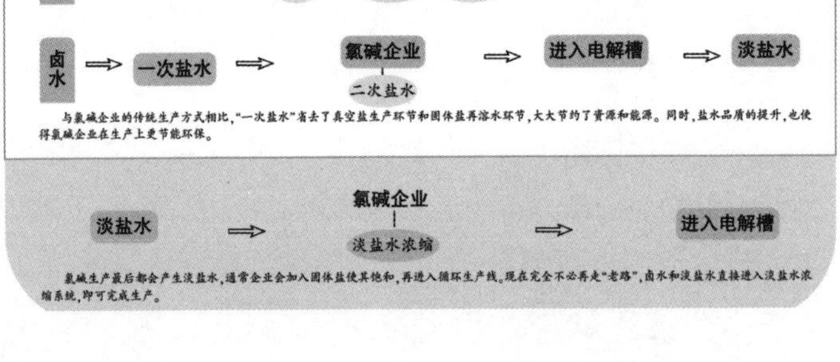

氯碱生产最后都会产生淡盐水，通常企业会加入固体盐使其饱和，再进入循环生产线。现在完全不必再走“老路”，卤水和淡盐水直接进入淡盐水浓缩系统，即可完成生产。

一、主动而为，担当社会责任

时光回溯至2004年，中盐金坛建成当时国内最大的年产60万吨真空制盐项目，震惊中国制盐行业。

“中国盐业必须摆脱规模小、能耗大的产业格局，我们的‘大手笔’是主动为中国制盐行业作引领性的探索，因为这是振兴中国盐业的大事。”说起当年的工程建设，曾担任盐厂厂长，现任公司副总经理的周国敏还难掩豪情。“企业选择何种发展道路，源于企业的文化和理念，主动而为，做有德行的企业一直是我们坚持的目标。”周国敏表示。

“在中盐金坛，主动而为的事情不胜枚举，像绿色矿山建设、电厂改造与升级、一次盐水的开发与推广、储气库的建设与投运等等，都是我们主动在做的事。”谈到履行企业的社会责任，公司党委副书记、纪委书记冯良华如数家珍。

“比如加怡热电厂，从收购以来，我们让它有了‘脱胎换骨’的变化，短短几年电厂就成为金坛重要的热能输出中心，而我们持续进行的抽凝机组改为背压机组、脱硫工程、脱硝除尘工程、水循环工程等等，正在构建起‘盐电一体化’的崭新格局。”冯良华继续说道，“虽然这些年很多项目建设曾让我们‘风光无限’，然而这些工程从开始到建成中的‘好事多磨’，所有的这一切都可归于我们对自我的要求，是主动为之。”

二、知行合一，实践社会责任

“既然我们要做最受尊重的企业，那就必须有担当和承诺。”公司综合部部长季亚平说道。就在不久前，中盐金坛通过联合利华委托SGS公司的社会责任审核，审核结果提交到中国制造网平台，国际一些大公司对此都予以认可。“将社会责任审核提交到中国制造网上，这在国内盐行业中还是第一家，这也表明，我们公司履行社会责任得到了国际认可。”

对于为何能在同行业中又是“第一家”？“知行合一。近几年，我们公司很多案例入选中盐总公司每年发布的《企业社会责任报告》。”季亚平很干脆地回答。

“我们提知行合一，就是要做最本真的人，最本真的企业，同时这也是企业的人文精神。”公司副总经理钟海连说。特种盐市场部副部长金柳认为，公司率先提出特种盐的概念，体现的正是一种企业的人文情怀 。“以前国内很少生产用于居民日常生活的盐产品，工业盐占据盐产品的重头。但是现在，我们认为盐不应仅仅停留在工业领域。特种盐不仅能为百姓生活服务，为提高生命质量服务，而且我们将服务延伸，盐为大众服务的时代就要到来了。”说起拓展新的用盐领域，她还专门提到，特种盐市场部正在开展各种盐产品的专题调研。

在中盐金坛，“知行合一”是其企业文化——贤文化最为根本的要求，这意味着，中盐金坛的社会责任，以最为朴实的方式与社会、企业、百姓及其生活方式和习惯更加紧密地结合，并由此带来深刻的影响和改变。

“我们不仅谋求自身企业如此，也同时希望让整个社会获得更具品质的发展机会，让百姓获得更好的生活状态。”公司总经理、党委书记管国兴表示。

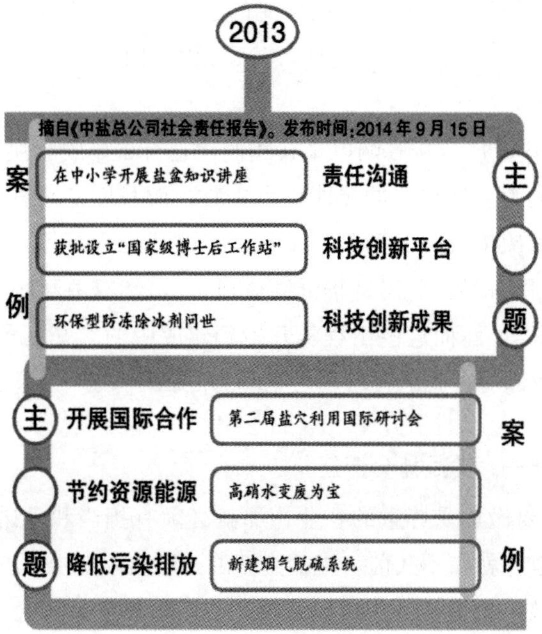

三、明体达用，拓宽社会责任

企业社会责任通常指企业在创造利润、对股东利益负责的同时，还要承担对员工、消费者、社区、环境等其他利益相关者的责任。这一理念经上世纪30年代哈佛大学多德教授第一次提出，20世纪80年代企业社会责任运动在欧美发达国家逐渐兴起，到90年代各种生产守则、社会责任标准纷纷出台，企业社会责任问题日益吸引世人的关注。

对于权威教科书中提到的涉及各方利益的问题，管国兴认为，这些都还注重"用"的层面，而"己欲立而立人，己欲达而达人"，这才是社会责任之"体"。"社会责任实践也应该具有这样的高度。作为社会组织或者社会细胞，应该具有立人的责任感和使命感，这样才能使企业更具有长久生命力。立人和达人，对于整个社会风气的形成，大有助益。"管国兴说道。

而对于这个过程中可能出现的困难，管国兴表示："明知不可为而为之。我们以贤文化为目标，努力践行自己的社会责任。虽有困难，但这些都是发展中的磨砺过程，也是必需的过程。"

所谓立人，"就是指担当起企业的文化责任。企业是由人组成的、有生命活力的组织，除了履行经济责任，还要履行文化责任。企业是一个整体，不仅仅是经济的组合体，同时也是文化的组合体。这个组合体认同并接受共同的文化。如果企业仅仅是经济集合体，可能每个成员的文化理念会不同，这样就没有共同的道德维系。这样的共同体是不健康的，甚至会成为社会的不良细胞"，钟海连表示。

其实，这些年中盐金坛公司自身在不断地做减法，不断地超越以前的诸种光环和荣耀，"努力为一切正在发生以及即将发生的社会提供一个行为准则，包括企业该有的行为和作为自然人该有的行为等，以正能量推进社会的进步"，管国兴如是说。

（原载《中盐人》2015年第9期）

共建中华优秀传统文化传播共同体

——“学术期刊与中华优秀传统文化传播”研讨会综述

孙鹏　刘晓民

2018年4月12日至13日，由江苏宏德文化出版基金会、致和文化书院联合多家知名学术期刊，在江苏茅山召开“学术期刊与中华优秀传统文化传播”研讨会，来自上海、江苏、山东、湖南、河北等省市的综合性、专业性学术刊物和高校学报的主编、副主编以及学术评价机构、文化出版机构的专家学者等40余人参加了座谈会。会议讨论了当前学术期刊面临的问题，明确了构建学术期刊共同体的构想，在加大中华优秀传统文化在学术期刊中的比重等方面达成共识，与会专家对由南京大学管理学院、中盐金坛盐化有限责任公司、江苏省互联网服务学会联合出版的《中国文化与管理》充满期待，并且对此刊的办刊思路给予了高度评价。

江苏宏德文化出版基金会理事长、《宏德学刊》主编赖永海教授在致辞中指出，“学术期刊与中华优秀传统文化传播”研讨会响应党中央号召，切中时代的主题。传统文化的传播渠道很多，学术期刊是非常重要的载体。学术期刊不仅具有思想研究和传播作用，也会起到推动社会发展的作用。正在创刊的《中国文化与管理》要在中华优秀传统文化与现代管理的结合上有所创新，要对管理产生实质性影响。《南京大学学报》副主编王浩斌教授在致辞中提到，学术期刊在中华优秀传统文化传播方面应该有所担当，要加强合作交流，要打造传播优秀传统文化的共同体。

江苏人民出版社总编辑、《宏德学刊》副主编府建明先生在主持会议中指出，本次研讨会是在党中央倡导优秀传统文化的大背景下举行的，怎样从弘扬主旋律、传播正能量、服务现实的角度来发挥学术期刊的作用，是本次研讨会的重要使命。

南京大学社科处处长、《宏德学刊》副主编王月清教授在主持第一场小组研讨时指出，优秀传统文化的传播是一项很重要的工作，期刊界在传播中拥有更多的优势。学界和学术期刊要从学术和专业的角度推动中华优秀传统文化传播。

《中国文化与管理》副主编、《中华文化与传播研究》编委会主任、《宏德学刊》副主编管国兴先生认为，中华优秀传统文化对于引导德性修养、提升个人素养具有不可忽视的作用，对于社会和谐及美好世界的形成具有积极意义，中华优秀传统文化的研究与传播是值得努力的事情。

《学术月刊》常务副总编姜佑福指出，本次研讨会的主题是通过学术期刊来传播优秀传统文化，正如赖永海教授在致辞中提及20世纪的《新青年》《学衡》《海潮音》等刊物对于新文化的创造发挥了重要的平台作用，学术期刊人希望今天的学术刊物同样能够担当中国特色社会主义新时代的文化创新使命，期待新创刊的《中国文化与管理》能够充分体现新时代中国的新文化和新的管理理念。姜佑福认为，要立足于新时代传播中华优秀传统文化，不能简单地重复和保守过去，而是要实现优秀传统文化在新时代新文化里的创造性转化，是要面向2049年，面向中国真正实现民族伟大复兴和全面建成社会主义现代化强国的美好未来。

《中华文化与传播研究》主编谢清果教授说，文化传播其实就是文化共享的过程；人类如何共同生活是现代社会需要重视的问题。中国传统文化主张和谐共生、和而不同的思想对于解决人类如何共同生活的问题具有借鉴意义。

《东南大学学报》主编徐嘉教授在主持第二场小组研讨时说道，即将创刊的《中国文化与管理》要成为中国固有文化展现生命力的重要方式。最高的管理是尽人之智，把人的智慧发挥出来。在这个意义上，中国文化与现代科学管理的结合是一个非常有价值的命题。

山东省教育科学研究院副院长李文军认为，真正有意义的学术应该走出象牙塔，面向实际，做实实在在的文化事业，扎扎实实地担当起中国人文化自信的重任。

南京大学管理学院院长、《中国文化与管理》编委会主任王跃堂教授指出，如何提高中国的话语权，如何让中国的管理在国际上发出自己的声音呢？文化对管理的影响比经济和政治制度更加本质，它是管理学的基本变量，从文化的角度谈管理是一条可行的道路。中国经济近些年的快速发展以及中国企业管理的成功案例，已经证明了中国文化管理理念的可行性。这种管理理念若能上升到理论的高度，就能显示出管理理论的中国化和中国特色。

《文史哲》副主编刘京希教授指出，我们国家提出“构建人类命运共同体”的设想，无疑是个创举。这要与优秀传统文化的传播联系起来，我们去构建人类命运共同体，当然是以我们的思想或文化为主体。

《山东社会科学》杂志社主任栾晓平先生指出，学术期刊要有为学术坚守的精神，要有所为有所不为。学术期刊工作者要从良心出发，努力办好刊物。

《中华文化与传播研究》主编、《中国文化与管理》副主编、《宏德学刊》编委钟海连先生在发言中介绍了致和文化书院积极响应党中央“乡村文化振兴”号召的事迹。本次会议主办方之一的致和文化书院坐落在茅山脚下的致和村，村民们在经济发展迅速、物质生活水平快速提高的同时，感受到文化生活不足所产生的内心空虚及不良风气的蔓延，更加认识到精神生活的重要性。致和村村委会面对村民文化生活匮乏的局面，多方协调，希望整合高校学者、文化公益组织、地方贤达的文化力量推动乡村文化的振兴和乡村治理的创新，期待在经济发展后能在文化建设上做些工作，通过文化的熏陶培育身心健康、思想健康的下一代。

《河海大学学报》原副主编黄明理教授认为中国人的标识不是简单的衣着、形象或钱财，更重要的是文化基因。文化基因是一个民族深深认同的关键性符号。习近平总书记明确提出“抛弃传统、丢掉根本，就等于割断了自己的精神命脉”，肯定了中华优秀传统文化。弘扬优秀传统文化、创办优秀传统文化的刊物，也是对历史责任的担当。

《南京师范大学学报》副主编杨嵘均教授主持第三场小组研讨并且指出，在对待古今中外文化时，我们应该古为今用，洋为中用，吸取精华，剔除糟粕，兼收并蓄，有容乃大。一些真正沉下心来做学问的思想者，他们已经超越了功利层面，这样的人是文化的传承和创新者，他们秉持时代发展应有的态度。

《山东农业工程学院学报》主编冯惟㮙教授指出，人们素养的提升没有跟上科技发展的步伐，在众多污染中最为可怕的是心灵的污染。怎么治理被污染的心灵？只有依靠优秀的传统文化。弘扬传统文化的要点就在于从民族的骨子里体现中华优秀传统文化的基因。

《周易研究》副主编李尚信教授说道，做学问的目的是要在生活中能够运用。中国文化把整个宇宙当作生命体，中国哲学体系是关于生命的哲学体系。

《齐鲁学刊》副主编赵昆教授说，《齐鲁学刊》创刊以来一直致力于弘扬齐鲁传统文化，突出儒学文化研究，重视社会科学基础层面探讨，倡导求实创新，为传承儒家优秀文化而努力。

《道学研究》副主编黄永锋教授指出，中华优秀传统文化的传播包括国内传播和海外传播。学术研究怎么与现实需要相结合，这是传统文化传播中需要关注的问题。中国传统文化研究可以与一些重大项目结合起来，有利于长期开展研究与传播工作。

《中国矿业大学学报》主编李金齐教授指出，学术期刊引领学术发展、引领思想发展，在思想界、学术界起到文化启蒙、文化复兴的角色，学术期刊工作直接与文化复兴事业相关联，传统文化要引起我们的重视。

《江海学刊》副主编赵涛先生主持第四场小组研讨并在发言中谈了三点看法：一是《江海学刊》愿意更多地参与到复兴中华优秀传统文化的事业中去；二是中国的经济、社会、文化发展都已经进入到一个新时代，中华优秀传统文化大有可为的时代到了。习近平总书记提出的“人类命运共同体”概念，与传统的“天人合一、民胞物与”思想有着内在的一脉相承的关系；三是弘扬中华优秀传统文化，要积极与西方文化进行有效对话，以与时俱进的开放心态和兼容并包的开阔胸怀，使弘扬中华优秀传统文化事业健康发展。

《湖南师范大学社会科学学报》主编李培超教授在发言中指出，国内学术成果所用的范式、概念、术语、公式、研究方法在一定程度上带有“西化”的痕迹，在这样的背景下，我们更应该挖掘带有本土特色的学术成果，发掘民族文化中一些优秀的东西。

《中国文化与管理》执行主编吕力教授认为，中国式管理是中国特有的管理现象，中国企业家有中国的企业管理方式，完全使用西方的管理方式是行不通的，这就是管理移植中的文化问题。学术研究要能真正服务于社会实践。

王浩斌教授在做会议总结时说，文化需要传播，不传播就不叫文化，个人的自娱自乐不能称之为文化。期刊是文化传播的一种方式，在期刊之中，学术期刊的传播具有独特的优势，因为它的对象主要是学者，虽然读者面不宽泛、发行量不大，但是这些读者可以带动很多人。学者们授课、演讲时都会把文化传播给更多的人。另外，学术期刊的传播是可持续性的，若干年过去还会有人查阅，会有长久的影响力。

（原载《贤文化》2018 年第 2 期）

金坛盐出口日本是一个里程碑

“中盐金坛盐产品出口到日本是一个里程碑。”——这是2018年11月14日中盐集团公司外部董事到中盐金坛公司调研时，外部董事们给予中盐金坛的一致认可。

中盐金坛公司是海外众多知名品牌的合格供应商，为何唯独将进入日本市场视作有所突破的里程碑？

因为“日本的食品市场准入门槛高”，很多国内企业难以达到其要求，出口日本“无门”。而中盐金坛却不同，偏偏就以进入日本市场的“高难度”倒逼实现产品生产“高品质”，这个过程需要付出不懈的努力。

完善顶层设计与全员管理

金坛盐2005年正式进入日本市场，2006年又通过组建合资公司“金盐日本株式会社”，开拓日本市场，进行客户维护。

而公司登陆日本市场并不是“无准备之仗”。从2003年至今，公司一直保持着与日本盐企和盐商的密切交流合作，也得到了他们从基本技艺培训到生产管理对公司的帮助与指导。在与日本内海盐业、山九公司等现代盐企和盐商的合作中，中盐金坛的工作人员深入其生产现场学习，对标日本盐企现代化的质量管理模式，引进全面持续改进思想，夯实了自身质量管理的基础。这之后，很多日本盐商代表团主动到中盐金坛公司考察交流，并洽谈合作事宜。

公司借鉴日方管理经验和制盐工艺，吸收日本《食用盐卫生指南》的方针理念，在开拓市场的同时，以树状层次从企业内部开展即时整改配合中长期改善计划。从宏观制度、战略规划、品质目标、企业愿景开始完善顶层设计，明确管理责任、履行社会责任；以中层分权组织体制推动顶层设计落地实施，通过PDCA质量管理体系在内部管理环节的全覆盖强化质量管理，保证结果标准化、标准制度化，通过HACCP计划将食盐安全防护从制盐环节延伸至供应链，保证从原材料处理到工艺流程改进的科学性和安全性；把控生产现场，注重生产细节，以5S管理理念贯彻“看得见的管理”，从选址布局、物料管理、人员管理、设备管理、文件记录等方面，将过程细节化、操作标准化，实现全面规范和关键管控，把好管理制度落实的末道关、守住提升产品标准的最前线。同时，在全员参与管理结果的维护上，中盐金坛以制度衔接上下，质量管理职责环环相扣，实现从顶层到基层的目标分解，完成从基层到顶层的效益提升。

突破国内制盐行业“质量天花板”

公司以日本制盐企业为标准，打造有秩序的管理队伍、生产现场的同时，借由日本市场在全球品质管理的影响力，以及在日本市场中锻造出的高质量产品，战略地图渐次铺开。以日本市场为起点，中盐金坛打响品牌在海外市场的知名度，在合作中获得技术支援，成功进入其他国家的高端盐市场以及一些全球品牌商的供应链。一方面通过数次供应商审核参照国外技术标准，按现场审核、文件审核以及模拟追溯的逻辑，对“人”“机”“料”“法”“环”等因素进行持续自查改进。还把脉供应链，谋事前预防，明确质量控制点，排查不符合项，整改有据可溯，实现硬性维度全面提升，中盐金坛顺利成为百事可乐、Friesland Compina等国外知名企业合格稳定的供应商，这些“成果”也增强“金坛盐”品牌效应。另一方面中盐金坛吸收国外食品企业的质量管理理念，以理念促发展、补短板，看齐国外食品企业生产要求，打破国内制盐行业“质量天花板”。每年受邀参加雀巢、卡夫等知名企业的“原料供应商质量日”等专项质量活动，实现与客户的双向质量反馈。此外，还学习雀巢、卡夫公司关于食品加工过程管理的经验，在提升制盐工艺的同时培育本公司的质量精神，让质量理念向生产现场渗透，以软性维度打造国际质量品牌。

此外，公司借助在国外市场中不断积累市场经验、获得技术助力、持续自我改进，继而在国内市场走到盐改后的开放竞争之拐点时，中盐金坛保持着企业战略发展格局的先进性、战略规划目光的前瞻性。目前，公司已经建立起了一个知识型管理的现代盐业企业，以先进的管理模式和合规的管理标准，从容取得食盐定点企业资格认证。

让百姓口碑成为下一个里程碑

随着市场竞争格局的不断变化，不管是资本投入方向还是企业产品结构都发生了再调整，这就要求中盐金坛必须以“明者应时而变，知者随事而制”的眼光，看得更长远、更清晰，在已有所为的基础上，进一步敢有所为。一方面释放先发优势，用产品和技术突破市场竞争重围；一方面在战略发展角度兼顾食盐安全、民生问题以及中盐形象，承担起国有企业的社会担当。还需要以全方位的管理制度打造全梯队的管理队伍，以高标准的品质基础指向高定位的市场目标，以产品质量、技术研发为踏板，找到阶梯式发展的新落点——瞄准高端盐国内市场，加快绿色抗结剂等生活用盐的研发，打造百姓信服的高端盐品牌，让百姓口碑成为中盐金坛的下一个里程碑。

（中盐金坛品质部供稿，原载《中盐人》2018 年第 21 期）

致敬，“尚贤慧物”的杰出代表

——“金坛盐盆开发30周年突出贡献奖”颁奖词

虞明

你一线磨炼，苦学成才，成长为制盐工匠；你寡言少语，深入研究，沉稳保障生产运行。“干一行，爱一行，专一行，精一行”是你的作风，“上不负领导，中不愧自己，下可以师后生”是你的态度。在金赛盐厂隆隆的机器声中你奉献青春韶华，用专业和专注展示了“贤”的内涵。

王网留

二十八年前投身盐矿开发，至今初心不改，无怨无悔。筹建盐矿、管理生产、建设盐厂，你洒下了辛勤的汗水，贡献了青春和智慧；主持电厂改造，实现“脱胎换骨”，你再建新功，书写了“盐电一体化”蓝图的新篇章。

虞金法

与盐结缘几十年，掬过原卤，捧过晶盐，运送过一次盐水。你掌管过的盐厂成了标杆，你带的新人成了骨干，年轮印刻着你的初心、努力与奋斗的誓言。你还是那个“老厂长”，始终与盐相伴。

徐孜俊

扎根源头、孜孜探索，是你多年不变的工作作风；技术改造、管理创新是你持之以恒的不懈追求。领先国内跻身世界先进，见证了你带领年轻团队奋发有为的朝气；盐穴综合利用取得系列成就，见证了你带领年轻团队开拓进取的业绩。

何寿美

为了镇江盐厂早日建成投产，你全身心投入，日以继夜，废寝忘食；为了一次盐水产能大转移目标的成功，你脚踏实地，解决了一个又一难题。你用实践诠释了新时代盐工的敬业奉献和工匠精神。

胡俊华

你为公司发展规划的制订，默默地加班加点；你为公司发展项目的落实，迎难而进。数不清的困难曲折，无数次的旅途奔波，这些都没有消磨你的意志，你依旧热情满怀，目标坚定。正可谓：俊逸之才当表，朴实无华应赞。

王斌

信息化系统的建成、两化融合的实现，你经历了一次次岗位和职责变化的挑战；财务管理的提升、融资工作的推进，你克服了许多意想不到的困难。你充满工作激情，锐意进取创新，你用业绩和成长证明了年轻就是最大的优势，中盐金坛是年轻人施展身手的大舞台。

王泰

设备是冷的，但你的心是热的。你用十多年的坚持，换来了设备运行的安全稳定。体系认证、高企申报、验厂审计、资产评估，在众多需要协调配合的工作中，你默默付出，不计得失。你用实际行动，努力践行着尚贤慧物的贤文化精神。

谢兴胜

你凭着多年练就的“火眼金睛”，严把质量关，守住产品的“命门”，为金坛盐获得用户口碑任劳任怨。申报市长质量奖、食盐定点企业换证，你事无巨细，攻坚克难，为成功铺路。公司诸多美誉的背后凝聚了你的汗水和付出，你在忠诚于岗位职责中践行着贤之精神。

赵营峰

德才双修，潜心科研，十五年坚守，埋头苦干，勇于探索，不断向制盐技术高峰攀登。在盐业强国的追梦路上，你展现了巾帼不让须眉的动人风采。

（中盐金坛“金坛盐盆开发30周年突出贡献奖”评选组委会供稿，原载《中盐人》2019年第4期）

每一粒盐都饱含着我们的汗水

麻婷*

2011年7月12日，在这个平凡的日子，盐厂的全体员工用汗水书写了一个不平凡的纪录——盐硝日产量突破6000吨。从2010年11月3日到2011年7月12日，二期投产运行251天，累计产盐量达608938吨，日最高产量为3800吨。这标志着中盐人不但能引进世界先进制盐技术，而且能掌握和运用好世界先进制盐技术。

2010年冬天的晚上，寒气逼人，气温已降到零下五六度。盐厂员工苏志俊又守在了二期离心机旁。北风“呼呼”地咆哮着，他裹紧了大衣，不禁打了个冷哆嗦：“离心机‘拉稀’已经持续一阵子了，也不知啥时能正常，不然就能多腾出一个人手。”这时，对讲机又一次呼叫了，他拖着疲惫的双腿，立即奔到一期现场处理，接着又回到二期巡岗。

回忆起当初的那些场景，苏志俊很是感慨：“二期开车初期，由于没有摸透系统的秉性，经常出现问题。而我们一个班也只有七八个人，所以人人都是手忙脚乱的，甚至有时主控也会跑去干燥床处理问题。但现在系统运行基本稳定后，大家也就比较轻松了，一个人出去巡岗也可以了。”

“一定要征服二期”

“设备怎么又不正常？究竟是什么原因呢？”盐厂员工万军强时常会默默地站在机器旁，嘴里不时地犯嘀咕。“只要系统一天不稳定，我们就很紧张。”他神色凝重地说道，“要是设备出问题，我们怎么跟下一班交代呢？”

为了能保证二期的稳产，他与同事们常常在一起探讨良方。凭借着多年的操作经验，他们在牢牢抓住五稳定（液位、排盐量、末效真空度、首效进

---

* 麻婷，助理馆员。

气压力、班产量）这条主线的基础上，通过查阅资料，反复研究，不断调整工艺参数，寻求最佳的运行数据。

别以为调整参数，只是简单地更改数据。要知道，数据一旦不合理，就会引发一系列问题。比如卤水的液位若是高了，就极易引起翻罐，继而导致循环泵电流过大；若长期出现翻罐现象，则捕沫器容易结盐，就无法正常工作。而调整一个参数，效果并非立竿见影，必须经过一段长时期的运行后才能见晓。

“现在二期运行的参数都是经过我们一点点调试、操作后得来的，而不是最初的理论数据。这也只能依靠我们自己摸索，因为没有地方可以学习借鉴。”万军强喝了口茶，笑着说道：“虽然调试到后期，连视线都模糊了，但只要系统能稳定运行，我们的心也就舒坦了。”

“是啊，我们大家都是一条心，为了一个目标一起奋斗着：一定要征服二期！”苏志俊掷地有声地说道。

“就让大伙放手去干”

在盐厂工作一年的张国华心终于踏实了，现在就算师傅不在场，也能轻松自如地处理二期各类问题。“实践操作后就是不一样啊，当初即便师傅教得再多，可到了现场心还是慌慌的。”眉宇舒展开后，他笑了：“现在听到系统报警，我们也能知道问题出在何处，并很快解决了。”

巡岗回来后，他总是乐意跑到控制室，看着同事操作，听着他们探讨二期。“不学不成哩，大伙都在一个劲地学，赶不上可要落后啦！”控制室里放着一本厚厚的小册子，那是二期开车以来的经验总结，“这是我最好的教材了。”

这些经验总结，大部分都是直接来自员工们的合理建议。盐硝车间主任虞明告诉记者：“二期是国内的首例，毫无经验可寻，我们就是要发挥全体员工的智慧，挖掘他们的潜能，所以厂里一直鼓励大家提合理化建议，毕竟三个臭皮匠顶个诸葛亮。开好二期，就要让大伙放手去干！”

这种放手让员工去干的大胆精神，自然也鼓舞了员工。比如离心机“拉稀”问题，大伙经过查找分析后，终于找到了症状——排料方式有误。接着，通过将颗粒小与颗粒大的盐混合排放，顺利解决了离心机振动问题。此外，F241 风机轴、不合理管道、板式换热器等在大家的建议下，也都进行了改造。

除了开车初期，每天集体学习 4 小时外，如今，员工们又开始了每天 1

小时总结。“我们不仅要知其然，更要知其所以然。相信，通过进一步地探索，不断改进操作，6000 吨会是一个常态，是我们的一个新起点。”盐厂厂长助理徐敏表示。

“一切只为稳产服务”

“一天供给两万多方卤水，真是不敢想象啊！”1994 年参加盐矿工作的仲贵喜抑制不住激动的情绪，“盐化的发展速度太惊人了！从最初茅溪盐矿每天只产 100 多方卤水，到如今仅供盐厂就是两万多方……”

每当听到盐厂反映卤水不足时，仲贵喜的心里总是跟着一起着急。特别是眼下高温限电频繁，中石油储气库东站已经限电两次了。“怎么办？我们自家的就得 24 小时开足马力，所以平日的设备维养就显得异常重要，绝不能在关键时候出闪失。”

再加上现在雷雨天气多了。“只要晚上一听到雨声，我就担心，最怕听到电话铃响，那肯定是盐矿设备出问题了”，盐矿负责设备管理的老员工陈炳祥神情严肃地说道，“我们盐矿一定要加强责任心，保证设备安全运行，虽然有时辛苦点，但一切都得为盐厂稳产服务！”

随着盐厂产能的不断扩大，盐矿也加紧采取措施。一方面加大集卤中心建设进度，积极做好与中石油储气库东站的协调配合；另一方面通过抓安全管理、修复盐井、更新设备、优化管网、加强矿山现场管理等举措，保障卤水供应的均衡、稳定。

（原载《中盐人》2011 年第 7 期）

QC小组，质量攻坚的生力军

程峰　汤鹏杰　王成　胡闻祺 *

两个人，一男一女，联袂汇报一个QC小组成果，男生彬彬有礼，声音浑厚；女生落落大方，谈吐得体。2017年8月26日，盐厂质量主管李焕和化验员芮文洁正在市长质量奖现场评审会上进行QC案例发表。

他们的表现，让在场的评审专家眼前一亮。

据介绍，这个QC案例题为“降低出口盐PE袋破包率”，是2016年特种盐厂未央QC小组针对因破包导致产品降级情况明显的问题所进行的分析探讨。去年定下课题后，未央小组找出了四项主要原因，并有针对性地实施了对策，成功降低了出口盐PE袋的破包率。

这几年，公司厂矿的各类QC小组已成为质量攻坚的生力军。

9月，中盐金坛公司“质量月”活动也正式拉开大幕，根据活动安排，QC活动就是一项重点工作。公司其他厂矿活动开展得如何？让我们去探访一番。

平心静气理思路

在金东公司，他们发现了一个实际问题。

用于分离过滤粗盐水的陶瓷膜压力升高过快，虽提高了酸洗频率，但有时甚至三四天就需要酸洗一次，不仅严重影响一次盐水生产过程的连贯性，还耗费许多人力。

这天白班下班后，青年员工王成和戴小平再次来到现场查看，从卤水罐到换热器，再从换热器到化盐池，从头到尾地分析了可能造成陶瓷膜过滤器

---

* 程峰，中盐金坛盐化有限责任公司工厂工程师；汤鹏杰，工学硕士；王成，生产工程师；胡闻祺，文学硕士。

细心观察锅炉的燃烧情况。

压力升高速度过快的原因。循着蛛丝马迹，他们看到化盐池上漂了一层油，给出了大胆猜测，“会不会是卤水中的油经过分解，导致升高速度这么快呢？”

王成和戴小平回到会议室，仔细查看了一次盐水的生产规程，又查阅了过去的相关资料。他们发现卤水中的油和盐泥反应生成油垢后，附着在膜管壁上，会造成通量减小、压力升高。自此，王成定下了本次 QC 活动的课题“延长陶瓷膜的酸洗周期”，并打算尽快实施对策。

赵云松正顶着风沙在茅溪盐矿进行现场测算。这是矿区开展的第一次 QC 活动，所以他格外重视。“针对集卤中心的罐区进行卤水分质输送方面的改造”是矿区此次的课题，尽管面临着矿区员工分散、数据处理不易等种种困扰，但有人收集整理化验数据，有人绘制现场工艺图，有人分析改造方案……大家各司其职，尽可能地完成了任务，“我有一个愿望，通过 QC 实现真正的‘大矿区’。”

在盐厂，针对延长干燥床的洗床周期进行了一次 QC 活动，成功将干燥床的洗床周期从 5 天延长到 25 天，极大提高了干盐的产量。当时，李焕待在干燥床旁整整三个小时，从铺床开始便全面跟踪观察，身上的汗干了湿、湿了干，终于发现布风板出风不均匀的问题，回到中控，他第一时间将自己的发现告诉大家。尽管大家都已经汗流浃背，但趁着卸空洗完床，立马通知机修将干燥床布风板拆卸下来，检查后发现布风板螺丝松动，导致出风不均匀，就此情况又很快对布风板进行了改进……

“QC 活动的开展鼓励我们在日常的生产过程中去发现问题、解决问题，更重要的是加强了班组成员之间的沟通合作，这对我们的生产运行以及和谐的工作氛围都有着积极的作用”，李焕说。

探索步伐不停顿

加怡热电厂每个值都在攻关一个 QC 项目。

已经下班了，五值 QC 小组成员正准备针对前两年电厂锅炉爆管事故比较频繁的情况，着手做“降低锅炉爆管次数”课题。由于上班期间要一直专注生产，不能分心，因此选在不影响正常生产的情况下，找到防止锅炉频繁爆管的技术方法，以保证机组安全经济生产。

值长史月平在生产一线已有近 20 年的时间，作为电厂的老司炉，他的运行经验十分丰富。他有一本笔记本，记录了历年来机炉设备运行状况、检修记录和他对运行经验技术的总结等。泛黄皱皮的纸张上记录着密密麻麻的图文，他的“法宝”给小组课题的顺利开展提供了强有力的支持。

“老将出马，一个顶俩”，史月平为小组下一步攻关打下了基础，他们的所作所为直教新员工们心服口服。

无独有偶，凌晨一点多，老师傅袁飞总结好了爆管要因并群发给了每个组员。他花了十多天时间，从网上查阅到同行电厂的爆管情况和经验总结，

电厂老哥们认真分析爆管要因。

结合电厂的事故案例，一例一例从理论分析到现象归类，整理出了翔实的图文记录，供大家参考实施。

这些“智多星”再次为 QC 小组活动的推进做好了铺垫。

从品质部了解到，加怡热电厂这几年 QC 活动开展得较好，他们表示，虽然电厂职工平均年龄偏大，但他们具备丰富的经验，也仍保持着强烈的探索欲望。

加怡热电厂领导认为，探索欲望其实是责任心，这是电厂的传统品质。

采访后记

当采访团到电厂采访时，一值的段明祥师傅已经在机器旁蹲了几个小时，他衣角滴着汗水，正手动调节风门，控制入口氮氧化物浓度，这只是他为筛选要因而额外付出的其中一个下午。他们的 QC 小组课题是“降低 5 号锅炉脱硝的用氨量”，在要因确认、制定对策、对策实施和效果检查上，他们每一个步骤都不马虎，“只要能真正为电厂省下钱、省下资源，不论多少，付出就有意义”，段明祥说道。

随着 QC 活动的规范与进步，员工也在不断探索与成长，在活动中一次次磨炼高超的技术，提高自己的能力，挑战原有的水平。

QC 课题越来越严谨，员工越来越主动，班组越来越团结。QC 活动在进行，前行的脚步不停止。

（原载《中盐人》2017 年第 16 期）

请查收，来自班组的贤故事

我们知道，几乎所有生产型企业的生产经营在班组，质量保障在班组，技术创新在班组，文化建设在班组，安全管理也在班组，班组是企业一切活动的最初出发点和最终落脚点。因而班组也就成为企业最有故事、最具活力的地方。

2019 年 5 月 13 日晚，中盐金坛公司班组贤文化培训第五期的“班组故事会”在尚贤书院举行，听完这些故事，我们觉得，发生在中盐金坛公司班组的故事，鲜活、真实，有“贤味”。

沟通：与村民打好交道

讲述人：范周瑜

我在采卤站工作。

采卤站虽小，却责任重大。到高低压阀组间、外输泵房及注水泵房、配电室进行巡检，是班长左云峰每天交接班后的第一件事，巡检过程中必须仔细观察并记录每一个压力表、流量计的读数，还要凭经验去听设备运转的声音。注水泵是整个采卤站的核心设备，必须对每一个运行参数都了如指掌。

随后，站控室值班员结合班长记录的数据及一天的流量、化验等开始做生产日报及设备运行报表。报表清晰反映了一天的采卤量及造腔量，对后续的测腔提供数据参考。

站场内的日常检修维修工作完成后，巡线队随之开始 16 口采卤造腔井的巡线工作。巡线工作看似简单却任务繁杂。首先，五班巡线员要巡遍每一条管道线路，观察沿线是否有潮湿、塌陷，以进一步判断是否有卤水泄漏。夏天烈日当头，冬天寒风凛冽，对巡线人员都是一个极大的考验。其次巡线员还要对每个井进行油水界面监测。油水界面简单的几个参数，对后期评估盐腔形状、判定井内是否需要补油有着重要意义，所以每次监测都必须操作仔细，确保获得参数准确。最后一个任务就是要做好管道保护的宣传工作。管道保护靠大家，沿线村民不破坏管道，对管道泄漏及时上报，对于管道保护意义重大。所以在巡线过程中，必须要对沿路村民做好管道保护的宣传工作，口头讲解、沿途广播、发放宣传单都能起到很好的效果。

我们班组做工作，从未敢有一丝马虎。记得前几日在巡线时，发现管线一侧有人在施工。原来是村里的养殖专业户刚刚承包了管线旁边的空地，正在着手搭建蔬菜大棚。我们知道，一上来就强制拆除容易引起对方反感，弄不好还会节外生枝。于是，左云峰先和承包方老张聊起了天。聊天中知道，他年长自己 10 多岁，爱好钓鱼。于是左云峰发挥特长，和对方交流起了钓鱼心得。在融洽的气氛中，左云峰便将话题转移到卤水管线上。

当左云峰告诉老张下面埋着卤水管线，大型机械施工挖掘可能导致管道破裂，卤水泄漏会使整个田地受到严重污染，之后的大棚种植都会毁于一旦时，老张异常诧异，连忙解释说：“这个情况我真不知道，更不知道会有这么严重的后果。”左云峰动之以情、晓之以理，老张最终撤走机械，承诺采取其他方式施工。

作为一名采卤站五班的员工，作为一名金盐人，我能够深深体会到班组成员的努力与付出。作为采卤站的小小细胞，希望能为采卤站建设、盐化发展添砖加瓦。

团队：争分夺秒除煤粉

讲述人：史月平

电厂每一个生产环节必须环环相扣，否则就无法正常发电和为热用户提供合格的蒸汽。

记得多年前有一次，一名员工在上完煤后，在皮带层洗手时忘记关水龙头，水溢出水池，流进了1#炉粉仓，造成了1#炉熄火停炉。煤粉进水受潮后会结块氧化自燃，必须尽快把煤粉清除并转移到安全的地方去。

于是，所有运行班组开始24小时不间断工作，我们班组更是在中班下班后继续工作。大家分工明确、紧张有序，有的在粉仓里用蛇皮袋装粉，有的将装满粉的蛇皮袋从给粉层转移到零米层。装煤粉的人虽然戴着口罩，但仍然不能正常呼吸，装满一袋就要换一个人。拖煤粉时有的人手磨破了，有的人摔倒又爬起，有的人把鞋子跑丢了，鞋子还埋在了地面上的煤粉里。但在这关键时刻没有一个人掉链子，大家只有一个想法，就是与时间赛跑，把粉仓里的煤粉尽快运完，消除事故隐患，尽快恢复生产。

经过大家的团结合作，连续奋战，终于把粉仓的煤粉运完并全部转移到了安全的地方。当时，我们脸上、头发上、衣服上、鞋子里、耳朵里、喉咙里都是煤粉，与汗水交织在一起，相互之间都认不出谁是谁，结束后大家只是你看看我，我看看你，然后哈哈大笑。虽然很疲惫，但看得出所有人都是乐观的，心里都是快乐的，这就是班组的团队力量吧。

感动：撕掉的车票

讲述人：王一

我是金东电仪班组的一员，也许有些人对电仪工作有点陌生，认为我们的工作只是抄抄电表，送送电源，打扫打扫电房卫生。其实不然，如果说工厂是个机器综合体的话，那么我们就是机器的管家。大到整个工厂的控制系统的维护，小到单台设备的零备件更换，这些都是我们的工作范畴，因此要成为一名合格的电仪工作者并不是一件容易的事。

今天所要讲的故事主人翁就是这么一位合格的电仪工作者，我们叫他小童。记得几年前五一劳动节的前一天，经过一天的忙碌工作，我们正准备下班的时候，一通电话打来：“气力输送有问题。”“好，马上到。”他随即放下随身物品，换上工作服，迅速地进入现场。仪表检修过程是比较复杂的，并且往往一线员工无法给出准确的有效信息，基本上只能告诉我们这东西坏了。而东西坏了这一表象的背后有着多方面的因素，这就好比人们去医院看医生，和医生说肚子疼，那么医生会建议你去做各式各样的检查，最后才能查出病因。而我们没有医院那么多的精密仪器，只能靠我们自己的手、眼、脑去排故，因此故障排查是最重要也是最耗时的一项工作。等系统一切正常之后，皓月已然当空。第二天，我值班时偶然在纸篓中发现了一张破碎的车票，猛然发现，这是他回家的车票，原来他已经请了年假准备回家。

事情就是这样，也许有人觉得这是小事，但是作为电仪工作者，我们是将工作当成了“大事”。

融入：电仪班里“名人”多

讲述人：虞惠霞

小小的班组力量大，就由我带领大家走进金赛盐厂电仪班组看一看。

别看我们班组只有 15 人，细数起来“名人”可真不少。先说说我们的电仪主管孙顺心，他有敏锐的洞察力和管理能力，早晨进到班组后第一件事就是把这一天的任务分配给每个人，管理工作做得游刃有余。二号名人仪表主管陈卫，他有一个灵活的大脑，上知天文，下知地理，各种冷僻的专业知识更是不在话下，因此大伙儿给他起了个绰号“大神”。三号名人副班长陈林，他快人快语，做起事来更是风风火火，干净利索，工作效率极高。四号名人张波，他是维修气动阀门的高手，技术水平连厂家工程师都佩服不已。其他还有电脑操作高手，也有 CAD 绘图高手等等，班组可谓人才济济，藏龙卧虎。

电仪班组现在有这样一个习惯，每隔半个月就会召集全班人员聚集在一起，这是在干什么呢？原来是在行知班上讨论班组近期所发生的各种事情。包括作业安全注意事项，预防性维修的建议，哪些地方需要改进，如何合理调配备品备件等等问题。这时经常能看到员工和主管、副班长间“吵吵”一阵子，可是也就在这“吵吵”之间，大家明确了目标，确定了方向，并按照制度来执行讨论出的方案，最终把工作落实到位。

为把班组工作做得更好，每遇刷罐或检修任务较重时，大家都会主动调休以上班应急，有的人还会加班加点。大家发挥个人的专长，积极投入到紧张的工作中。在处理一些突发难题的过程中，大家互相协助，经常在嘈杂的车间现场就开始了“头脑风暴”，积极探讨各种会导致突发状况的理论原因，并通过一系列的实践操作检验，确定最佳的解决方案。这个过程中，每一个人都得到了学习和成长，所以，在电仪班组的每个人都能够快速地融入这个开放和包容的集体，快速地成为一个能够有专业技术专长，又能独当一面的人才。

成长：忆镇江公司装置开车

讲述人：羊磊

我是镇江公司的羊磊，负责环保职业健康、统计工作。说到“班组故事”，我回想起近几年工作中的点点滴滴。这些事情的背后，蕴含着我们一起奋斗的精神，这些精神也是贤文化精神的表现。

我于 2010 年 7 月进入镇江公司，跟我一批的有 40 多人，大多是应届毕业生。我们就像一个班级，何寿美是班主任，我们跟着他去其他盐企，向他们学习真空制盐知识，一起倒班，一起操作，师傅们都说镇江公司的员工是一群朝气蓬勃、勤学好问、吃苦耐劳的年轻人。后来，公司厂房建好了，在班长的带领下，我们逐渐熟悉现场的各种管道、设备分布情况。当时我们都相互考试，大家站在现场，随便指一个管道，以快速地说出它的介质、走向、温度压力等参数，流利地说出工艺流程为胜。

“纸上得来终觉浅，绝知此事要躬行”，前面的学习以理论为主，2013 年初项目正式投入生产后，就真正开始实践操作。公司领导、机修、电仪人员跟我们一起倒班，吃喝住行都在公司。在主控室后有一排长椅，累了就在长椅上休息。但记忆最为深刻的还是因操作失误，巡岗不到位而造成的教训。有一次夜班早上 7 点多，块盐卡住皮带，导致皮带停运，巡岗未能及时发现，现场盐已堆成小山。我们班发现后立即拿着铲子去铲盐，不过一会儿，下个班人员已到来，他们提前一个小时上班，在共同努力下，现场不到半小时就清理干净了。我们在自责、自省的同时，更多的是感谢其他班组的帮助。那时，我深深地感受到我们是一个温暖友爱、团结互助的集体。

再分享一个我们冲加热室的故事。冲加热室是既累又危险的活。夏季停车，户外烈日当空，加热室里面更闷热难耐；冬季停车，外面寒风刺骨，加热室里面仍热气腾腾。但遇到要冲加热室，我们班组都是全员参与，两人监护、两人操作，累了或太热就换下一批人继续干。工作时，安全措施要做好，大家戴好安全帽，穿好厂服，出来时，全身都是汗水，把厂服一脱，风干后都能立起来，但大家还开玩笑说最喜欢冲加热室了，不仅可以免费蒸盐浴，还可以出汗减肥。其实，我们都知道冲加热室有一定的危险性，所以，监护人员随时观察里面人的身体情况以预防中暑。同时，加热室有可能掉下块盐，所以大家再热也戴好安全帽。当时，我们班组有两人在里面冲洗，他们突然感觉头顶管道有异响，两人的第一反应都是往洞口钻，不小心在洞口撞了腰，蹭破了皮。足见戴好安全帽，穿好长衣长裤的重要性。这让我们时刻牢记：安全无小事，责任大于天！

现在虽然不在倒班组里，但我的工作就是更好地为班组服务，关注他们的职业健康、安全等问题，对于他们提出的问题，我都会一丝不苟地解决，因为他们就是我最亲的“战友”。

积累：老师傅的心传

讲述人：张磊

我是电厂的张磊，给我印象深刻的是几年前发生在岗位上的一件事。

那时，我是班组上的电气值班员。四号炉由于故障而熄火，在恢复的过程中，送风机启动不了。当时我们值班员、电气检修工还有热工进行了多方面检查，都没有找到原因，大家一直认真检查了五六个小时。就当大家都快放弃的时候，一个老师傅解开了难题，他在看过现场后，发现是锅炉冒正压，把送风机的控制电缆烧坏了所以导致的故障。

找到原因后，生产及时恢复了。这件事对我触动很大。实际工作中，经验非常重要。电厂的老师傅们经过数十年的积累，练就了一身本领。而我们也应该在工作中遇到困难迎难而上，班组工作中要重视经验的积累，面对问题时，经验是珍贵的财富。

（中盐金坛企业文化部供稿，原载《中盐人》2019 年第 8 期）

中盐金坛行知班活动推进知行合一

袁润泽 *

2018 年 7 月 17 日，中盐金坛公司综合部、企业文化部、行政办公室联合组织了一场行知班——体验现场考核，金赛盐厂、特种盐厂、加怡热电厂及行政各部门 20 余名员工参与。活动中，各参与部门成立临时考核组，主要考核金赛盐厂、特种盐厂和加怡热电厂的安全、环保、现场 5S 三个方面，并随手拍下发现的问题。活动还主动向班组成员解释现场考核的重要性，宣传动员每一位厂矿职工参与到现场管理工作中。

活动点评会上，大家根据拍摄的照片，提出厂区存在物品管理杂乱、跑冒滴漏及安全隐患等问题，并提出了整改建议。

公司副总经理，品质部、生产和信息化部部长周国敏指出，通过行知班去发现问题，再总结改进，这是公司提出行知班建设的初衷。他指出，现场管理最能衡量一个企业的管理水平，管理上的输入与输出如果不对等，就不能将效率发挥到最大化。他要求各厂矿积极思考问题，心平气和地解决问题。

作为考核员，不仅要发现问题，还要提出解决方案。

周国敏强调，行知班活动源自知行合一思想。这种思想不仅要体现在工作上，

* 袁润泽，中盐金坛盐化有限责任公司《中盐人》编辑。

还要体现在管理制度的完善方面。他要求厂矿平时要按照精准管理的模式，抓好重点工作，提高公司整体管理水平，把企业的核心价值观真正转变为企业的财富。

据活动负责人介绍，此次行知班活动让更多职工参与现场考核，了解公司各生产部门现场管理的重要性，以提升生产现场的管理绩效，从而优化公司的整体管理水平。

（原载《中盐人》2018 年第 13 期）

“礼乐之教”带来的变化

荀美子　胡闻祺　刘晓民

2017 年 7 月，4 名小中盐人与家长共同参加了由江苏宏德文化出版基金会主办的宏德国学亲子夏令营。此次夏令营以“礼乐”为主题，以礼立身、以乐安心，力求引导学员掌握中华礼仪的精神与内容，知礼守礼，使礼乐文化融入到家庭教育之中，提高个人素养。

夏令营过程中，家长和学员分开上课，“大学”“小学”各有侧重。家长课程以《大学》《道德经》《论语》《庄子》等经典解读为主，剖析国学智慧之精髓，具有深度，如学习“为什么学国学”“中华传统文化”“中医养生讲座”等课程；童生课程以《大学》《孝经》《弟子规》《中华古礼》等经典诵读为主，结合丰富的课堂互动，在“玩”中领悟国学精神，课程中以礼教规导、以诗歌熏陶，养其性情，提升童生对礼的认识和践行能力。夏令营活动每日上午以诵读经典为主，下午以国学讲座、趣味国学活动为主，晚上以亲子互动为主，睡前太极站桩，归于静。

思考

早在一年前，刘登玲就听友人提过国学亲子夏令营，她听说这种活动对孩子有很大的影响，于是今年她二话不说，请了年假，收拾衣物，带上儿子体验国学亲子教育去了。

在夏令营里，除了每天的太极站桩，学习的多本国学经典也让刘登玲直呼“好有收获，要继续学习”。刘登玲在分享自己的教育方法时意识到了自己的不足，“《大学》给了我很大启发，以前对孩子提出的那些要求自己都做不到，以后一定得言传身教才行。”

儿子张睿扬也有很大改变。第一天中午，老师们要求孩子先给父母盛饭，刘登玲问儿子是否知道为什么要给父母盛饭，“这是为了锻炼我们的动手能力。”张睿扬不假思索道。这一句回答差点让刘登玲把口里的水喷出来，但转念一想，儿子今年 9 岁，平日里爷爷奶奶对他宠爱有加，有这种想法也能理解。

几天后，刘登玲又问儿子：“你现在还认为帮父母盛饭是为了锻炼动手能力吗？”“不是的，是为了培养我们的孝心，让我们知道尊敬长辈，孝顺父母。”看来通过这几天的学习，孩子还是有长进的，刘登玲心想。

启发

夏令营里寓教于乐的课程与吴丽萍平时教导女儿的方式不谋而合。生活中，吴丽萍对女儿以自然引导为主，她爱人张辉也常以书本里、电视里的故事和人物举例，教育女儿换位思考，在某种情形下怎么做会更好。从夏令营回来后，张辉发现，女儿自觉地在以《弟子规》里的行为标准要求自己。国学经典即是最优秀的范本，而女儿一下子便接纳并转化为了自己的行动。

无独有偶，闵秀芳在诵读古代大家的家训后，也深受启发，制定出了自家家训——自幼勤学，长勿懒作，达而不矜，困而不弃。她希望儿子能从幼时起培养勤奋学习的良好习惯，长大学习后不可懒于劳作，困境中也不可自我放弃，“年轻时对学习、对工作都要勤，长大后不论一帆风顺还是逆流而上，都要懂得在时事中安然自处。”

成长

刘孟媛从国学夏令营回家后兴冲冲地跑到妈妈戴秋霞面前，认真地宣布自己的决定：“以后回家我要及时告知你们，不能悄悄跑上楼，害你们会以为家里来了小偷，让你们担心；冬天到了要帮你们先把床捂暖了，夏天睡前提前帮你们把空调打开；你们叫我的话，我要立即放下手头的事，赶紧跑过来……”戴秋霞发现女儿的行为确实在变化，饭前帮父母盛饭，有好吃的先夹给父母吃，妈妈忙时帮妈妈洗衣服，爸爸腰疼天天帮爸爸捶背，女儿确实在发自内心地孝敬父母。

刘孟媛的这些言行和这次国学之旅分不开。“百善孝为先，教会孩子懂得真心敬孝，对孩子一生的成长都很有好处。”国学亲子夏令营的授课老师谈到授课理念时说。

很多细心的家长发现，学习这些国学经典，在教育孩子的同时，也教育了自己。家长与孩子一起诵读《论语》《孝经》等经典的过程中，对中华传统文化有了更深的认识，在处理生活中的小事时，可以引经据典，言传身教给孩子看，教育孩子也更加得心应手了。

据了解，自 2012 年起，每到孩子放暑假的时候，中盐金坛公司会策划一些小中盐人亲子活动，或举行征文比赛，或组织国学交流会，或开展传统文化体验活动。活动负责人表示，国学讲求“修身”，之所以邀请家长和孩子一起学习传统文化，是希望父母能从自身做起，营造积极的家庭氛围，以良好的德行影响孩子，并通过各个家庭“修齐治平”，促进良好的社区文化、组织文化的构建，进而为民族文化的复兴贡献力量。

三、贤之理

儒商精神特征与企业经营原则

朱光磊*

儒商精神蕴涵儒学的创造性、道德性、成人、成物的四大维度，并在经营活动中坚持创新与使命统一、内部责任与外部责任统一、道德责任与市场规律统一的三大原则。由此四大维度和三大原则的标准来划分商人，以自觉而践行此标准者为儒商，以不自觉践行此标准者为庸商，以自觉践行此标准之反面者为奸商。

儒商是儒与商的结合。儒是一种根本的、普遍的道德精神，其由孔子、孟子等儒者所开启，但并不局限于专职的儒生身上，而是可以呈现在具有此道德自觉的一切人身上。商是一种具体的经济活动，主要为物质的生产与交换。儒与商的结合，可以看作某种普遍性的精神理念落实在部分具体的事务之中。

一、儒家的根本精神

在讨论儒商的定位之前，我们需要确立儒家的根本精神，可以表现为如下几个维度。

（一）德性创生的维度

此维度是儒家精神的核心基础，具有普遍性与主体性特征的合一。从普遍性上看，儒家的本体论是动态创造性的，是形而下世界变化发展的形上学基础。从主体性上看，儒家的动态本体论扎根于人心的根本处，故天道的创生就是心性的创生。心性的创生就是在自由的状态中树立、实现、成就德性的圆满。

---

* 朱光磊，苏州大学政治与公共管理学院哲学系副主任，教授，博士生导师。

（二）成就他人的维度

道德心灵彰显于经验世界，必然处于具体的事务中，有其所面对的对象。对于这些事务的对象，道德心灵会顺其德性的方向来成就之。如孔子之所愿，“老者安之，朋友信之，少者怀之”（《论语·公冶长》），儒者的德性就是在促成他人他物的圆满中得以实现。

（三）成就他物的维度

物在通常情况下是在人的道德境界中带出。如同具体的人是事务中的人一样，物也是事务中的物。无论是事务中的人，还是事务中的物，都不能脱离人的道德境界来讨论，故“鸢飞鱼跃”中的鸢与鱼、“窗前草不除”中的草，都不是孤立的物，而是成就道德境界中的物，故其可以由中性转变为价值性的存在。

以上三个维度，第一个维度可以称为生生之德，为儒家的内在德性；后两个维度可以归纳为开物成务，为儒家的外在效用。内在德性与外在效用也可以视为儒家精神的内圣外王之道。

二、儒商的精神特征

儒商是在经济活动中秉持儒家精神的道德主体，这种儒与商的结合中蕴涵着儒家的根本精神。上述所言的生生之德、开物成务的内在德性与外在效用必然也包含在儒商的行为轨迹之中。儒家根本精神中的德性创生维度落实在儒商的经济活动中，表现为勇于创新与创造公利的特征；儒家根本精神中的成就他人维度落实在儒商的经济活动中，表现为服务大众的特征；儒家根本精神中的成就他物维度落实在儒商的经济活动中，表现为善用钱物的特征。

（一）勇于创新

在儒家的世界观中，天地乃氤氲之气所化，它虽然不时翻新，但却需要始终秉持着德性方向。儒商秉持着这种精神，就不能在经济活动中墨守成规，而要持续进行创造性的发展。儒商需要具有创造性思维，需要在经济活动中面临多变的外在环境而不断地进行新的调整，从而为社会不断提供新的产品与新的服务。

（二）创造公利

在儒家的学说中，道德主体在履行仁义的过程中而成就事物，产生了良好的效果，这就是所谓的功效。这样一种道德状态表现在儒商的实践中，则会对商业活动产生新的理解。一般我们认为商人的本性是逐利的，而提供产品只是逐利的一种手段。但是，儒商的经营哲学需要反过来看待这个问题。提供商品，服务大众是第一性的，获得回报则是第二性的。第一性的是目的性的，第二性的是工具性的。企业获得回报，是为了进一步地发展企业，进行产品创新，从而更好地服务社会。作为儒商的企业家应该给企业树立服务社会民众、承担社会责任的企业文化，在其服务过程中，在其为社会提供的产品中，通过成全公利而达成仁义。

（三）服务大众

儒家的教化在于学以成人，通过教化来成就每一个人。而且，人不是独立的存在，而是关系的存在，故成就自身德性的同时，也必然与他人发生关联而成就他人。在企业经营中，企业家由于物质的生成与交换等活动而与他人产生联系。如果我们以企业为中心，那么具有儒商精神的企业家就具有主体性的地位，同时与企业员工、社会人士发生各种各样的关联。他既要通过企业经营来成就企业员工，也要通过产品服务来成就社会人士。这种对于他人的成就，主要表现在两个方面，一个是物质上的满足，一个是理念上的提升，并且由物质上的满足逐步发展到理念上的提升。比如：对于企业内部员工而言，企业家经营企业能够持续发展，可以为员工提供丰厚的薪资待遇和福利水准，以及实现自我价值的机会，甚至进一步加强企业员工的职业道德建设以及社会服务意识，使员工对企业产生认同感与归属感。对于企业外部的社会人士而言，企业家经营企业能够持续发展，可以为社会提供更多的就业岗位，生产更多更好的优良产品，引导消费者建立绿色消费观念，设立慈善基金，开展各类社会公益活动。

（四）善用钱物

在儒家传统中，对于物的态度主要是借之而成就人的德性，从而也完成了物之德性。宋儒所谈的格物致知就是要求人通过道德意识对事物（包含器物）进行妥善安排，从而达到协调发展的目的。相反，玩物丧志则是人的欲望被事物（包含器物）所牵绊，从而蒙蔽了自我的德性。在企业中，物化劳动的资本也需要成为人的道德实践中的一环，也要能够成就公利，而不是追逐私利，故资本自身的运行应该遵守道德的规范。一个具有儒商精神的企业家应该对资本的运作保持警惕性，利用资本进行有利于国计民生的投资，而不是利用资本套取巨额财富。

三、儒商的经营原则

由以上儒商四大特征维度出发，将之落实在具体的企业经营上，就产生三大经营原则。第一个经营原则是创新与使命统一的原则，第二个经营原则是内部责任与外部责任统一的原则，第三个经营原则是道德责任与市场规律统一的原则。在此三大原则中，创造性的维度和道德性的维度构成了创新与使命统一的原则，成就他人的维度构成了内部责任与外部责任统一的原则，成就他物的维度构成了道德责任与市场规律统一的原则。

（一）创新与使命统一的原则

创造性的维度落实在企业经营上就是创新精神。具有儒商精神的企业经营者需要面对变动的企业内部环境和外部市场环境不断地调整经营战略，在企业管理与企业产品上不断创新，以适应不断变动的环境，满足日益增高的消费者需求。道德性的维度落实在企业经营上就是使命意识。具有儒商精神的企业经营者需要清晰自己经营企业的发展方向与任务目标，虽然企业的内外部环境在不断变动，但企业仍旧应该坚持其终极目标。

对于儒商而言，创新与使命统一的原则就是经权关系在现代经济活动中的表现。企业需要做好经与权的关系，既有使命的一贯性，又有对策协调的变动性，既在各类变动中实现使命的根本宗旨，又在使命的指导下进行合乎时宜的创新变化。

（二）内部责任与外部责任统一的原则

成就他人的维度中的他人，落实在企业经营上就包含了企业内部的各级员工和企业外部的社会人士。内外两种人都是企业所需要成就的对象。成就内部人员是企业的内部责任，主要体现为公司福利；成就外部人员，是企业的外部责任，主要体现为社会公益。内部责任与外部责任在一定程度上具有对立的矛盾关系，用于公司福利多了，投入社会公益就少了；投入社会公益多了，用于公司福利就少了。如何协调企业内外部红利的关系，则是成就他人维度在经营上的难题。

儒家处理齐家与治国之间关系的方法可以用来讨论企业的内部责任与外部责任的关系问题。企业担当内部责任相当于是齐家，企业担当外部责任相当于是治国。当我们承认爱有等差的时候，对于成长型企业，它们先考虑内部的员工福利，后考虑外部的社会公益，也是应该认可的。而对于知名的、具有影响力的成熟企业，则需要引导它们担当起企业的社会责任。对于私企，我们对于其担当社会责任的要求可以放宽，而对于国企，我们对于其担当社会责任的要求需要提高。

除了物质层面的资助之外，企业在承担内外部责任时，还有精神层面的引导。比如：企业承担外部责任时，不是企业家一个人的事，而是企业全体员工的事，故企业的社会公益活动需要有一线的企业员工代表出席，让他们感受到做社会公益的荣誉感，感受到作为企业一分子的归属感。因此，提升企业员工的奉精神，也是企业内部责任的表现。同时，企业的公益慈善活动持续向社会进行宣传，让更多的企业以之为榜样，提升公众的向善之心，纯化社会风气，也是企业外部责任的表现。

（三）道德责任与市场规律统一的原则

成就他物的维度中的物落实在企业经营上就体现为劳动产品。当企业是以服务社会为根本目的来为社会提供劳动产品，那么其劳动产品的定价应该符合生产成本与正常利润之总和。但若依照市场规律，则供需关系导致了价格的高低。这里面可能出现的现象是企业定价与市场价产生较大的差距。如果企业定价远高于市场价而不后续降价，很可能企业产品卖不出去，导致企业一定程度的亏损；如果企业定价远低于市场价而不后续涨价，很可能虽然企业产品卖出去了，但与其他涨价的企业相比，该企业却减少了利润空间。这类问题的实质是，道德愿望与客观实际之间很可能产生一定程度的差距。弥补这个差距不是道德愿望一厢情愿就能成功，而是需要充分考虑到客观实际的规则条理并进行合理协调才能有所改善。

儒家格物致知给予儒商的启发可以表现为产品的创新。企业通过产品创新可以达到满足社会需求与服从市场规律相互统一的结果。一方面，企业的创新产品具有更高的技术含量，故而可以更好地服务社会；另一方面，企业的创新产品因为没有可替代产品，市场关系维持在供小于求的状态，故能够形成卖方市场，定价可以比同类的低端产品更高。如此，通过技术创新、服务创新，企业既对社会做出更多贡献，又为自己获得了较大的回报，从而可以继续加大基础研究的投入，扩大生产规模，产生新一轮的创新热潮。

四、三类商人的形态划分

在厘清儒商的四类特征和三大经营原则之后，我们可以此为标准，对现有的商人进行学理上的划分。以自觉践行此标准者为儒商，以无法自觉践行此标准者为庸商，以自觉践行此标准之反面者为奸商。

（一）儒商的形态定位

儒商能够自觉践行自己的使命，具有创造性、道德性，通过经济活动而成就天下，具体表现为提供更多更好的产品来为社会服务。对于儒商而言，服务社会是第一性，目的性的，获取回报是第二性，工具性的。获取回报，可以延续并发展企业，从而更好地服务社会。

（二）庸商的形态定位

庸商无法自觉践行自己的使命。对于庸商而言，道德的利他性没有树立，而只有本能的利己性存在，故获取回报是第一性的，是目的性的，服务社会是第二性的，是工具性的。

庸商的利己性就是“理性经济人”的状态，其为常态的自由经济所认可。通过市场自身的价值规律的调节，每个人都从事符合规范的逐利活动，虽然主观上是为己，客观上却达到了为人的效果，从而成就了社会整体的发展。在此意义上，庸商的经济活动对社会也作出了贡献，也有其自身的价值。庸商的商业特征如果仅仅局限于经济领域，那么尚无大碍。但如果类似的商业特征溢出于经济领域，成为一种普遍人格，则会产生巨大的危害。在经济活动中所养成的对于个体利益合乎规范的追求，很容易塑造出“精致的利己主义者”的人格。具备这种人格的人，虽然在经济领域中仍旧具有价值和地位，但在伦理道德领域容易产生较大的负面影响。他们对弱者态度冷酷、对无功利性的人际关系冷漠视之，对公共善缺乏热情，他们与他人的关系都指向了自身的利益，凡是不能促成自身利益的事件则抽身而出，凡是能够促成自身利益的事件则分毫必争。在此意义上，庸商之有用而无体，并不是一个止步不前的状态。社会需要在经济活动的意义上对庸商进行正面引导，并且逐步转化为具有道德意识的儒商。

（三）奸商的形态定位

奸商是自觉践行此标准之反面的群体。儒商的目的是服务社会，获得回报是工具手段。庸商的目的是获得回报，服务社会是工具手段。奸商的目的是获得回报，而并不考虑服务社会。对于奸商而言，通过服务社会来获取回报成本太高，不如通过其他违规投机的方法来获取巨额财富来得便捷。

从劳动付出的效用上看，儒商与庸商，尽管有主观上发心的不同，但他们所付出的劳动都为社会做出了贡献。而奸商付出的劳动，主要是为了获得回报、赚取利润，并没有对社会做出任何实质性的贡献。奸商的付出类似于骗子研究骗术的付出、赌徒研究赌法的付出，虽然对于他们的财富收入有用，但对于社会整体的财富增长无效。其本质不是促进财富生产，而是转移财富分配。财富分配应该基于财富生产的贡献度来进行，而良性的规范制度正是保证财富分配基于财富生产的贡献度来进行的。然而，奸商所进行的劳动付出所导致的财富分配不是基于财富生产贡献度的合理分配，而是基于欺骗掠夺式的财富分配，或钻了现有规范制度的空子，或违反了良性的规范制度。

在传统社会，奸商表现为投机倒卖，囤积居奇。他们利用信息的差异或者权力的垄断来人为操纵市场的供需关系，达到哄抬物价的后果，从而暗中渔利。在现代社会，由于金融杠杆的放大作用，奸商对于社会财富的掠夺造成的伤害更为惨痛。在经济规范尚不健全的情况下，这些不仅不会促成社会财富生产，反而改变了社会财富合理分配的经济活动，虽不必然受到法律的制裁，却是儒商精神需要自觉抵制的恶劣手法。

我们提倡儒商精神，正是要先从思想意识上抵制奸商，从道德教化上提升庸商，并且希望在儒家道德精神的影响下，建立起符合儒家道德理想的商业伦理，扩展儒家精神在经济领域的文化价值。

（原载《贤文化》2018年第3期）

中盐金坛青年员工成才成长机制研究*

刘晓民

一、中盐金坛公司人才队伍建设概况

中盐金坛公司历来重视人才队伍建设，从2003年开始引进大学毕业生以来，企业的人员结构得到了不断的优化。截至2013年，公司硕士研究生及以上学历员工占总人员比例已达10%，有效促进了企业的全面发展。

（一）中盐金坛公司的人才观及人才队伍状况

中盐金坛公司对人才的定义包括两个维度：一是成人，即具有健全的人格；二是成才，即拥有一定的职业技能。因此，人才是拥有健全的人格、崇高的价值观、正确的思维方式，适应企业环境，认同企业核心价值观，具有较高技术或技能素养，胜任工作岗位，能够持续为企业创造价值的员工。这种对人才的定义不但包含对技能水平和工作能力的要求，还包括对道德、人格的要求。公司既重视品德又注重能力的人才观，有益于塑造德才兼备的青年人才。

2003年起公司开始实施人才战略，提出招聘应届大学毕业生的人才招聘政策。2003年公司招聘23名应届大学毕业生，开启了公司向知识密集型企业转向的道路。此后，公司每年都会招聘本科生、硕士、博士充实公司的人力队伍。2003年，公司职工中只有1名硕士，截至2013年公司有31名硕士，6名博士，2名进站博士后。

以中盐金坛金赛盐厂为例，2008年共有正式员工73人，本科及以上学历人员（指第一学历）25人，比例为34%；截至2013年，盐厂共有正式员

---

* 本文系中央企业党建政研会2013—2014年度立项课题成果。

工 79 人，本科及以上学历 42 人，占 53.5%，其中硕士研究生 7 人。

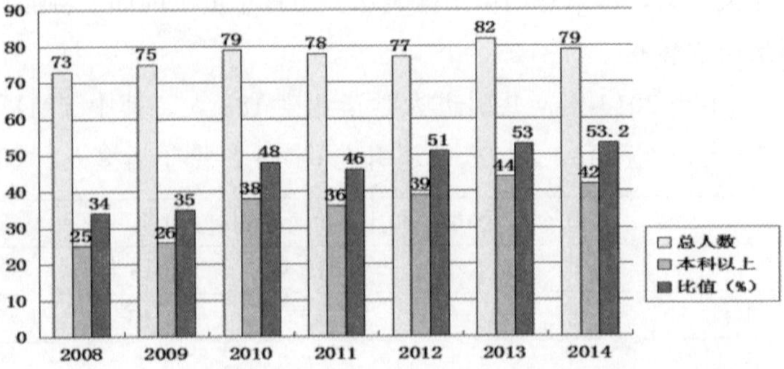

中盐金坛金赛盐厂人员学历变动结构图

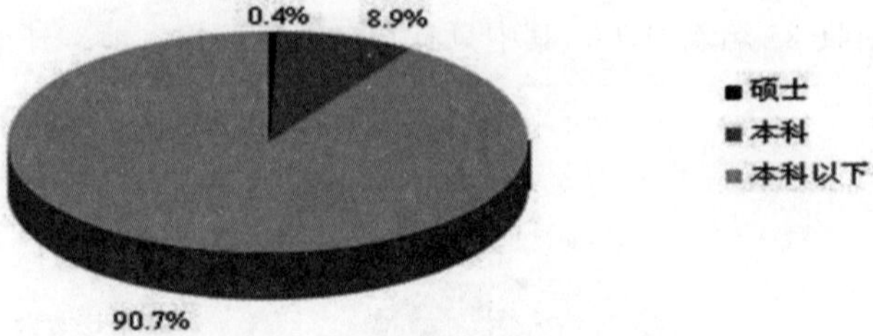

2003 年中盐金坛公司员工学历构成图

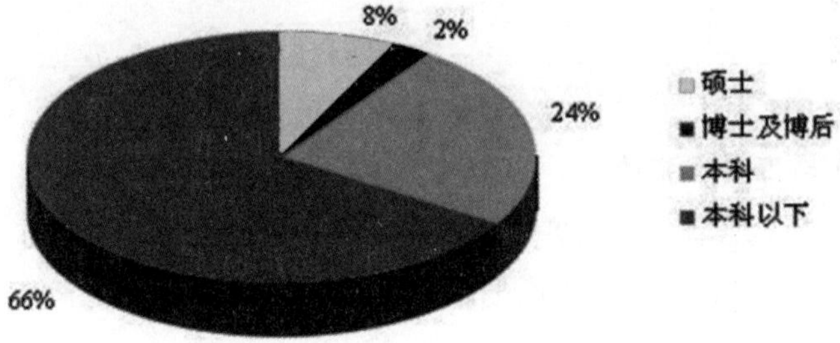

2013 年中盐金坛公司员工学历构成图

（二）中盐金坛公司青年员工队伍现状

一般而言，青年员工指年龄在 18 周岁到 35 周岁之间的企业员工。中盐金坛公司的青年员工占总员工的比例较大，根据《青年员工成才状况调查问卷表》和相关材料，可以总结出中盐金坛公司青年员工的如下特征。

1. 学历层次较高

从 2003 年至 2013 年，共引进大学毕业生 188 人，其中“211”高校 65 人，硕士 29 人，本科 130 人，公司还引进了博士、博士后多人。

中盐金坛公司人才引进学历结构（人）				
	2011 年	2012 年	2013 年	2014 年
本科	14	12	13	8
硕士	2	7	8	10
博士（博士后）	2	1	2	4

2. 外地职工多

由于公司的招聘范围向全国辐射，公司的外地员工越来越多。以 2013 年为例，共招收 23 名新员工，其中只有 8 名来自金坛本地，外地员工占 65%。

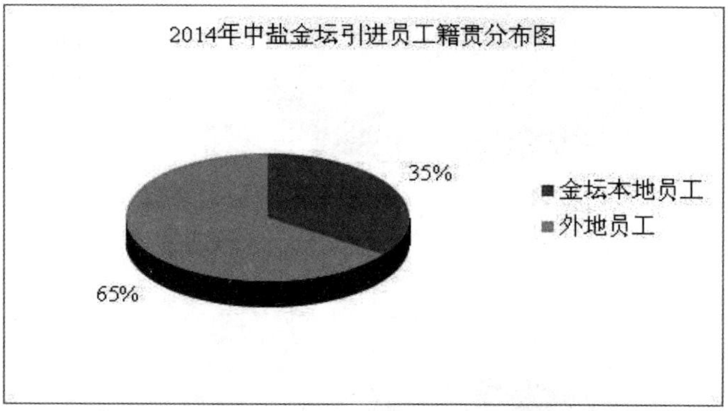

工厂工程师（生产，保障，质管）

3. 青年员工合理流动

由于升学、地域、文化价值、职场认同、婚姻等原因造成了公司的青年员工流动率比较高。10 年间引进的 188 名大学生中有 59 人离职，占招聘人员总数的 31%。

4. 青年员工比例大

中盐金坛公司自 2003 年以来大量招聘大学生，公司人员的年龄结构发生了很大的改变。以金赛盐厂为例，青年员工的比例已经高达 67%。

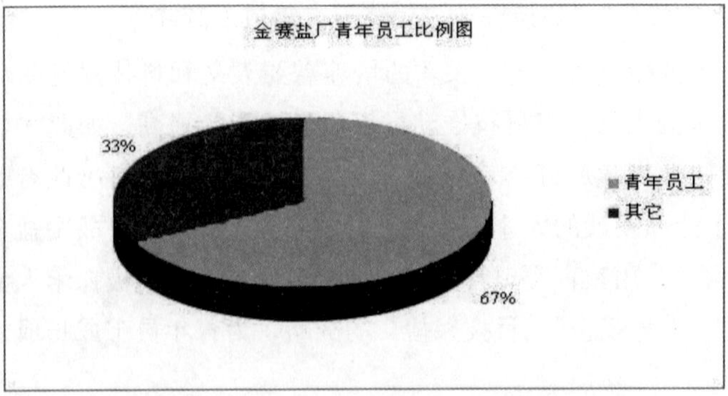

2013 年，金赛盐厂 80 后青年职工比例图

针对青年员工在成长成才中面对的问题，本课题组做了《青年员工成才状况调查问卷表》，共发放 100 分，收回 74 份，有效问卷 73 份。

问卷显示如下。

在工作方面：74% 的青年员工选择国有企业是因为工作稳定，36% 认为是因为企业氛围好；有 60% 的青年员工认为国有企业的缺陷是人际关系复杂，38% 认为国有企业升值空间小；61% 的青年员工感觉自己的工作有意义；51% 的青年员工认为自己的升职机会一般；66% 的青年员工认为公司升职最关键的因素是学历，57% 认为是能力，13% 认为是道德，30% 认为是人际关系。

在员工成才预期方面：有 85% 的青年员工认为成功的题中之义应是职位高，64% 认为应是生活快乐，66% 认为是工作得到领导认可，38% 认为是收入高，28% 认为成功应有业务水平提高；有 71% 的青年员工认为成功的关键因素是自己努力，61% 认为是机遇，19% 认为是领导培养，11% 认为是有背景；对于选择职业的标准，57% 选择自我实现，49% 选择薪酬；在青年员工成才所需要的环境要素中，77% 选择公平的制度，77% 选择完善的考核和激励制度，53% 选择人性化的管理，49% 选择良好的职场环境，38% 选择完善的培训，34% 选择丰厚的薪酬。

在生活方面：青年员工的业余生活，57% 选择娱乐，47% 选择学习，38% 选择运动，15% 选择交友；对于外地员工面对的问题，91% 的人选择了生活圈狭窄，49% 选择了恋爱困难，43% 选择买房困难，36% 选择感情寂寞。

根据以上问题，中盐金坛公司做出了一系列努力，扬长避短，因地制宜，制定切实有效的措施，以保障青年员工成才。

二、“人才强企”“科技兴盐”战略与青年员工成才

德才兼备方能成为人才，人才的培养需要人文和科技双轮驱动。以人文培养员工健全的人格，以科技推动员工业务技能的提高，如此才能实现“人的全面发展”。《大学》言：“有德此有人，有人此有土，有土此有财，有财此有用。”有了全面发展的人才，才有企业发展的永久动力。故中盐金坛公司坚持“人才强企”，用教育实现管理，用人文教育员工，积极探索人文管理的新模式；提出“人才强企”“科技兴盐”的战略，为青年员工成长成才提供了战略保障。

（一）人才是第一资源

“人才强企”的第一原则就是“坚持人才是第一资源”。坚持“人才强企”，理应将人力资源看成核心竞争力。作为中国盐行业中的第一家高新技术企业，中盐金坛公司一直注重生产技术的革新。2004 年中盐金坛“一期年产 60 万吨真空制盐项目”建成，2010 年“二期年产 100 万吨热泵制盐项目”建成，这两个项目被国际盐行业专家称为“中国真空制盐发展的两大里程碑”；公司还与中石油合作建成了“中国盐穴储气第一库”……所有这些技术的革新都需要人才来完成，人才的引进和培养又反哺了科技发展，这是“人才强企”战略提出的一个重要原因。公司总经理管国兴说：“企业拥有资源只是一方面，真正发展好，还要靠人来做。在中盐金坛，最大的资源不是自然资源，而是人力资源。”本着“人才强企”的战略，从 2003 年开始，中盐金坛公司开始招录高学历人员，到 2013 年已经十年，这十年是中盐金坛公司企业人力资源跨越的十年。如果没有这个积累，中盐金坛公司的人才结构就难以发生根本改变，效益也难以提高那么快，高新技术企业也很难申报成功。

（二）“成就人”优先于“成就事业”

企业运行发展的第一要素就是人，只有先成就人，才能成就企业。

中盐金坛公司一直在走一条转型升级的发展之路，在中盐金坛公司的转型过程中，“除了市场、科研、管理等方面的举措外，最终还是要回归到人，这是一切转型的基础”。“而最为关键的是要正确地理解和实践‘以人为本’。”

公司根据自身发展的历史情况和中华传统文化精华提出了自己的企业文化——贤文化，围绕贤文化举办了培训、讲座，成立了“贤文化研究会”，有效提升了员工的德行和思想，提高了企业的管理效率和经营业绩。以贤文化

为基础，中盐金坛公司正在全力探索一条人文兴企的新路。

成就人包括两个维度：一个是从人文入手，改变、提升员工的价值观，引导正确的思维方式，健全员工的人格，这就是教育人；一个是从科技入手，提高员工的科学技术素养，培养员工的职业技能，锻炼员工的管理经营能力，这就是培养人。

成人是成为人才的前提，人才不仅要具备高尚的品德还要具备高超的职业技能。通过培养人，可以提升员工的职业技能和经营管理水平。中盐金坛公司人文管理的实践是通过教育人和培养人的方式使员工成为德才兼备的人。对于刚踏入职场的青年员工来说，教育和培养，人文和科技，是成为人才不可或缺的因素。

坚持"人才强企"，让人才发挥最大的作用，就要实行人性化的管理。中盐金坛公司领导层一直关注员工发展，总经理管国兴说："我们提出'以人为本，科技兴盐'，通过这么多年的实践，从开始体现此方面，是以职工生活、生产条件改善为抓手，这个是最基本、最基础的。我们必须使'以人为本'这样的人本力量在企业发挥更大的作用。"中盐金坛实行人性化管理，尊重员工，保障员工生活，激发了员工的积极性。正是在保障了青年员工生活的前提下，才保障了青年专注于事业并成就事业。

（三）以科技为先导，科技与人文双轮驱动发展

"以人为本，科技兴盐"是中盐金坛公司一直以来的发展战略，企业的发展运行都是围绕这一战略展开的。总经理管国兴说："中盐金坛虽然是一个传统的制盐企业，但是在科技管理方面，技术部门都已认定中盐金坛可以申报高新技术企业。一方面，公司靠人文推动企业发展，是'以人为本'；另一方面，又靠科技来强盛企业。这个强盛，最典型的就是传统制盐企业能得到国家认可，进入高新技术企业审批行列。"

中盐金坛公司围绕"以人为本，科技兴盐"的战略，进行人文管理，加强科技研发，用人文指导科技，用科技促进人文，实现了人文科技的良性互动。

坚持科技与人文双轮驱动，以人文促进员工德行和思想的提升，用科技促进技术的创新，效果十分明显。人文与科技相结合的企业环境对于青年员工的成长有着非常重要的意义。

首先，以道德为人之本。孟子说"先立乎其大者"，意味着要成为一个有

才能的人，必须先做一个有道德的人。中盐金坛公司强调用人和做事要坚持“以德为本”，只有具备较高的德行，员工才能认真负责地工作，才能生产出优质的产品，才能营造和谐的企业氛围。

其次，转变思维方式，以人文提升处事能力。中盐金坛公司在发展过程中以贤文化为指导，否弃急功近利的思维方式，构建了循环发展的模式，公司强调“有限资源、无限循环”，实现了经济和环境的双赢。对于青年员工来说，急功近利、浮躁、目光短浅等心态都会影响其成长和处事。

再次，以科技促进青年成才。员工具有了道德与处世智慧之后，还要用科技来解决实际问题，创造价值。对科技的重视，增加了青年员工接触和研究新科技的机会，提高了员工的专业技术水平，对青年成长有很大的意义。

“以人为本，科技兴盐”是中盐金坛人对人文与科技的鲜明态度。公司领导表示，“以人为本”表现在对人的尊重，体现为对员工人文精神和道德素养的培育，使员工既拥有较好的工作、生活环境，又具有高尚的品德和气质。“科技兴盐”是指依靠先进科技和自我的技术创新，把金坛盐盆资源开发利用到极致。“以人为本，科技兴盐”是一种定性和定量相结合的理念，如果说“以人为本”更多地体现定性，那么“科技兴盐”体现的是定量，定性与定量有机结合，人文与科技相得益彰，如车之两轮，推动企业不断向前发展。“以人为本，科技兴盐”的战略是中盐金坛公司青年员工成长成才机制的理论基础、成长环境和战略方向。

三、青年员工成才的制度设计

青年员工的培养工作，需要制度的支撑。公司本着“以人为本”的原则，根据企业需要和青年个性划分成长跑道，并形成制度。公司综合考虑多方因素，以“教育人、培养人、成就人”为指导原则，以工厂、技术、业务、管理和市场五条路径为依托，建立了青年员工成长成才的五条跑道，不但实现了人力资源的“因材施用”，也充分考虑了青年员工的个性，为企业培养了大批人才。尤其是“工厂工程师”制度，以“工程师”的标准要求每位员工，通过知识和技能的双重培养及巡岗制的全面锻炼，为企业培养了全能型的青年员工，促进了青年的成长成才。

（一）五条成才跑道的提出

《贤文化纲要》中有这样的论述：“治企之道，选贤任能，贤者在位，赏罚有制，见贤思齐。”中盐金坛公司根据现代管理科学理论和传统文化精华，立足于企业实际情况，将青年的性格特点、专业特长、职业规划和企业的业务板块相结合，提出了建设青年人才成长跑道的设想。

2003年，公司为了培养青年员工，首次提出建设青年成才跑道，为引进人才准备了技术、市场、管理三条跑道。总经理管国兴在中盐金坛公司新员工培训总结大会上说：“公司一直倡导‘以德治企’，德行是第一位的。人是期望成功，实现晋升的，所以我们也为员工实现自我价值设置了‘三条跑道’——技术、市场、管理。”

随着公司人力资源建设的推进，2012年公司在探索工厂班组建设的基础上针对工厂员工实施“工厂工程师”制度，这成了青年人才队伍建设的第四条跑道。

为了完善青年成才的管理跑道，适应中盐金坛公司的长远发展和扁平化管理要求，公司于2013年制定了专业主管岗位聘用制度，专业主管成了第五条跑道。专业主管岗位聘用制度的提出，进一步完善了青年员工成才的路径。

根据青年的特点划分五条跑道，对青年员工将工作、兴趣和特长结合有着重要的意义，企业也可以根据自己的业务板块选择不同的青年人才，这是青年和企业的双向互动的一种方式。

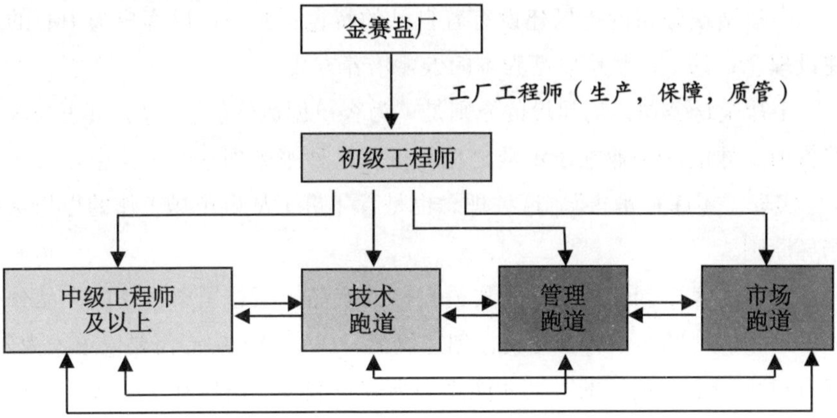

中盐金坛公司金赛盐厂员工成长跑道图

（二）五条成才跑道的具体内容

1. 技术研发

技术研发跑道是依托公司技术研发平台，以科技研发、技术推广等为主要任务的成才道路。为了加强中盐金坛公司专业技术人才队伍建设，提高企业技术创新能力，加快高新技术企业建设，根据公司发展方向，结合产品研发、项目建设实际情况，公司建立了技术研发中心，下设学科组和盐化研究所，截至 2014 年共有研究人员 43 人，占公司员工总数的 11%。同时，国家级博士后科研工作站、研究机构和研究生工作站也已经在公司建成。

中盐金坛公司的科研目标是：建成完善的科技开发与技术创新体系，形成一批具备自主知识产权的技术成果，各项技术指标达到国际同行一流水平，综合技术实力达到国际同行一流水平，培养一批高精尖技术团队。

首先，成立技术研发中心，搭建产学研平台，增强了公司的科技创造价值的能力。“技术创造市场”是中盐金坛一直以来的方针，技术中心和产学研平台可以增强企业的技术能力、研发能力。依靠科技进步和创新，可以优化产品结构，增强核心竞争力。

其次，技术跑道开阔了青年的视野，促进了青年员工学习科技的兴趣。

再次，加入技术跑道提高了青年员工的专业技术能力。

2. 市场建设

市场建设道路需要员工在传统盐和特种盐市场建设中，依据市场规律，在“后专营时代”走出一条具有贤文化品格的市场之路。

中盐金坛公司的市场建设有着自己的特色：其一，以客户为中心的市场建设理念；其二，坚持以德为本的人才培养方式。

中盐金坛公司市场建设的原则是“为客户创造价值”。只有真正为客户创造价值，才能使企业立于不败之地。正是这种服务理念使中盐金坛公司连续 8 年实现“零库存销售”。这种理念也是青年员工从事市场工作的思想基础和指导原则。

要想为客户创造价值，需要爱自己的产品，通过了解自己的产品分析产品的运用以帮助客户转型更新，创造价值。以客户为中心需要以道德为先导，只有成为一个有道德的人，才能真心为客户服务，所以在中盐金坛公司的市场建设中道德是核心竞争力。公司以“爱产品、爱公司、爱家庭”为导向，培养市场销售方向青年员工的德行。公司副总经理、特种盐市场部部长江一舟说：“市场部培养青年员工的方式在于‘培养人’，而非销售技能。只有成为一个完全的人，才能用心做好产品，服务客户。”

公司为适应盐业市场发展趋势成立特种盐市场部，以布局“后专营时代”的市场建设问题。

（1）特种盐市场

中盐金坛公司一直游离于食盐专营政策保护之外，所以公司很早就开始思考“后专营时代”的企业发展问题。为积极应对食盐市场开放的形势，拓展形成“盐电一体化、盐碱一体化、盐穴一体化”的发展格局，逐步完善多品种的盐及盐化工产品结构，以此实现市场转型，同时运用现代化管理手段推动转型升级。公司一方面继续扩大产盐规模，另一方面开发多品种盐产品，目前公司的精制盐已经进入生活用盐领域。

江一舟表示：“我们企业一直秉承市场建设与项目建设同步的理念，因此在结构调整进入建设期的同时成立新部门。新的部门成立后，我们将有针对性地培养专业人才，并邀请资深专家、学者为该支队伍进行‘充电’，以期将该部门培养成具有较高综合素质和较强钻研精神、市场开拓能力与技术知识兼备的专业队伍。”

（2）市场跑道的意义

第一，以客户为中心、为客户创造价值的市场建设理念为公司赢得了客户。中盐金坛公司将单纯的产品销售，变成以产品促进客户企业的价值创造。这种以客户为中心的市场建设实践和理念，一方面赢得了客户的信任，另一方面也促进了公司自身技术和产品的更新。

第二，中盐金坛公司的市场建设理念有利于培养有良知的市场从业者。用道德教育青年员工，培养青年员工成为一个全面发展的人，这是培养市场营销者的基础。只有成为一个有良知的人，才能真心为客户着想，才能应对市场建设中的各种事物，才能在良莠不齐的市场建设理念中坚守正道。

第三，建设特种盐市场部为青年员工提供了锻炼平台。通过市场部保证传统业务的发展，建立特种盐市场部锻炼青年员工，这是一种良性的市场人才培养方式。为青年员工提供锻炼平台，邀请专家对其进行培训教育，这有利于培育具有较高综合素质、市场开拓能力与技术知识兼备的专业人才。

3. 生产管理

（1）工厂工程师的含义和运行机制

中盐金坛公司金赛盐厂最初实行定岗制，随着公司不断地引进大学生，定岗制越来越不能满足员工发展的要求。因为，定岗制一方面容易消磨员工的积极性，另一方面也不利于培养全能型的员工。鉴于这种情况，公司开始进行岗位分析，在此基础上将定岗制变成了轮岗制。轮岗制让员工学到了更多技术，也给员工的工作带来了新鲜感。在轮岗制发展成熟的基础上，公司将轮岗制升级为了巡岗制。巡岗制不再将员工的岗位限定为一个或者轮岗，而是让每一个员工都要学会控制整条流水线的操作，巡岗制将普通员工变成了工程师式的员工。

“企业内部职称评聘为职工建立了成长通道、成长路径，职工技能水平或职称级别的提升又意味着工资或职位的提升，进一步激发了职工钻研技术、突破创新的积极性、主动性，促进了职工队伍整体素质的提高。”[①] 为了推进公司的培训、考核工作，充分调动员工的工作积极性，全面提高员工的综合素质。同时，为建立一个公平的竞争机制，形成一个良好的职场环境，实现“做得好的要让人知道，做得不好的要有人提醒”，中盐金坛公司提出在金赛盐厂实行“工厂工程师”制度。工厂工程师共分为生产工程师、保障工程师、质管工程师。

工厂工程师的评定依靠金赛盐厂的基础考核制度，这种考核上下半年各一次，包括评分、理论知识和日常考核。

评分实行 360 度评分制度，不但领导可以给员工评分，员工之间也可以评分。理论知识的考试由各个专业出考题，分专业进行闭卷考试。根据盐厂各专业的不同也可采用闭卷结合现场操作的形式。日常考核，由一年 12 个月的日常考核数据相加之和，再除以 12，得到的分数即为日常考核分数。

在考核的基础上，将对员工进行综合评定。

每年在员工综合评定的基础上，将符合工厂工程师条件的划分为初级、中级、高级、专家级。工厂工程师的工资由基本工资和工程师等级工资组成。

（2）工厂工程师制度的意义

第一，工厂工程师制度为企业发展储备了人才。工厂工程师制度使员工不再局限于一个岗位，每一位员工都能掌握整条生产流水线，既节约了人工，又培养了人才，这为企业以后扩大生产、培养管理人才奠定了基础。

第二，工厂工程师制度激发了青年员工的积极性。工厂工程师制度力求实现“做得好的要让人知道，做得不好的要有人提醒”这一目标，这对于员工既是激励又是督促。另外工厂工程师的评定与工资挂钩，这对于员工工作的积极性也是一种激发。

第三，工厂工程师制度提高了青年员工的业务水平。工厂工程师制度不

---

① 周骥、周洁：《宁波探索企业内部支撑评聘创“双赢”》，《宁波日报》2011 年 5 月 22 日，第 1 版。

但让每位员工掌握了制盐原理和制盐技术，还促进了员工的学习。在工厂工程师的评定过程中有理论考试这一环节，通过学习理论和新知识，无疑大大地提高了员工的业务水平。

第四，工厂工程师为青年员工营造了和谐的企业氛围。在金赛盐厂的基础考核中有互相评分的环节，在这个环节中领导可以给员工打分，员工可以给领导打分，员工之间也可以互相评分，这种评分对于员工来说无疑是一种约束，对于营造和谐的职场环境起着一定作用。

第五，工厂工程师制度为青年员工指明了发展方向。工厂工程师制度的评定要求本身就是对青年职业规划的一种指导。每一级别的工厂工程师都有其详细的技能规定，这对于青年员工来说无疑是给他们树立了一个奋斗目标。

第六，工厂工程师制度为青年员工提供了发展平台。工厂工程师制度是厂矿青年员工成长成才的载体和平台，该制度不但能提高技术、锻炼青年员工与人才相处的能力，还可以提高员工的地位和待遇，这对于青年员工有着非常重要的意义。

4. 专业主管

（1）专业主管制度

为了适应公司的长远发展和扁平化管理要求，进一步推进人事分配制度改革，努力营造公平、公正、公开的竞争机制，充分调动广大员工的工作积极性和主动性，中盐金坛公司制定了专业主管岗位聘用制度。总经理管国兴说："公司行政管理要实行专业主管制度，比如综合部的质量、安全、计量、环保等岗位，其实都是业务口子，我们是以专业主管的形式，去行政化。我们企业一直是很扁平化的，行政职位很少，维持着企业的高效运转。但专业主管需要得到我们的公认，一个是给予名分，一个是给予一定的津贴。现在，公司有三种津贴：技术津贴、工程师津贴和专业主管津贴。"

主管，在中盐金坛公司特指具有一定的文化水平、专业知识和执行能力，且能胜任本职岗位并能够独当一面地组织、协调完成某一方面工作的专业人才。根据规定，专业主管制度适用于中盐金坛公司所属各厂、矿、部门常白班岗位工作人员（公司正式任命的中层副职及以上人员除外）。根据实际工作需要，公司在厂、矿、部门设定专业主管岗位。专业主管从事专业管理工作，虽不具有管理下属员工的职责，但有协调各部门及相关工作员工开展专业性范围内工作的权利与义务。

主管等级分为初级、中级、高级三个等级。在公司专业技术或行政管理岗位工作的人员，根据主管申报条件，可晋升为不同等级的主管。主管薪资＝岗位工资＋月度考核工资＋专业补贴＋年终考核工资。

（2）专业主管的意义

首先，在国有企业实行扁平化管理有利于企业高效运营，有利于青年健康成长。行政级别多、官僚化严重是国有企业发展的一大限制因素，中盐金坛公司实现扁平化管理、去行政化，有利于减少生产经营中不必要的行政干预，保证企业按照市场规律、生产规律高效高质量运营。去行政化对于青年的成长也有着非常重要的意义，脱离行政化能更大化地发挥青年的能动性，培养青年专注事业的工作习惯。

其次，专业主管机制为行政管理方向的青年员工指引了方向，锻炼了业务能力。行政管理方向的青年员工在工作之初对于自己的工作还没有太深刻的概念，专业主管机制能够让青年员工认清自己的工作方向和努力目标。另外专业主管机制是让员工能够具有独当一面的能力，这在一定意义上也增强了员工的业务水平和管理素养，为公司今后的发展储备了人才。

再者，专业主管机制激发了青年员工的积极性。专业主管机制不但能赋予青年员工其权利，还将主管与薪酬结合起来，这在很大意义上激发了青年员工的工作积极性。

5. 综合管理

在中盐金坛公司，青年成才的管理跑道有两条，即行政管理方向和专业主管方向。管理行政类是指在管理范畴里，既管人又管事，且有管理下属责任的职位。

公司根据公司需要、员工的表现对青年员工进行升职培养，委以重任。中盐金坛公司在生产经营中追求去行政化，最大限度减少行政力对生产经营领域的干扰。公司精简管理岗位，减少管理层级，以专业化管理增大管理幅度，推动了管理扁平化。青年员工在精简的管理岗位上能得到管理能力和经营能力的双重提高，扁平化的管理环境也促进了青年员工的成长与成才。

四、青年员工成长成才的培养机制

一套完整成熟的激励和培养制度是青年员工成长成才的重要保障。中盐金坛公司通过文化培训和技能培训相结合的方式，以项目培养为依托，以产学研平台为支撑，组织“行知班”，提供人性化保障，全面助推青年员工的成长成才。公司对员工进行 360 度考核，并将考核与激励联系起来，这种方式对于促进青年成才意义重大。此外，公司党委和团委积极引导青年树立正确的世界观、人生观和价值观，在政治上、思想上和生活上全方位关心员工，促进青年员工的全面成长与成才。

（一）多类型培训

1. 入职培训

中盐金坛公司总经理管国兴说："我们的贤文化继承了中国传统文化的优秀资源。我们越来越清醒地认识到管理就是教育，即企业的使命在于教育人、培养人。所以我们将传统文化的优秀资源传授给刚刚入职的新员工。他们刚刚离开学校，还未受到社会不良风气的浸染，我们将优秀的价值观传递给他们，以开发光明之心，彰显人性之大德。"①

公司将新员工培训定位为"理解和融入盐盆经济共同体文化——贤文化的人文综合素质培训"。新员工培训一是帮助新员工尽快完成角色转换；二是多角度、多层面认识盐盆经济共同体的事业特性，尽快融入中盐团队；三是帮助新员工深刻理解贤文化，逐渐认同贤文化，为塑就贤文化品格打下良好的基础。培训内容由"综合知识、专业知识、人文素养、实地参学"四大板块组成。各板块内容均以宏观介绍为主，具体的岗位技能培训，待新员工到岗后由所在单位另行安排。综合知识和专业知识的培训师资，主要由公司领导或部门负责人担任；人文素养培训课程，由公司相关领导和外聘高校教师讲授。

青年员工在进入公司后，经过培训能形成一种正确的价值观，能了解中盐金坛公司的基本情况，为步入工作岗位后的专业技术培训确立了知识和价值观框架。

2. 技能培训

培训是员工能适应企业快速发展的重要手段之一，一个快速发展的企业，必须建立完善的培训和考核体系。青年员工进入公司以后，先集中进行应知应会理论培训，由公司各部门的负责人讲解，了解公司的发展概况、发展战略以及核心价值观，并聘请著名高校的教授进行传统文化施教。这段时间让新员工逐步适应工作的氛围，逐渐在思想上从一名学生向一名企业员工转变。

---

① 管国兴：《贤文化：引领发展，开创未来——一期项目投产十周年的悟与思》，《中盐人》2013 年 10 月 30 日，第 1 版。

培养的最好方式之一就是实践。以中盐金坛公司金赛盐厂为例，盐厂将新员工统一划入五个生产班组，在实际生产中进行培训、锻炼。刚毕业的大学生理论知识比较丰富，理论联系实际，可以更快地学习工艺技能。通过生产组织，人员交流，可以培养青年员工的团队意识和沟通能力。单位还可以通过实际工作表现考察青年员工的工作态度、职业道德等等。经过一段时间的学习，青年员工能够很快掌握生产技术，融入企业之中。

对于在职人员的培训，中盐金坛公司也有自己的经验，那就是班组培训。班组培训的第一步就是统一形成完整的培训资料，规范操作流程。对所有的生产原理和工艺流程都进行经验总结，绘制相关物料的详细流程图并标注关键的生产参数；规范日常的操作流程和注意要点；完善对突发情况的应对措施等等。同时，根据企业的发展，不断总结经验，形成新的培训资料供大家学习。

在实际生产中进行培训，以班组为单位，利用每个白班结束之后的 1 个小时时间，集中进行培训，这里的培训包括生产总结、工艺探讨以及质量安全环保方面的知识。大家对存在的问题进行共同探讨，群策群力。有时安排能力强的员工介绍操作心得，分享工作经验；有时让主管、班长作为主讲，针对一些新工艺、关键要点进行集中培训，或者带领大家一起到现场学习，以达到共同提高的目的。班组培训能够帮助青年员工在结束生产实践的第一时间内总结、学习生产技术。

3. 贤文化培训

中盐金坛公司认为，管理的第一职能是教育。因此，公司主张管理首先要从教育开始，从教育人和提高人的素养入手来开展管理，故在管理实践中逐步形成了“教育人、培养人、成就人”的理念。教育需要企业文化的支撑，中盐金坛公司企业文化“贤文化”以中国传统文化精髓为核心内容，兼容东西方人类文明的优秀成果，以“敬天尊道，尚贤慧物”为核心价值观，其目的在于提升员工素质，培养德才兼备、目光长远的企业从业者。

贤文化培训的宗旨在于“博学厚德，修心养身，知行合一，成贤合道”。以期通过培训，开启学员智慧，将贤文化的思想智慧融入事业、家庭、生活之中，以达到身心和悦、家庭和谐、企业和乐的效果，使盐盆经济共同体的事业在“敬天尊道，尚贤慧物”的精神指引下走向更高境界，走得更加久远。

贤文化培训的定位是为道不为技，即注重学员职业人文素养的提升，培育道德资本。以研习《贤文化纲要》为核心，通过学习儒、佛、道等中外优秀文化之精华与思想智慧，深入理解贤文化的体与用。培训期间，员工将接受中国传统文化之诗、书、礼、乐、艺术、武术、中医等的熏陶，以养成高品位的生活情趣和个人修为。同时，结合不同阶段的学习、研讨主题，组织观看戏曲、电影、互动交流和参访国学教育基地，体会国学人文精神的现代价值，使培训达到“理事圆融、知行不二”的效果。教学课程有《论语》《大学》《中庸》《弟子规》《道德经》《庄子》《周易》《传习录》等，并介绍柏拉图的《理想国》、马克斯·韦伯的《新教伦理与资本主义精神》等西方文化的经典名篇。

通过贤文化培训的熏陶，青年员工不但形成了正确的人生观、价值观，而且学习了传统文化智慧的精华以应对工作和生活中的问题。

4. 班组培训（行知班）

中盐金坛公司为推进学习型组织建设，践行“知行合一”的贤文化精神，使贤文化真正成为员工的价值观、思维方式和生活方式，从2014年起，在全公司开展“行知班”建设活动。

“行知班”的活动目的是以贤文化为指导，实践“知行合一”精神，确保公司生产经营的计划、部署和企业管理的规章制度，在班组和员工层面贯彻落实，加强5S现场管理，进一步提高工作效率，并造就一支可爱可敬的员工队伍。通过“行知班”建设，在全体员工和管理人员中树立尊重劳动、热爱劳动的职业观念，养成亲力亲为、严谨细致的工作作风，培育发现问题、解决问题的实践能力，形成团结合作、共同进步的职场氛围。通过“行知班”建设，开辟沟通新路径，提高管理效率和执行力。

“行知班”建设的重点是员工如何将应知应会的业务知识、岗位技能、管理能力、职业道德等事项逐一落实到行动上，使“行”为真行，“知”为真知。因此，2014年“行知班”建设活动的重点内容为从寻找存在的具体问题入手，通过研讨性学习提出解决方案并一一落实到行为中，使工作中的短板得以不断改善。发现“知”的不足并在“行”中完善，进而改善“行”的效果，即如何从岗位操作员变成合格的工厂工程师等。发现对贤文化“知”与“行”的不足，按照“知行合一”的要求做到“日日新”。在“行知班”建设过程中，要结合具体工作、具体问题、具体案例学习、理解贤文化。[①]

“行知班”的建设实行，提升了青年员工理论和实践的双重素养，成为青

① 资料来源于中盐金坛公司发布的《关于开展“行知班”建设活动的通知》。

年员工成长成才重要内容。

（二）考核激励

1. 全方位考核

培训是使员工适应企业快速发展的重要手段，考核是检验员工绩效的重要措施。一个快速发展的企业，必须建立完善的培训和考核体系。仅有培训没有考核，一段时间之后，培训就会缺乏动力。而仅有考核没有培训，工作就会停滞不前，不可能有持续的进步。因此，培训和考核是紧密相连，缺一不可的。中盐金坛公司的考核制度是工厂工程师、专业主管等内部职称评定的制度基础。考核本着公平、公正、公开的原则，采用三层考核和绩效评估。考核包括日常工作考核、理论知识考核、员工 360 度互相评分考核，这种考核制度能够全面考核员工，促进员工成长成才，被称为“360 度考核”。

第一层考核为日常考核，采用加减分考核法。

公司在分析所有工作内容之后，把应该进行考核的情况列出来，是加分还是减分，多少分，都明文规定，形成一个考核标准文件。给每个班组，每个员工制定考核档案，记录每一天的具体情况。月底时，根据一个月以来的考核数据，对照考核标准文件进行加减分，以此来确定这一个月的奖金分配。在遇到特殊情况的时候，如果考核文件上没有列出，则通过协商制定分数，并相应增入考核标准文件，让下次考核有文件可依。考核对事不对人，客观地记录发生的事情，让一切加减分都有理有据。

第二层考核为理论知识，采用考试的方式。

主要是检查大家的理论知识水平。班组在学习一段时间之后，必须对大家的培训效果进行检查，一般每半年进行一次理论知识的考试。公司根据培训资料的内容建立一个题库，并不断地根据培训资料的变化扩充题库。每半年从题库中抽题进行考试。

第三层考核为评分，采用 360 度评分。

数据主要用于对员工的工作表现进行全方位评价，采用 360 度评分的方式。领导可以给员工评分，员工也可以给领导评分，员工之间还能互相评分。

2. 荣誉激励

中盐金坛公司将考核与激励结合起来进行绩效评估。绩效评估是指在每年年底进行一次以三层考核为主要数据的评估。此评估作为资源分配，人才选拔的重要依据（不是唯一依据，按照人岗匹配的原则还要兼顾学历、专业等等因素)。最后的总分数在同专业范围内进行排名。以此来确定来年的绩效工资。同时与第二年的月奖金基础系数挂钩。

除此之外，公司还设置了各种奖项，奖励优秀人才。比如，“金盐之星”“宿沙奖章”“贤才奖”“贤德奖”等。设置奖项，既激励了优秀人才，又让优秀人才起到了带头作用。中盐金坛的这种考核激励机制首先保证了青年员工的工作态度，又和谐了企业氛围，还能通过绩效激发青年员工的积极性。

(三)党团引领

1. 组织活动，引导思想

中盐金坛公司加强党的支部建设，创新教育活动形式，积极发挥基层党组织培养青年员工的战斗力。2008—2013 年，中盐金坛公司党员总数由 93 人发展到 164 人，党支部由 5 个增至 7 个，党员人数比过去有较大增加。公司加强党员发展工作，积极吸纳新党员和成立新支部，大批青年员工积极入党。

公司创新党员活动方式，积极引导青年员工。如在建党 90 周年庆祝系列活动中，开展党史知识竞赛，重温党的发展历程，增强了青年员工创先争优的责任感和自觉性；2013 年以专题学术研讨的方式召开“金东公司成立六周年暨高硝母液循环利用项目投产交流会”，创新了宣传教育形式，激发了广大青年党员和青年员工的工作热情。

公司坚持以“党建带团建”，切实加强党对共青团工作的领导。以“党建带团建”，推动支部建设和团组织建设，通过支持开展主题团日活动、举办青年联谊会和召开青年思想交流会等形式，为青年员工展示才华创造机会，不断丰富青年员工的生活。

公司党委领导团委积极引导青年员工，调动了青年员工的积极性和创造性，充分发挥了党组织的政治核心作用、党支部的战斗堡垒作用和党员的先锋模范带头作用，为公司各项工作的顺利开展和完成，提供了思想上、政治上和组织上的保证。

2. 关心生活，关爱成长

为了贯彻“以人为本”的战略，保证青年员工的生活，中盐金坛公司修建了 48 套员工公寓。公司为无住房的外地青年员工(引进人才)、五班三运转的郊外员工安排了过渡性公寓。公寓免费供应电视、水电、网络等。除此之外，公司食堂采取酒店式管理，保证了食堂的饭菜质量。对企业职工每月还进行餐补。这些食宿保障，免除了青年成长成才的后顾之忧，保证了青年员工的生活。

针对员工青年化、外地化的情况，公司党团发挥带头作用举办了各类活动。比如组建“贤文化研究会”以感悟企业文化；组织“QC小组活动”以培养青年员工的创新能力；开办“行知班”感悟知行合一；邀请专家开展讲座、组织员工交流、相亲大会、职工运动会、篮球足球友谊赛等。各种业余活动，丰富了青年员工的业余生活，提升了青年员工的素养。

五、青年员工成长成才的文化引领

中盐金坛公司积极借鉴优秀的中华传统文化，提出了企业文化——“贤文化”，并将“贤文化”贯穿于生产经营、培训、人力资源等工作的各个环节之中。“贤文化”以“敬天、尊道、明本、顺性、尚贤、慧物、贵和、致远”为条目，在“敬天尊道，尚贤慧物”的核心精神指引下，以“志贤修贤”为践行目标，提升了青年员工的思想道德修养和职业境界，促进了青年员工思维方式的转变和世界观、人生观和价值观的形成，推动了公司管理模式的人文转向。

（一）“尚贤慧物”与“志贤修贤”

管理的一个重要职能，就是通过统揽全局、协调各方的具体规定和举措，推动有机体整体的协调运转，而企业文化的认同和贯彻，利于激发员工的主体意识，无疑是确保管理效率的发挥、推进管理优化，进而激活企业生命力的重要保障。如果没有共同的企业文化理念引领，各个单位各行其道，则无法形成合力，更谈不上企业整体生命力的彰显。中盐金坛公司的企业文化理念是在长期的实践中积淀的思想结晶，是支撑企业成功的精神力量。践行企业文化理念，既是对公司历史的尊重，也是对创造的精神财富的尊重。正是基于这种意义，公司提出了“贤文化”。中盐金坛立足于传统文化提出企业文化的原因还在于中华传统文化的特性。中华传统文化是关于生命的文化，是天人合一的文化。无论是儒家还是道家，这些文化中充满着宇宙人生的大道理。在企业文化中注入关乎生命的学问，可以帮助公司员工成就完全的人格、正确的价值观、长远的眼光和正确的思维方式。《贤文化纲要》提出：“人成则事成，事成则业兴”，传统文化对于天地自然的敬畏、对于和谐人际关系的追求、对于人伦道德的坚守、对于提升管理者和员工的智慧、保证企业的长远发展、对于建设可持续发展的经济、建设和谐社会，都有着非常大的意义。

感悟贤文化、感悟先贤的智慧为青年员工成才奠定了思想基础和道德标杆。中盐金坛公司贤文化的核心为“敬天尊道，尚贤慧物”，整个企业文化以自然天道为理论基础和指导原则，强调尊重客观规律，注重可持续发展、人与自然相和谐。所谓“贤者内修其身，博学厚德；达者外建其功，修己安人”，贤文化还强调员工修养自己的身心，比如诚信、知行合一等，以成为贤者，在成为贤者的基础上承担社会责任，贡献国家社会。贤文化并不桎梏于古典智慧，贤文化还强调科技与人文结合的重要性。坚持“以人为本”，用融通古今的贤文化进行人文管理，对于一个企业的长远发展、对于青年员工的成长是一个很好的指导。

《孟子》言：“行有不得者，皆反求诸己，其身正而天下归之。”中盐金坛公司文化理念的一个重要维度就是重视内省，孔子说“修己以安天下”，通过修养自身从而达到成就事业，这就是“贤于内，王于外”，也就是中国文人们强调的“内圣外王”。

首先，员工的“贤于内，王于外”。中盐金坛公司人力资源工作的第一标准是“以德为本”，员工只有先修养自己的德行才能成为合格的员工。员工需要通过提升自己的价值观和转变思维方式，成为有道德的、理性的国有企业员工。除了修养价值观和思维方式之外，员工还需加强自己的科技素养和业务水平学习，这样才能成为德才兼备的人才。员工“内圣外王”的另一个维度就是，在成为人才后，将自己的德行和技能应用到工作和生活当中，开创事业。所谓理论联系实际，只有将自己的才学和德行用来指导实践，才能成为真正对社会有用的人。

其次，企业的“贤于内，王于外”。《贤文化纲要》言：“金盐人秉自然之恩泽，承宿沙之精神，习时代之文明，育贤者之气象，水中寻盐，化盐为水，回报社会民众，贡献国家民族。”中盐金坛公司用“贤文化”指导企业实践，通过提升企业科技水平、加强品质管理、坚守经营理念，来引领盐行业产品和制盐设备的更新换代，来提高产品的品质，来帮助客户提高效益。对于自然环境，公司提出“有限资源，无限循环”的理念，构循环发展模式，珍惜资源，爱护万物。比如，中盐金坛公司盐矿属于井矿盐，为了减少开矿带来的地质危害，有效利用资源，公司改造开采过的盐穴用来储藏天然气和石油。中盐金坛公司通过提升自己的经营理念和产品质量，践行了“贤于内，王于外”的真精神。

（二）管理的人文转向

中盐金坛公司总经理管国兴说："管理既是一门科学，更是一门艺术。自从有了科学的管理，企业发展步入快车道。因此，我们首先要承认管理是一门科学，有它的内在科学性；同时管理中有很多微妙的东西，更需要提升管理者自身素养，使管理成为一种艺术。"要使管理成为艺术必须用人文来提升管理的境界。中盐金坛成立 13 年来，已经从原有的粗放式经营进入转型升级阶段。公司总结人文管理经验，吸收传统文化思想，营造文化土壤，实现了企业管理的人文转型。

学习先进的文化理念和先进企业的管理经验。总经理管国兴说："台湾台塑集团以中国传统文化为基石，借助现代科技，形成了有自身特色的管理理论。在台塑，现代科技手段是管理现代化必不可少的'工具'。在借助'工具理性'的同时，更应注重'人文情怀'的关照。"这是值得中盐金坛公司学习的。此外，公司还用传统文化理念指导企业经营。总经理管国兴说："张载提出'为天地立心，为生民立命，为往圣继绝学，为万世开太平'的价值追求，应当成为我们向往的境界，具备这种高尚的人生追求，才能真正有益于企业发展，有益于社会，有益于人生。"公司还积极与来自南京大学、中山大学、美国夏威夷大学、中国人民大学等管理学界的专家教授交流管理思想，提升人文管理水平。

培育优良的文化土壤。中盐金坛公司用"贤文化"指导企业经营、企业培训和员工活动，培育了优良的文化土壤。十年树木，百年树人，文化土壤的形成得益于一批人才的成长。从中盐金坛的实践来看，五条跑道的人才成长模式，独具特色的入职培训、文化培训等，已经在人才成长的过程中发挥积极作用，并产生力量。贤文化始终不放弃对人文的追求，通过贤文化的熏陶使员工从内心生发出成贤成圣的愿望。这种文化是管理提升的优良土壤，应该在企业发展中薪火相传。"我们有人才，有优秀的中国传统文化作思想资源，对建设中国管理学，把管理提升为一门艺术，我们充满自信"，公司领导表示。

中盐金坛公司积极实现管理的人文转向，为青年员工营造了良好的企业环境，对于促进青年员工成才具有积极意义。

六、中盐金坛公司人才队伍建设的经验与思考

中盐金坛公司通过一系列举措加强对青年员工的教育与培养，形成了具

有自身特色的管理模式与工作经验。

（一）成才机制实施的经验

1. 科学的战略是基础

企业战略是企业设立远景目标并对实现的方式进行的总体性、指导性谋划，属于宏观管理的范畴。可以说一个企业所有的行为都是以企业战略为导向进行的。公司的战略目标，以及达成目标的规划、实现目标的实践即是青年员工成长成才的大框架。如果一个企业的战略是长远的、科学的、符合规律的，那么青年员工宏观的成长轨迹也应该是科学的、长远的。

中盐金坛公司的战略是“以人为本，科技兴盐”，围绕这个战略，公司引进人才、关心人才、培养人才，学习科技、应用科技。正是在这种战略和战略实践的环境下，青年员工获得了培养、锻炼和关爱，并提升了技术、科研能力和人文素养。所以说，战略是一个企业发展的大方向、大原则和总路线，是青年人才成长的环境基础。中盐金坛公司的战略很好地促进了青年员工成长成才。

2. 科技与人文协同发展是前提

正确地处理好科技与人文的关系是中盐金坛公司持续发展的前提。人文素养成就的是员工的价值观和思维方式，这是员工成才的灵魂性元素。然而企业发展运行需要的核心竞争力，包括科研和技能，是员工成才的核心。人文素养成就的是好人，科学素养成就的是有能力的人，这两者的结合就是全面发展的人。

中盐金坛公司围绕“科技兴盐”战略展开了一系列措施，如成立技术中心、加强与高校合作、引进高科技等等。青年员工在参与公司的科技研发和升级中，不断掌握和研发新的科技、提升新的业务水平，为成长成才储备了能量。正是通过加强培养青年员工的科技水平，才造就了一批德才兼备的可用之才。所以企业应该将提升青年员工的科技水平放在青年培养的核心地位。

除了处理好人文与科技的关系，还要处理好“德与才”“知与行”的关系。在员工中间树立以德为本的价值信念和人力资源工作原则是企业长远发展的基础。只有将员工培养成为一个有道德的人，员工才能树立责任感，才能用心做好本职工作。只有提升员工的道德，才能保证企业在长远发展中走上正道，一步一个脚印地向前发展。

中盐金坛公司主张以人为本科技兴盐，在人文的熏陶下，公司用产学研结合的方式培养青年人才的科技素养。再通过提供锻炼平台，使青年员工获得知行合一的能力。这样，员工既拥有了品德和智慧，又拥有了科技和能力，这就是成就人。所以“德才兼备，知行合一”是青年员工成才的培养愿景。

3. 先进的文化是灵魂

现代社会，科学管理正面临着新的挑战，而人文管理以其独有的人文精神和智慧为现代管理者所重视。随着现代社会对人的解放，睿智的管理人员越来越认识到，将员工看成赚钱工具的管理方式已经成了反人性的管理，而关注人的管理更能激发员工的积极性；管理并不是简单地考核与激励，管理人在于教育人、培养人。人文管理的目标在于培养一个具备人文科技双重素养的人，以此实现员工的自我管理。人文管理绝对不是简单地去尊重员工、去提高福利那么简单，人文管理要将员工引到人文的境界上来。

中盐金坛的管理层认识到，无论是做企业也好，还是做其他方面的工作也好，最为关键的是要正确地理解和实践以人为本。推行人文管理，主要在两方面，一是价值观的转型，一是思维方式的转型。所以中盐金坛公司对员工进行人文教育，用文化艺术滋养员工的人文情怀，立足传统文化的智慧、融通中西古今的思想、公司自身经验构建独特的企业文化。

企业文化是青年员工成长成才的灵魂。只有建立正确的思维方式和价值信念，青年员工才能驾驭科技、财富和权力，成为大才，担当大用。特别是在国有企业中，员工的每一个思想和行为都关系着国家的财富，更应该建立正确的企业文化，引导员工、培养国有企业未来的接班人。

4. 成才制度是关键

青年员工刚刚进入岗位，对自己的职业生涯规划和工作的认识还不成熟，为青年成才设置一套制度体系能够让青年的成才之路规范化。根据青年员工的特性设立青年员工成长跑道对于青年员工能起到一个很好的导向作用。根据公司业务板块和青年自身特色建立成长跑道能够让青年迅速适应工作、明确奋斗方向，对于企业来说也能够实现人尽其才，发挥人才作用的最大化。成才跑道作为一种机制是青年成长成才的载体，这个载体包含考核、激励、培养等各种方面，能够支持青年从新员工转变成真正适应公司需求的人才。

中盐金坛公司提出了青年员工成长成才的五条跑道：生产管理、专业主管、市场建设、技术科研、综合管理。这五条跑道作为一种制度，并不仅仅是简单的级别和工资的升级，这种培养机制，与中盐金坛公司“以人为本，科技兴盐”的战略和“教育人、培养人、成就人”的管理理念是相呼应的。

在成才制度的基础上对青年员工的培养也非常重要。“企业对青年的培训应该包括两个方面：一是对岗位技术技能的培训；二是对企业文化和价值观的培训……建立企业青年人才培养机制，首先要认清培训和育人的重要性。其次，应该制定育人计划，根据企业未来发展对青年人才的需求，注意人才配置的实用性、梯次性”[①]，从而建立起一支结构合理、良性循环的青年人才队伍。

中盐金坛公司通过新员工培训、贤文化培训、班组培训等保证了青年员工人文素养、工作技能、科技水平的提高；通过提供科研平台、提供到重大项目的锻炼机会等，锻炼了青年员工的工作能力。这两方面的培养是青年员工成才的前提，没有人才的培养作为前提，青年员工就很难成为人才和成就事业。

要想使青年员工成长成才，不仅要培养，还要给予青年员工人性化保障。只有让员工没有后顾之忧，青年员工才能全身心地投入工作，专心成长。提高福利保障是保证青年成长的重要方式。人性化的福利、能够全方位保证员工生活的福利，不仅仅是物质的，还要从员工的心理需求来谈。

同时，公司还组织活动，丰富员工业余生活，关怀员工心理，使青年的生活得以丰富多彩，这从物质上和精神上为青年员工成长成才提供了保障。

（二）经验与思考

1. 青年员工成才与企业发展的辩证认识

青年员工在中盐金坛公司的成长，有一个重视人文和科技相结合的企业环境，有一个教育青年成人的企业文化，有一个促进青年科技、业务技能成长的企业发展模式，有一个为青年提供锻炼平台的理念，还有一个青年成长的跑道机制，这是一套完整的青年成长成才机制。从 2003 年中盐金坛公司引进大学生以来，凭借自己特有的青年员工培养机制，中盐金坛公司培养了大批人才，这些人才为中盐金坛公司的发展做出了巨大的贡献。

中盐金坛公司 2003 年引进的 23 名青年员工，至今已工作十年，现已成长为中层正职 1 人，中层副职 3 人，技术研发人员 3 人，市场销售骨干 4 人，中级专业主管 2 人，厂初、中级工厂工程师 6 人，行政管理人员 3 人，现在

① 陈映红：《创新创效活动与企业青年人才培养》，《广西青年干部学院学报》2001 年 6 月第 11 卷第 3 期，第 39 页。

他们每个人都能独当一面，并具有良好的道德修养，成了真正的人才。这些数据说明中盐金坛公司的青年员工成长成才机制已经产生了良好的效果。随着青年员工的不断成长，中盐金坛公司的利润也水涨船高，2003 年中盐金坛公司的利税是 1321 万元，而 2013 年中盐金坛的利税为 17888 万元，增长了 13.5 倍。在这期间，中盐金坛公司建成了被国际盐行业专家称为“中国真空制盐发展两大里程碑”的“中盐金坛一期年产 60 万吨真空制盐项目”“中盐金坛二期年产 100 万吨热泵制盐项目”和“中国盐穴储气第一库”，成了中国制盐行业首家高新技术企业、“国家级博士后科研工作站”“世界上规模最大的一次盐水生产商”……这些成绩都与成功的人才培养机制密不可分。

国内外制盐行业标准表

项目	国际先进水平	行业先进水平	行业平均水平	中盐平均水平	中盐 2015 年目标	中盐金坛 2012 年水平
人均产盐量 （t/ 人，年）	5000	4200	462	862	井矿盐：平均水平 3000； 最优 >5000， 最低不低于 1600 湖盐：1200 海盐：1000	总 8600 （精制盐 5400）
人均销售额 （万元 / 人）	250	120	15	22	平均水平：70 最优：>200； 最低不低于 40 万元	290
人均创利 （万元 / 人）	20	704	0.99	1.2	平均水平：5 最优：20； 最低不低于 2	39.67
综合能耗 （kg/t）	100	120	137	130		一期 122， 二 期 92（80）， 平均 105（98）

（领先于行业的技术经济指标：2013 年制盐企业指标）

2. 中盐金坛公司经验的价值

在经济迅速发展的今天，各种性质的企业走上历史舞台，竞争形势纷繁复杂，国有企业面临越来越大的压力。要想在经济竞争中立于不败之地就需要不断地培养青年人才，而人才的培养需要一个整体的机制，探索一条适合青年员工成长成才机制非常重要。

中盐金坛公司吸取中西方文化的精华，结合企业自身，形成了一条独具特色的青年员工成长成才机制。

首先，人文管理，文化育人，用文化的力量成就企业与员工。

中盐金坛公司的企业文化——“贤文化”从“敬天、尊道、明本、顺性、尚贤、慧物、贵和、致远”八条目出发对企业运行提出了指导原则。在企业文化的指导下，公司建构了循环发展的模式，比如将采盐废弃的盐腔重新利用，利用盐腔来储存石油和天然气，此举节约了资源，减免了污染和地质危害，实现了“有限资源，无限循环”。“贤文化”中有这样的论述:“诚实无欺，是为信也。员工无信不立，企业无信不兴，故讲信为企业兴盛之源。”公司在这样的理念的指导下注重诚信和产品质量，先后获得了日本、欧洲、美国、澳大利亚等地的广泛认可和赞誉。所以，企业运行应该建立优秀的企业文化，将企业发展引领到正道，才能实现企业的长远发展。只有在优秀的企业文化指导下，青年员工才能形成正确的价值观，才能成长为堪当大用的合格人才，才能有利于企业的长远发展。

企业运行的首要元素是人才，除了引进人才之外，还要培养人才。培养人才不能仅仅局限于业务技能的培养，还要关心人的全面发展。人才的培养可分为人文和科技两个方面，人文方面的培养在于改变员工的价值观和思维方式。只有改变了价值观，才能让人才成为有德行的人才。只有改变了思维方式才能让人才树立长远的目标、掌握正确的处事方式和心态，为企业的长远发展打下基础。中盐金坛公司的贤文化力图改变员工急功近利、唯利是图的价值观和绝对化的思维方式。

中国人民大学教授葛荣晋对中盐金坛公司的员工培训模式印象深刻，他认为“员工培训课程的设置很特别，既有国学基本教育，又结合了企业实际需要。对于培育员工的美好心灵有很好的作用”。葛荣晋认为，一切管理制度都有空子可钻，所以管心才是最重要的。管好了人心，许多难题就将迎刃而解。中山大学教授黎红雷认为，管理就是教育，管理者就是教育者，管理的过程就是教育的过程。管理就是教育的人文理念，在尊重员工、爱护员工的基础上通过教育实现与员工心灵上的沟通，这是一种深层次的、双向互动的管理。管理就是教育，打破了管理者与被管理者的对立，实现了两者哲学层面上的互动。由于改变了内心，取消了对立，管理者的对立面不需要管理了，管理者也就不需要纠结于考核、惩罚、激励等细枝末节的东西了。中盐金坛的管理理念对于企业管理无疑是一个可以借鉴的参考。通过教育来实现对青年员工的管理，既是管理又是培养，这对于青年员工来说是一种很好的成长方式。

其次，注重科技，实现企业内部的产学研合一。

2011 年普华永道会计师事务所发布了《中国企业长期激励调研报告》。据统计，中国中小企业的平均寿命仅 2.5 年，集团企业的平均寿命仅 7—8 年，与欧美企业平均寿命 40 年相比相距甚远。这其中重要的原因是，企业没有自己的核心技术产品，也没有自己的核心技术人才。因此产品跟不上更新换代，市场有所变化的时候，企业寿命随着产品寿命而终结。所以企业建立自己的研发机构、培养科技人才非常重要。让青年员工参与企业的科技研发，既可以促进员工成长，又可以为企业的长远发展培养人才。

中盐金坛公司一贯注重技术人才的引进和培养，专业技术人员占全员比为 8%。在此基础上，公司成立了科研学科组，利用自己的员工进行技术研发。另外公司成立了江苏省博士后创新实践基地、国家级博士后科研工作站。公司与南京大学、南京工业大学、天津大学、荷兰阿克苏诺贝尔公司、瑞士赛普公司等多家高校及科研单位合作，进行研究实验工作。公司用自己员工成立的科研队伍和博士后流动站形成了众多重点项目，真正在企业内形成了产学研的合一。这种产学研合作提高了公司的研发能力，能让公司一直紧跟市场，甚至引领市场。建立企业内部的产学研模式，让青年员工参与进来，有利于员工的成长成才。

第三，建立机制，引领成才。

要想培育青年员工，就需要建设青年员工成长成才的机制，适当的机制不仅能够锻炼青年人才，而且能够为企业增加更大的效益。中盐金坛公司一直主张“教育人、培养人、成就人”的理念，基于这种理念，公司提出了工厂工程师的制度。工厂工程师制度，为青年员工的成长成才提供了发展方向、锻炼了业务能力，使青年员工熟悉整个生产流程，便于生产系统的调控，这极大地解放了劳动力，也使每个员工都获得了工程师的能力。工厂工程师模式的推行，在改善员工待遇，提高业务技能的同时，极大地提升了员工的工作热情和主人翁意识，形成良性竞争，逐步建立起了一支优秀的基层人才队伍。在这种体制之下，员工并不是大机器生产的一个零件，而是一个能够操作全盘的工程师，这给予了青年员工发展的平台。

中盐金坛公司在金赛盐厂推行工厂工程师制度之后，取得了良好的效果。

公司所属加怡热电厂和金东精制盐水厂也相继推行工厂工程师制度，并取了良好的效果。事实证明工厂工程师制度作为一种培养员工、提高生产率的制度值得推广。人才的培养需要机制作为载体，好的机制能够培养人才的成长。

综上所述，中盐金坛公司坚持人才战略，重视人才培养，并注重以科技振兴盐业，不但使自己走在了世界盐行业的前列，对于中国盐行业的现代化发展也做出了积极贡献。中盐金坛公司依赖于自身实践探索和总结的人才工作经验，对于国有企业实施“人才强企”战略和促进青年员工的成长成才具有积极的参考价值，对于中国情境下的管理模式建构有着重要的借鉴意义。

（原载《贤文化管理》2014 年第 1 期）

中盐金坛公司企业文化传播效果研究

徐莹*

一、中盐金坛公司企业文化塑造工具 CIS 现状分析

企业文化的塑造工具可以具化为可操作性较强的 CIS 策略，在对中盐金坛公司进行全面的调研后发现，其企业文化的塑造正是从 CIS 三层次入手的。而从 CIS 入手塑造企业文化可以非常清楚且易于操作化地去塑造预设企业文化效果，且容易让企业文化的塑造和完善都更为直观和可理解。因此，对中盐金坛公司的 CIS 研究，正是对中盐金坛公司企业文化效果掌握的最有效途径之一。

（一）公司 CIS 导入的可行性分析

导入 CIS 构建企业文化的过程，是一个不断循环往复、逐步积累的过程。CIS 的导入是一个长期的行为，其涉及企业的经营管理中从精神指导到制度保证，再到物质呈现的方方面面，这个过程可以说是一个费时、费力、费物、费钱的持续输出线，且这种输出刚开始可能在很长一段时间里是一个单向的过程，很难看到其有往回输入的现象。而且，此过程持续的时间可能还会较长，其是一个长期见效的缓慢行为。那么，一个企业在短期的利润实现诱惑面前，能否坚持不懈地优化 CIS，促进企业文化的长期积累，去追求一种长远的甚至未知的企业效益，这是摆在企业面前最直接的问题。因此，中盐金坛公司对于 CIS 策略的应用过程，首先需要掌握的是，中盐金坛公司是否具备一个满足 CIS 策略运作、支持企业文化构建的企业环境。而我们在深入中盐金坛公司调研后发现，中盐金坛公司 CIS 策略的实施环境还是比较乐观的。

* 徐莹，文学硕士，青海畜牧兽医职业技术学院讲师。

1. 领导重视的关键动力

威廉·大内指出企业变革的第一颗火种常常源自某个关键人物，他对组织充分关心，亦投入时间和精力，愿意冒着风险带头实施变革。[①] 一个企业的经营关键性要素还是需要一个转化型领导者，这种领导总是重视为员工追寻意义，为企业创造使命。这样的领导是真正的艺术家和探路者，其总是注重凝聚公司的士气，充分发挥所有的机会去支持认同的价值趋向。[②] 一个果断、有想法的领导正是一个企业的灵魂，而在中盐金坛公司正有这样一位有着果敢、毅力、远见和勇气的领导。公司总经理管国兴对于企业管理有着自己独特的管理理念和认识，他对于企业文化建设是非常肯定和支持的，其付出极大的精力和勇气欲将中盐金坛公司建设成为可以让员工“安身立命”之所。他所追求的理想企业不是仅以效益为指标的，而是充分考虑到“人”的因素。王成荣和周建波（2007）认为“现代企业价值观的核心正是以人为本”。[③] 当企业的灵魂领导者将“人”的因素作为企业的核心考虑内容时，其实际在无形中已经认准了企业文化核心理念的指引方向。那么，企业则很容易支持塑造企业文化追求长期利益。且管国兴不仅自己注重企业文化的塑造，亦努力希望培育企业各层级领导者的相关意识。中盐金坛公司与厦门大学和南京大学都有学术合作，如开展“华夏文明传播与企业家精神培育”研讨会，创办《中华文化与传播研究》辑刊等。深入探讨作为企业的领导者应该具备怎样的精神和理念，尤其是要从传统文化中挖掘适合企业管理的能力和要求。

2. 合理组织结构的稳健保障

中盐金坛公司设置专门的企业文化部，企业文化部的工作职责主要就在于 CIS 的全面设计、完善和推广。企业文化部在其部门领导钟连海的带领下，非常有远见地对于中盐金坛公司的理念识别、行为识别和视觉识别方面都做了非常细致的尝试。而其中最值得一提的，正是在深入理解了管国兴总经理对于企业文化的追求方向，从传统文化中提炼出“贤文化”作为企业的核心理念。“贤文化”被精炼归纳为“敬天、尊道、明本、顺性、尚贤、慧物、贵和、致远”十六字精华。正是在此十六字的基础之上，深入解读出开展各项工作的核心指导理念；而中盐金坛公司的各项行为规章制度的要求，也是根

① [美]威廉·大内：《Z 理论》，朱雁斌译，北京：机械工业出版社，2007 年，第 75 页。

② [美]汤姆·彼得斯，罗伯特·沃特曼：《追求卓越——探索成功企业的特质》，胡玮珊译，北京：中信出版社，2007 年，第 66 页。

③ 王成荣、周建波：《企业文化学》，北京：经济管理出版社，2007 年，第 87 页。

植于此十六字精华，如员工招聘制度就非常明确强调“德、能、勤、纪、廉”等综合素质表现优秀的人员优先选拔，而其中还需要把“德”作为首要考核标准。再如在新员工培训制度中亦强调将“贤文化”的解读作为培训重点。再如在员工考核奖惩制度中专门设计了“贤德奖”和“贤才奖”这样的奖项，将“贤”“德”等作为考核要点；而在企业视觉识别系统方面，中盐金坛公司已经设计并注册了具有古典意蕴的“金坛盐”标识，此标识正是由“煮海为盐”的传统典故入手设计，非常符合企业的核心理念。

3. 传统文化的优势力提取

“传统文化对现代企业和企业理念的影响具有鲜明的民族特色……就某一企业而言，企业文化也总是在一定的文化背景中成长、发展起来的。”[①] 传统文化血脉可以流淌于中国企业 CIS 策略中，对于企业文化的塑造，有着举足轻重的作用。而“亚洲型 CI”的一个突出特点正是在于其与中国的文化息息相关，而此处所谓的“中国文化”的内涵则主要以儒家文化为核心，而道教文化亦融于其中。[②] 可见，中国传统文化在中国企业导入 CIS 策略过程中的重要性是得到专家学者的充分认可的。而中盐金坛的“贤文化”正是根植于中国的儒家和道教文化。如就儒家精髓而言，“贤文化”推崇着“敬天”之“仁”、“顺性”之“诚”、“尚贤”之“人”、“贵和”之“礼”、“致远”之“信”等；而“尊道”之“无为”、“明本”之“守己”、“慧物”之“上善”则蕴含着道家思想之精髓。此提炼于中国优秀传统儒释道文化中的“贤文化”，以其作为中盐金坛公司的 CIS 策略的核心理念，是更易于被员工所理解并接受，更有助于提高全员参与的主动性和积极性的。在员工访谈中，几乎所有被访谈员工都可以非常明确地回答企业的核心理念是“贤文化”。而即使对于“贤文化”不能非常清楚明确地说出其内涵，但却也都可以结合自身的工作和生活感受说出自己的理解。如有基层员工，虽然其文化水平较低，却可以说出“贤文化”就是要求自己在工作过程中可以“仁义”；也有员工表示他所认为的贤文化就是要求员工可以对自己要求高一点，却要宽以待人，只有这样才能够让同事关系和谐发展；有的则表示贤文化是要求员工在面对客户时展示出谦谦君子之风。虽然，员工对于贤文化的具体内涵没有十分了解，但贤文化与中华传统文化一脉相承，从小受着传统文化熏陶长大的企业员工，甚至

① 刘光明：《企业文化》，北京：经济管理出版社，2006 年，第 244 页。

② 张彦：《现代营销与 CI 理论》，南京：南京大学出版社，1995 年，第 260 页。

可以结合员工自身的修养和学识有新的理解和执行，这是基于西方管理学理论的理念所很难达到的效果。

（二）公司 CIS 的现状分析

正如上文分析的，中盐金坛公司在 CIS 策略推行的过程中，拥有便利的可行性。那么，其 CIS 的策划和实施目前现状如何呢？这正是我们需要去细致分析指出的内容。我们在分析中盐金坛公司 CIS 现状时，需要结合 CIS 的三大组成要素，根据基本理论，结合搜集到的资料，逐一细致地分析 CIS 策略在理论层次存在的问题。

1. 理念识别

CIS 理念作为 CIS 三大组成要素中的灵魂要素，其是指导着其他两要素发展方向和执行过程的关键因素。

（1）企业核心价值观：敬天尊道，尚贤慧物

企业价值观在企业管理中占据着绝对主导的地位，了解一个企业的价值观，就可以明确掌握这个企业的追求为何。而“敬天尊道，尚贤慧物”正是中盐金坛公司明确标识的企业核心价值观。中盐金坛公司作为一家生产盐的企业，其在依托高新制盐技术的同时，更是需要依托于自然资源的馈赠。依托于自然资源的企业，其发展的可持续性是离不开自然资源的良性开发循环的。公司提出的“敬天尊道”，正是强调“世间万物乃天生之、地养之，故人当用仁心助天生物，助地养形”，“企业运行，必有其道，尊道而行方能长久”[①]。因此，中盐金坛公司一直在开发自然资源的同时，加大研发投入，着力于研发出资源友好型制盐节能技术。中盐金坛公司与中石油合作，建成中国盐穴储气第一库——西气东输金坛储气库，以及与香港中华煤气公司合作首创商业储气库建设。这一系列努力都是为了加强盐穴循环利用，只有让企业掌握了熟练利用水、电和热关系，以最低的能源消耗，获得最大的产品收益时，才可能促进环境友好型企业的产生和发展，才可以让依托自然资源生产的中盐金坛公司，可以做到与环境可持续发展。而“尚贤慧物”则体现了中盐金坛公司对于贤才求贤若渴，且努力为贤才的发展提供公平、公正且赏罚分明的发展平台的决心。西方企业管理追求和注重的首要是效益，而在中盐金坛公司我们可以非常明显感觉到企业领导人对于“人”的关注。用公司

① 资料来源于中盐金坛公司的《贤文化纲要》。

总经理管国兴的一句话说就是：“公司追求的正是让公司每一个员工都可以在中盐金坛‘安身立命’。”

（2）企业经营哲学：反求诸己与三才相通

企业经营哲学是对企业宗旨、企业使命与企业目标等内容的提炼。[①]可以说，企业经营哲学对于企业的重要性，正如思维对于人的大脑一般独一无二。一个企业只有拥有了科学化、适应性的经营哲学，才可能很好地为企业的发展提供灵魂应对各项挑战的基本能力。“反求诸己”出自孟子的“行有不得，反求诸己，其身正而天下归之”。[②]孟子的“反求诸己”正是指在与外界交往过程中出现冲突时，需要首先从自身找原因，这是在促使企业的每一个成员都可以勇于承担责任，甚至在别人出现问题的时候，都应该积极地设身处地为其建议解决之道。但需要强调的是，求诸己身也要有一个度，不可过于苛求而不利于自己的发展。而且，仅仅靠从自身找毛病也是很不明智之举，此时，天道、地道、人道的“三才相通”就是对“反求诸己”的补充和完善。《周易·说卦》有言：“立天之道曰阴与阳，立地之道曰柔与刚，立人之道曰仁与义。”做人做事都可以从中找到指导思想和方向，做事要辨证，做人要仁义。“三才相通”的长期坚持和贯彻，可以提高人的崇高性、神圣性和超越性。[③]

（3）企业目标：世界一流

企业目标对于企业来说，就像黑夜中茫茫大海中的信号塔一般重要。黑夜中的行船无论本身吨位的大小、承载货物的多少，如果没有信号塔的指引，即使短期内可以磕磕绊绊随波逐流前行，但最终也逃脱不开触礁沉没的结局。而中盐金坛公司却在茫茫商海中，明确树立了企业目标“创造世界一流企业”。世界一流，目标不可谓不高远，而高远的目标如果没有可操作性的分解，则会让企业人员茫然不知何所向。而中盐金坛公司则非常明智地提出了“三个要求”。首先，产业结构达到世界一流。要以“世界一流盐业企业＋先进清洁能源企业”作为发展战略要求，将盐作为自己的核心主业。同时也强调科技创新的重要性，在保证盐产品质量优良的同时，也需要在盐穴利用的技术开拓上投入大量研发力量。其次，发展模式达到世界一流。中盐金坛公司一直

---

① 李少惠：《企业文化》，上海：上海交通大学出版社，2011 年，第 67 页。

② （宋）朱熹：《四书章句集注》，北京：中华书局，1983 年，第 260 页。

③ 许家星：《十九世纪前期基督教徒的儒学观——以柯大卫《〈四书〉译注为中心》，《孔子研究》2018 年第 5 期。

在产品结构上努力尝试。随着盐改新政的实施，更是抓住机遇在产品结构上继续深入探索。第三，管理水平达到世界一流。企业管理方面中盐金坛公司一直强调保障人的需求，打造“人”性企业文化入手，尝试构建企业特色的“贤文化”管理模式，尝试以成圣成贤的人生追求去实现员工的自主管理、内在管理和自我管理。

2. 行为识别

正如林磐耸所说的，理念识别是 CIS 的心，那么行为识别则为 CIS 的手，手乃执行工具，企业的对内管理和对外沟通的目标细化、决策敲定和实施，都离不开行为识别的操作过程落实。理论上我们都知道，企业的行为识别系统包含着对内识别和对外识别两大系统。而中盐金坛公司在此两大系统中，明显比较注重的是企业对内行为规范系统规章。

（1）三大基础管理手册齐全

中盐金坛公司拥有着非常完善的《质量、环境、职业健康安全管理手册》《安全管理手册》和《企业知识产权管理规范》三大基础生产管理手册。作为一家依托于自然资源的制盐企业，其需要把握平衡的方面有以下几点：首先，要保障环境友好和企业效益的平衡性。《质量、环境、职业健康安全管理手册》中对于企业生产过程中对环境的保护，以及资源循环利用技术的开发都有着非常明确的规定；其次，要保障职工安全和生产效率的平衡。作为一家生产型企业，对于企业生产效率的要求是非常高的。但是，“人”性化要求则更关注员工的安全生产环境打造。《安全管理手册》中有着安全生产目标管理、安全生产责任制等 45 项安全相关制度，通过这一系列的安全相关规章制度，将各种可能存在的隐患防患于未然，消除于无形。虽然，各项安全检查看似烦琐，实则是从基本上保障了生产的可持续性；第三，保障质量与数量的平衡性。企业的可持续发展最基本的是离不开产品质量做保障，尤其是中盐金坛公司产品还有食用盐，更需要注重产品质量的保障。《质量、环境、职业健康安全管理手册》对于产品质量的保障有着非常明确的标准要求；最后，保障技术创新的知识产权。对于技术的创新，只有保障其知识产权不被侵犯，才可以保障创新的良性循环发展。鉴于此，中盐金坛公司《企业知识产权管理规范》对于知识产权的保障有着非常细致的规定，有助于保障企业在市场中的竞争力和竞争中的持续动力。

（2）员工手册

中盐金坛公司《员工手册》中包含了企业员工的入离职制度、工资福利制度、晋职晋升制度、请休假制度、报销制度、考核奖惩制度、学习培训制度、综合管理制度和信息交流制度等 9 项公司管理制度。每一项管理制度都在其规定范围内深入涵盖着几乎每一个细节，且每一项管理制度的内容虽未深入依循“尚贤慧物”的核心理念，却也体现了以“人”为本的思想，注重为企业优秀员工提供职业发展的公平竞争平台。如入离职制度中对于员工离职给予了充分的自由，给予员工安心选择的权力；如工资福利制度中，企业非常详细地按照不同岗位和层级，为员工设立了公平透明的工资晋升表，力求做到多劳多得，按劳取酬。且公司的其他福利制度也是非常完善的，完全按照国家的福利标准为员工提供该有的福利。努力希望通过完善的薪酬制度保障企业员工的“安身立命”；而在考核奖惩制度中则更是设立了“宿沙奖章”“贤德奖”“贤才奖”“‘四强’党支部”等奖项，从个人到组织、从做事到做人、从企业到党支部，为每一个员工提供了只需付出就可以获得奖励的可能性；而在学习培训中，则从员工入职到定岗到业务提升等不同阶段的，无间断、有衔接、保长期的成长培训之路；而在所有培训中处于基础地位的企业文化培训，非常注重为新老员工不断解读“贤文化”，努力促使新老员工可以在有规律的不断培训学习中认可企业文化。总之，公司员工在日常工作中需要遵守的规章制度，都在员工手册中有着非常明确的规定，员工在工作中遇到各种问题几乎都可以从规章体系中得到规定和指导。

（3）仪式化打造“金坛盐”品牌

如果说前两点都是在对企业内部活动进行行为规范，那么第三点则正是企业为数不多的对外活动的指导性要求。随着中国盐市场的逐步放开，中盐金坛公司在品牌建设上亦是有意识地推动“金坛盐”品牌形象的构建。品牌构建的意义在于识别和区别[①]，识别是对本企业的联想，而区别则立足于研究本企业与其他企业明显区别之处的联想。企业在打造品牌的时候，需要通过一系列仪式性措施去积聚优势联想，进一步避免或是消除劣势联想。中盐金坛公司虽然拥有品牌打造意识，但其对品牌的打造却忽视了广告的作用，而更多的是尝试通过仪式化的企业行为模式去构筑良好的企业文化。企业文化的优化可以提高员工的凝聚力和积极性，通过员工的努力去提升企业的产品质量和服务水平，尝试以高质产品和优质服务打造“金坛盐”品牌的识别力和优势区别力。

---

① 黄合水：《品牌学概论》，北京：高等教育出版社，2009 年，第 14 页。

①服务社区促口碑

中盐金坛公司作为企业，将承担社会责任作为发展过程中的一项乐于投入的部分。其非常清晰地认识到，对于积极承担的责任，除了做一个环境友好型企业之外，还需要尽己所能地为社会需要之处做一些力所能及之事。在承担社会责任的同时，亦是可以得到社会好的口碑。中盐金坛公司除了将公司的办公用品捐献给周边学校这些物质付出之外，更多的是承担着盐文化的科普工作。如公司的宿沙讲坛、尚贤图书馆都会为周边社区的居民开放，并为村民提供图书、期刊、影音图像等借阅服务。除此以外，中盐金坛公司还会借助尚贤书院等平台，邀请专家学者为社区居民举办盐科普、传统文化汇演和健康养生讲座等文化交流活动。这些仪式化的传播活动可以促进社区居民对中盐金坛公司的认可，进而促进其对“金坛盐”品牌的认可。

②立足学术塑品牌

凯瑞对传播实质的理解是“一种现实得以生产、维系、修正和转变的符号过程”。[①] 从传统文化中汲取力量的中盐金坛公司，其需要塑造的“金坛盐”品牌亦是需要有着深刻的文化符号积淀。中盐金坛公司的广告不同于一般的媒介广告，其依托的是口碑广告。而口碑广告的传播中非常重要的一点，就是需要找到一个可以引起受众兴趣和乐于且易于分享的符号。中盐金坛则非常成功地抓住了学术这个符号，且一直有序地传播着。中盐金坛公司自主编制的《贤文化》内部资料，内容主要是对中盐金坛公司核心理念“贤文化”的内涵和外延的解读。其中亦囊括着承载“贤文化”精髓的仪式感的传统技艺介绍，如茶道历史、书法哲学、太极经义和节日艺术等内容。且亦非常注重企业仪式传播的故事性，以“党员先锋赞”栏目对工作中贯彻贤文化的企业模范员工进行报道；中盐金坛公司还非常注重依托“宿沙讲坛”促进贤文化入高校，促进高校人才了解企业贤文化。此外，中盐金坛公司亦与厦门大学共同打造了《中华文化与传播研究》，与自贡市盐业历史博物馆合作推出了《盐》的科普读物。而且，作为一家企业，其十分鼓励员工在各个领域出版著作和发表学术论文，发文明确规定不同的等级著作和论文有不同的奖金支持。在一系列文化活动的推动下，中盐金坛为“金坛盐”打造了一个“贤文化”的文化符号，促进了相关利益体认识、解读和传播“金坛盐”品牌。

---

① [美]詹姆斯·凯瑞：《作为文化的传播》，丁未译，北京：华夏出版社，2005年，第7页。

3. 视觉识别

视觉识别是非常物质性的呈现和组织，视觉识别可以说是 CIS 的脸了。视觉识别是直接通过物质形式呈现于企业员工和外部大众眼前的，其好坏优劣直接冲击着受众的感官，并直接对企业产生第一印象，有着举足轻重的作用。

二、基于 CIS 构建的企业文化效果调查

（一）调查内容设置和样本选择

1. 问卷和访谈的内容设置

问卷调查法是本研究的重要研究方法之一，亦是本研究企业文化调查主要数据的重要来源。本研究设计的调查问卷是基于周欢（2007）基于 OCQ 模型优化的中国企业文化测评模型设计的。量表设计采用的是里克特量表，用 1—5 分分值分别代表非常不满意、不满意、一般、满意和非常满意。

问卷主要分为两个部分。第一部分为基本信息调查，目的在于了解员工包括性别、年龄、学历、工作年限、工作类型和来自地区等六个方面的信息。第二部分则主要包括一致性维度、参与性维度、适应性维度和使命四个方面的内容，而这四个维度内容即构成了企业文化总态度。一致性包含着员工对企业文化的认同感、领导和员工就分歧意见达成一致的难易程度和企业内部业务和各种工作的开展协调性三个方面；参与性则包括员工的职权自由性、员工团队合作以及企业对人才的吸引力三个方面，测评的是员工对自己企业的归属感、参与感和责任感；适应性则是从注重创新、客户需求和员工能力培养三个方面，测量企业适应外部环境，主动改变的整体感知；使命感则是从企业的持续发展观、主动承担社会责任和自我超越和发展的，追求卓越发展的精神测量。

访谈内容的设置是在问卷调查数据收集和初步分析完成后，为了对问卷数据进行补充和升华而做的调查设置。目的在于在问卷发现问题的基础之上，通过员工访谈去进一步挖出问卷数据呈现问题的原因，以便针对问卷数据呈现的问题进一步提出可操作性的完善建议。

访谈的内容中包括最基本的内容：教育背景、年龄、性别、工作岗位、来自地区、工作年限。在基本内容之外，针对不同的访谈对象亦设置了不同的访谈提纲。

2. 样本选择

中盐金坛公司在以 CIS 为工具打造企业文化的工作中，进行了一系列的努力尝试。而我们需要承认的是，对一个企业的企业文化拥有着最直观的感受的，绝对是工作于企业的员工。且中盐金坛公司因为其盐产品并不对终端消费者提供，而是 B to B 的模式，并未直接接触到终端市场。因此，笔者在对中盐金坛公司员工进行企业文化认同度调查时，选择的调查对象正是企业员工。此次调查，基于企业员工仅有 500 多人，笔者面向企业员工共发放 180 份问卷，在筛除了问卷中选项分值完全一样的无效问卷后，收回有效问卷 160 份，有效率达 88.9%。且运用 SPSS 对中盐金坛企业文化变量进行信度和效度检测，得出 Alpha 系数和 KMO 的值分别为 0.985 和 0.946，可见，此调查问卷的信度和效度都非常理想。而在收回的问卷中，男性和女性员工分别为 106 和 54 人；25 岁、26—35 岁、36—45 岁及 45 岁以上员工分别为 10、58、50 和 42 人；而技术研发人员、一般管理人员、市场营销人员、生产人员、财务工作人员和后勤服务人员则分别为 14、33、3、89、7 和 14 人。鉴于中盐金坛公司员工比例本就存在差异，此分布与员工本来比例存在相适性。因此，笔者认为此次问卷搜集的数据，可以非常好地反映出中盐金坛公司员工对其企业文化的感知情况。

访谈样本则是根据问卷出现的问题进行选择，在问卷数据分析基础上发现不同的性别、年龄、工作岗位员工对企业文化的认同度存在较大差异，因此在选择访谈样本时亦是有意识地从不同性别、年龄段和不同工作岗位方面做了选择，最终选定了 15 位访谈对象，其中还有 2 位是企业所在社区村主任，基本情况见表 1：

表 1 访谈对象信息

序号	称呼	性别	年龄	工作岗位
1	员工 A	男	52	中盐金坛总经理
2	员工 B	男	48	中盐金坛企业文化部负责人
3	员工 C	女	29	一般管理人员
4	员工 D	男	30	一般管理人员
5	员工 E	男	32	一般管理人员
6	员工 F	女	25	一般管理人员
7	员工 G	男	45	一般管理人员

续表

8	员工 H	女	32	技术人员
9	员工 I	女	26	技术人员
10	员工 J	男	36	技术人员
11	员工 K	男	31	市场营销人员
12	员工 L	男	24	生产人员
13	员工 M	女	26	生产人员
14	村委书记 A	男	53	社区人员
15	村委书记 B	男	41	社区人员

本研究所有访谈均采用个别访谈和半结构化访谈。在访谈过程中既需要完成访谈提纲预设的访谈目标，亦可以有适度的自由度。此自由度既指访谈者具有调控访谈程序和用语的自由度，也给被访者留有较大的表达自己想法和意见的余地。

（二）企业文化主观感知总体较满意，但矛盾亦存在

上文在调查问卷内容中已经提到，对中盐金坛企业文化的感知调查主要从一致性、参与性、适应性和使命感四个指标入手调查。而其中，适应性和参与性两个指标测量的是企业注重变化的灵活性；使命和一致性两个指标测量的是企业可持续稳定发展的能力（稳定性）；适应性和使命两个指标测量的是企业适应外部环境的能力（外部关注）；而参与性和一致性两个指标测量的则是组织内部组织结构、工作和活动开展的流程性和顺畅性整体感知（内部关注）。测量效果，整体感知如表 2 所示：

表2 均值描述统计

特质指标	均值	维度	均值
一致性	3.76	文化认同	3.79
		配合	3.80
		协调与整合	3.70
参与性	3.75	授权	3.57
		团队协作	3.84
		重视人才	3.84
适应性	3.93	变革创新	3.93
		顾客导向	4.03
		组织学习	3.84
使命	4.11	持续发展	4.07
		社会责任	4.13
		追求卓越	4.14

从表2分析，可以总结出以下几点结论：①中盐金坛员工对本企业文化的总态度均值为3.89，在5分值中未达到满意的层次，因此，中盐金坛公司在企业文化的构建还需要付出更多的努力。但总体来说，中盐金坛公司的企业文化的多维度发展是较为均衡的，企业发展的方方面面考虑较为全面；②根据适应性和使命的关注外部组合和参与性与一致性的关注内部的组合比较，可知，企业文化对外部的关注在均值上是高于对内部关注的均值的。对于企业来说，内部关注是本，外部发展必须建立在内部发展的基础之上，不可舍本逐末；③构成稳定性指标的使命和一致性，测量结果存在极大的矛盾，使命获得了4.11的最高分，而一致性却获得了几乎最低分3.76；④测量中特质综合分值高于4分的只有使命一个，且构成使命的三个维度持续发展、社会责任和追求卓越都是处于4分以上，可知公司在发展道路和承担社会责任方面还是得到员工的认同的。但是，其他三个特质即一致性、参与性和适应性方面的相关内容则需要我们更多地投入关注和改善。

（三）企业文化细微之处显差异

通过描述性统计，我们发现了中盐金坛公司的企业文化整体感知还没有达到满意的程度，那么我们更需要深入细致地去找出其中存在的一些内在规律性情况，找出问题究竟出在哪些地方，从而为公司有针对性地对 CIS 策略进行改良提供依据。企业文化调查问卷是从一致性、参与性、适应性和使命四大特质入手。那么，在掌握了四大特质得分的基础之上就可以计算出企业员工对企业文化感知的总态度。而通过对问卷数据的处理发现，从性别、工作类型和来自地区等方面入手，都可以提炼出企业文化认同的一些问题。

1. 女性职工对于企业文化总态度普遍高于男性职工

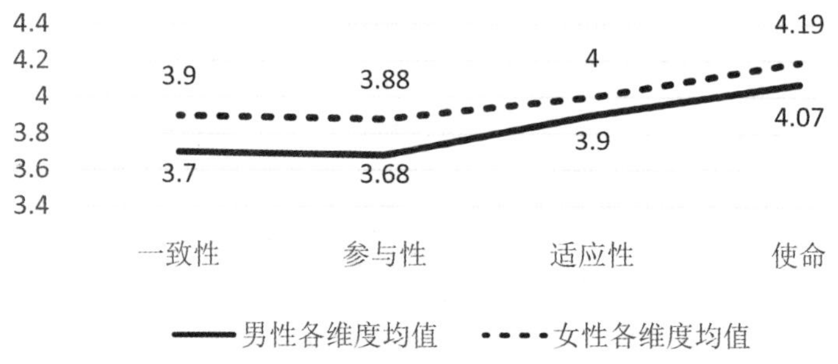

图 1　男女员工各维度均值折线图

由图 1 可知，男性员工和女性员工对中盐金坛公司企业文化的总态度均值分别为 3.84 和 4.00。在构成企业文化总态度的四个特质一致性、参与性、适应性和使命的均值，男性员工均值分别为 3.7、3.68、3.9 和 4.07；而女性员工均值则分别为 3.9、3.88、4 和 4.19。可见，女性员工的总体态度在每一位维度上都高于男性员工，且这种优势是显而易见的。

为进一步验证男性和女性在企业文化总态度中是否存在显著性的差异，本人在 SPSS 中以“性别”为分组变量，以“企业文化总态度”为检验变量，以 90% 的置信区间进行独立样本 t 检验，输出如下表 3 和表 4。

表3 组统计——独立样本t检验

	性别	N	均值	标准差	均值的标准误
总态度	男	106	3.8385	0.5589	0.0543
	女	54	3.9917	0.5151	0.0701

由表3可知，男性和女性的样本平均值分别为3.84和4.00，标准差分别为0.56和0.52，标准误分别为0.05和0.07。

表4 男女员工总态度独立样本t检验结果

		莱文方差等同性检验		平等值等同性t检验					差值90%置信区间	
		F	显著性	T	df	显著性（双尾）	平均差异	标准误差	下限	上限
总态度	假定等方差	0.177	0.675	-1.682	158	0.095	-0.1531	0.0911	-0.3038	-0.0375
	不假定等方差			-1.727	114.804	0.087	-0.1531	0.0887	-0.3002	-0.0061

再看表4，首先看莱文方差同行检验结构，其中F=0.177，显著性概率P=0.675>0.10，因此两组方差差异并不显著，可以认为两组方差是相等的。则在检验结构中采用“假定等方差”一行的数据作为检验结果。而根据“假定方差相等”一行的数据可知，t值为–1.682，自由度df=158，t检验的显著概率p=0.095<0.1，因此，可以得出男性和女性对于企业文化的总态度具有显著性差异。

因此，我们可以得到结论：男性和女性在企业文化总态度上存在着明显的差异，且女性员工对企业文化的总态度要显著高于男性，且是在每一个维度上都高于男性的。这是一个非常有趣的发现，也促使了本人深入企业，通过观察和访谈等研究方法找出出现这种差异的原因之所在，在下文会有详细的介绍。

2. 企业文化认同总态度随着员工年龄增长而呈现下滑趋势

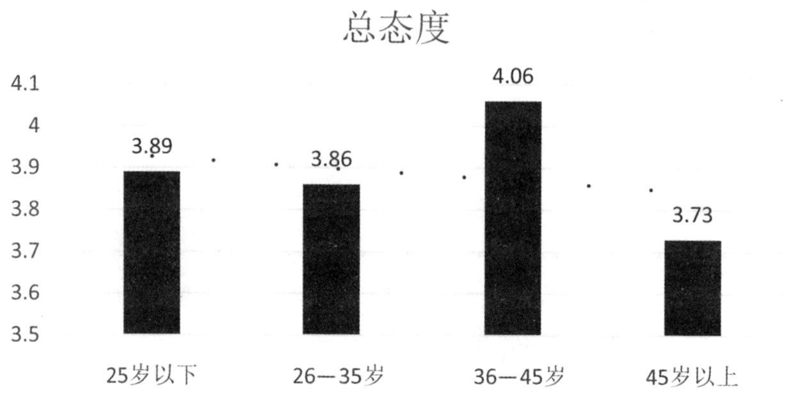

图 2　不同年龄段员工企业文化总态度柱状图

从图 2 可以清晰地看到这样一个趋势，即 25 岁以下员工对企业文化总态度值相对较高，而 26—35 岁员工认同度则有所下滑，而 36—46 岁则出现了一个最高的峰值即四个年龄段中唯一的超出 4 分的满意值，而 45 岁以上员工认同度则出现了大滑坡。虽中间出现了一个高峰值，但是，总体趋势线还是显示了整体不断下滑之势。

为进一步确认此趋势各类员工之间的差异性，本人在 SPSS 中以“年龄”为因子，以“企业文化总态度”为因变量，以 90% 置信区间进行单因素方差分析，输出表 5、表 6。

表 5　单因素方差分析

总态度	平方和	df	均方	F	显著性
组间	2. 523	3	0. 841	2. 903	0. 037
组内	45. 180	156	0. 290		
总计	47. 703	159			

在莱文方差齐性检验中，F=1.216，p=0.306>0.10，可知方差是齐性的。因此，可继续进一步进行单因素方差分析。由表 5 的单因素分析表中，可以

看到 F=2.903，显著性水平 p=0.037<0.10，故可以证明年龄对于中盐金坛公司的企业文化总态度有着明显的影响。在此基础上，再进一步对各变量进行两两对比，进一步找出各变量之间的差异性。

表 6 多重比较

总态度	25 岁及以下	26—35 岁	36—45 岁	45 岁以上
25 岁及以下	1	0.891	0.352	0.422
26-35 岁		1	0.057	0.245
36-45 岁			1	0.004
45 岁以上				1

由表 6 可以看到，25 岁以下员工与其他三组都不存在显著性差别，而 26—35 岁员工与 45 岁以上员工亦不存在显著性差异。但 36—45 岁员工则与 26—45 岁以及 45 岁以上员工存在显著性差异。再结合图 2，我们可以看到 36—45 岁员工对企业文化的认同达到了一个极高的巅峰，造成这种现象的原因是什么，这是我们需要大力关注的点。

3. 基层生产人员需要重点关注

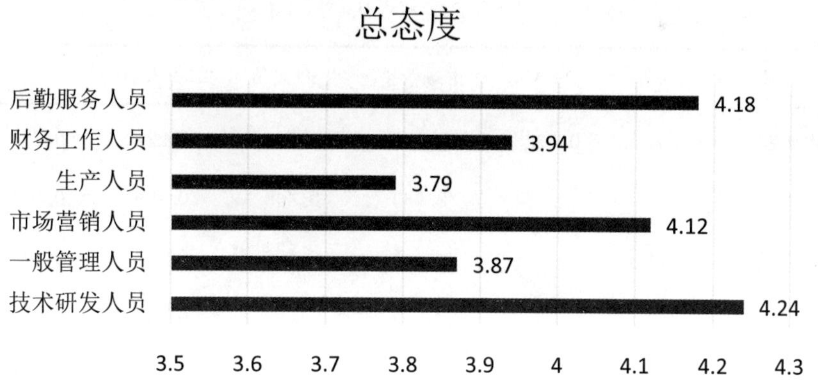

图 3 不同工作类型员工企业文化总态度条形图

图 3 非常明确地显示了企业不同工作类型员工对企业文化的认同度的水平。可以清晰地看到，后勤服务人员和市场营销人员以及技术研发人员，其对企业文化的认同度都在 4 分以上，是比较好的现象。但相反，财务工作人

员、一般管理人员和生产人员得分则均在 4 分以下。尤其是生产人员，其对企业文化的认同处于最低水平。

那么，不同工作类型员工之间对企业文化的总态度是否存在显著性差异呢，本人进一步在 SPSS 中以“工作类型”为因子，以“企业文化总态度”为因变量，以 90% 置信区间进行单因素方差分析，输出表 7、表 8。

表 7　单因素方差分析

总态度	平方和	df	均方	F	显著性
组间	3.955	5	0.791	2.784	0.019
组内	43.748	154	0.284		
总计	47.703	159			

在莱文方差齐性检验中，$F=1.296$，$p=0.268>0.10$，可知方差是齐性的。因此，可继续进一步进行单因素方差分析。在表 7 的单因素分析表中，可以看到 $F=2.784$，显著性水平 $p=0.019<0.10$，故可以得到这样的结论，即不同工作岗位的员工对于企业文化的总态度有着显著的差别。在此基础上，则再进一步对变量进行两两对比，进一步找出内在的差别点。

表 8　多重比较

总态度	技术研发	管理人员	市场营销	生产人员	财务人员	后勤服务
技术研发	1	0.032	0.736	0.004	0.224	0.759
管理人员		1	0.433	0.448	0.766	0.074
市场营销			1	0.286	0.613	0.877
生产人员				1	0.479	0.012
财务人员					1	0.334
后勤服务						1

从表 8，我们可以看到技术研发人员与管理人员和生产人员，在对待企业文化的总态度上都存在显著性差异；而管理人员与后勤服务人员也存在显

著性差异；生产人员和后勤服务人员亦存在显著性差异。再结合图3，我们可以看到，显著性差异主要集中在科技研发人员、管理人员、后勤人员和一般生产人员中间。而其中，后勤工作人员和技术研发人员的总态度值分别为4.18和4.24，而基层生产人员和一般管理人员的总态度值分别为3.79和3.87。

三、结论

（一）总结

本文概述了企业文化及其塑造工具CIS的发展和研究历程，并分析了企业文化与CIS之间的关系，提出了其相互影响的模式。在此基础上，对中盐金坛公司的CIS策略的设计和实施进行了全面的调研，并在引证和问卷研究方法的应用下，找出了中盐金坛公司企业文化塑造过程和效果中存在的问题。并在此基础上，通过访谈和观察等研究方法去找出问题背后存在的原因，并针对问题提出了相应改善的意见和建议。而在此基础之上，亦可以为致力于以传统文化作为企业核心理念的企业提供一定的指导性结论。

1.CIS作为企业构建企业文化的重要的工具，对企业文化的效果测量亦是可以反映CIS策略本身存在的不足和需要调整的内容，进而进一步促进企业文化的塑造和优化。企业的发展可以在CIS和企业文化的这种不断影响和促进过程中，得到长期稳定的提升。

2. 中盐金坛公司的企业文化效果整体来说，员工对其认可度还是处于满意的层次。说明中盐金坛公司企业文化的核心文化“贤文化”是有其合理性和号召力的，以传统文化贯穿CIS打造民族品牌的企业文化过程是首先需要认可的。但是，对“贤文化”内涵的认知度，公司员工还是比较欠缺的，因此，需要对理念文化进行接地气的解读。鉴于此，无论是从传统文化中提炼出何种企业核心理念，都需要首先考虑其落地问题，再高大上的理念无法落地，不能让利益相关体产生共鸣，不能提升企业的文化认同度，对于企业来说，都是没有意义的。

3. 中盐金坛公司行为文化重点更多的是需要进一步关注外部活动。外部活动是企业构建品牌和企业形象，争取市场认同并占领目标市场的必要步骤。而中盐金坛公司的外部活动需要从广告和公关以及市场调研等多方面入手。鉴于此，企业在确立了理念文化内容后，在其指导之下的行为文化需要注意到内外部行为的均衡性问题。毕竟，企业文化的塑造和优化，既需要得到企业内部员工的认同，亦离不开外部利益体的认可。无论是忽视内部抑或忽视外部，只注重一面的努力都是不可取的，都不能最大限度提升企业形象认同。

4. 中盐金坛公司的以视觉识别系统为代表的物质文化缺乏可辨识度。对于一个企业来说，外在的能够符合企业理念系统和体现企业形象和特征的具有区别度的视觉识别系统是非常有必要的。任何企业在视觉识别的设计过程中，都需要非常关注独特性，但在关注独特性的同时亦需要关注其与核心理念的关联度问题。尤其是以传统文化为核心理念的企业，更需要从传统文化中提炼呈现的艺术，这种呈现既需要与传统文化的核心理念一脉相承，又不可哗众取宠让受众不适。

5. 企业文化塑造需要多维度、全方位涵盖企业不同年龄、性别、学历层次和来自不同地区员工的需求。且对于对企业文化认可度处于较低水平的员工更应该深入了解他们的需求，在各项制度中尽可能完善满足其需求的规定。员工的情绪是会传染的，不能因为是少部分或工作岗位不重要等原因而忽略部分员工的情绪。需要永远记住，整体的发展需要每一个个体的参与和努力。一个企业的形象树立离不开每一个员工的努力，一个企业的形象识别系统从制定到落实，每一个步骤都需要充分考虑员工的需求。

（二）不足及研究展望

由于本人的研究水平和时间、精力有限，本文的研究还是存在以下一些不足和需要进一步研究之处。

1. 本人设想通过问卷调查分析出存在显著性的问题，并一一解决。但是，在研究过程中发现，通过问卷分析发现很多小的题项都存在显著性差异。限于本人的研究能力和时间有限，只是对总态度进行了相关分析，并提出了一些意见和建议，实属憾事。

2. 因企业文化涉及范围较广，其涵盖着企业的方方面面，在引证过程中，由于本人的时间和精力有限，还是有很多的资料未能搜集和分析。且由于本人学术理论积淀有限，文中提出的一些观点和建议还需进一步论证和改进。

3. 本人本预期可以为中盐金坛公司的 CIS 策略设计一套符合其发展需求的 CIS 手册。但是，越是深入理解 CIS，本人就越是惶恐，深感自己的理论积淀和视野还是远远撑不起自己的预期。而这一项工作还是需要中盐金坛公司在今后的工作中不断完善和编制的。

4. 希望本人对于其企业文化的一些建议，可以在中盐金坛公司得到一定的支持和落实，以便为“金坛盐”民族品牌的打造提供一点点微不足道的贡献，亦可以为中盐金坛公司今后企业文化相关研究的推进，提供一定的方向参考。在此基础之上，可以为有志于以传统文化作为企业核心理念文化的企业提供一定的参考意义，亦是所期盼的。

贤文化进家庭：国有企业领导干部家风建设探索

刘晓民

“家风，又叫门风，是一个家庭在世代生息、繁衍过程中较为稳定的生活作风、传统习惯、道德面貌。淳朴、正派的家风对于子弟、家人良好道德品行的形成和巩固有着重要的影响。”① 如今，“家族式腐败”“亲缘式腐败”“贪内助腐败”“官二代腐败”等现象屡屡出现。建设良好家风，用家风提升领导干部自身修养、提升领导家属思想境界，从源头上杜绝腐败，显得尤其重要。家训作为建设家风的重要抓手，对于总结家庭优良传统、确立家庭成员修养方向、提升领导干部及家属整体素质有着重要意义。

一、家风建设是中国的优良传统

在古代，无论是帝王将相，还是世家大族，甚至连平民百姓都注重树家风、立家训，传承良好家风，这一点从卷帙浩繁的家训中能够看出来。仅赵振《中国历代家训文献叙录》一书就收录先秦至晚清家训专著及提要近 1000 部，这还仅仅是现存的，加之亡佚的家训，数量更多。其中，《诫子书》《颜氏家训》《诫皇属》《包拯家训》《朱子家训》《袁氏世范》《弟子规》等都是大家耳熟能详的家训。

中国最早的家训起源于东汉。所谓家诫、家训，本是名臣仕宦、世族大家训诫子弟、族人的言论，为了将这些言论流传后代，使之遵照实行，有的便将其编辑起来，成为书籍。家训多半是编撰者自身学识和社会经验的总结。据相关学者研究，我国家训传递的家风主要有：第一，为官要清正廉洁，勤政爱民；第二，做人要坦荡无私，诚实守信；第三，治学要勤奋刻苦，立志

① 陈延斌：《论传统家训文化与我国家庭道德建设》，《道德与文明》1996 年第 5 期，第 27 页。

成才；第四，齐家要孝亲敬长，精于理财；第五，生活要勤劳俭朴，慎独自省。在众多家训中，除了勤俭持家、仁爱孝悌外，一个很重要的内容就是教育子孙要为官清廉、诚实守信。历史记载的大部分家训都是官宦世家、名门望族的家训，这一方面说明在历史上官宦世家一直强调家风家训建设，另一方面也给我们今天的家风建设留下了宝贵的资源。

官宦世家、名门望族为什么重视树家风、立家训？首先，名门望族期望借家训教育子弟，以此延续家族的血脉和政治经济文化势力。《周易》有言："积善之家，必有余庆，积不善之家，必有余殃。"自先秦以来，世家大族、文人士大夫就开始注重通过训诫子弟来形成良好门风的教育方式，士大夫们培育德才兼备的后代，以期家族得到繁衍昌盛。德才兼备的后代能起到传承家业的作用，即使后代资质平平，只要能遵守家训起码也能保持正直的品性，不致使家声受辱，破坏家族名利。"随着世家大族政治势力的发展，家诫、家训就不是消极地以儒学经义来对付和克服家族的缺陷，而是以积极的态度，用儒家经义训诲子孙后代，使之仁义忠孝，循规蹈矩，积极上进，维持世族的社会地位。"[①] 其次，家训体现了传统文人士大夫传承圣学的自觉性。孔子在《论语·子罕》中说："子畏于匡，曰：文王既没，文不在兹乎？天之将丧斯文也，后死者不得与于斯文也；天之未丧斯文也，匡人其如予何？"孔子在春秋时期就表现出对圣学道统的担当，之后，历代儒生莫不主动担负圣人学问传承的责任。北宋儒学大师张载有横渠四句教："为天地立心，为生民立命，为往圣继绝学，为万世开太平。"横渠四句教作为儒家追求的集中体现直接道明了儒生的责任。历代家训里面不乏儒佛道三家思想，大多以儒家为主要指导思想。家训，除了教育子孙如何治理家庭、为人处世外，很大篇幅是在劝勉子弟读书求圣成贤。《格言联璧》曰："诸君到此何为，岂徒学问文章，擅一艺微长，便算读书种子；在我所求亦恕，不过子臣弟友，尽五伦本分，共成名教中人。""学问文章""名教""恕""子臣弟友""五伦本分"都是儒家的名词，这句话，明确指出了该训蒙书的儒家指向。第三，名门望族借家训教育子弟清正为官、廉洁为民。著名的《包拯家训》言："后世子孙仕宦，有犯赃者，不得放归本家，死不得葬大茔中。不从吾志，非吾子孙也。"以《包拯家训》为代表的一些家训，诫勉后代廉洁从政，清白做人。还有一

① 马玉山：《"家训""家诫"的盛行与儒家的普及传播》，《孔子研究》1993年第4期，第62页。

些家训不但强调廉政内容，还强调为官之道和为官之德，比如《格言联璧》有“为政”章以及《颜氏家训》里面“涉务”“省事”等章都是关于为官之道的，《曾国藩家训》也有“为官从政”部分。

正是因为这些家训的教育和约束，历史上出现了很多延续多代的世家大族。比如，江州义门陈姓家族，以 33 条《家法》作治家之本，曾创造了 19 代聚族而居、3700 多口人共食的奇迹，宋至道三年皇帝赐玉音匾，题真良家赠之。这些家训维持了良好的家风，塑造了许许多多优秀人才，所以“世家子弟”一直被视作德才兼备的正面形象。古代流传下来的家训，为我们今天树家风提供了丰富的资源，有极大的借鉴意义。

二、新时期开展家风建设的意义

习近平在 2015 年春节团拜会上强调：“不论时代发生多大变化，不论生活格局发生多大变化，我们都要重视家庭建设，注重家庭、注重家教、注重家风……”近年来社会情况的变化需要领导干部树立家风来抵御不良风气的腐蚀，传承家风也需要充分尊重今天的形势和特点。研究建设家风的时代背景，能够给树家风提供参考和依据。

（一）促进党的理论传播，坚定共产党员信仰

改革开放以来，我国的社会经济政治文化结构发生了重大的变化，随之而来的是价值观由一致性向多元化转化。现今，社会上出现了社会主义核心价值观与非社会主义核心价值观、集体主义与个人主义价值观并存的现象。价值观多元化直接冲击了共产主义作为主流价值观的地位，造成部分党员出现价值观的动摇。在此关键时候，共产主义价值观退一尺，其他价值观就会进一丈。如何坚定共产党员的共产主义信仰是一个紧迫严峻的课题。

有学者指出：“家诫、家训将仁义忠孝的儒经、中庸之道的儒行贯穿于家庭教育的每一方面，形成一个完整的系统；而且，这种结合实际的现身说法，感人之力至深，因而，其对儒学思想的普及传播效果更强。”[①] 儒学的兴盛与家庭传承密不可分，儒生们将儒学理论应用到生活的方方面面，在生活中教育子弟，这就将理论与实践结合在一起。共产主义的理论如果能深入家庭、

① 马玉山：《“家训”“家诫”的盛行与儒家的普及传播》，《孔子研究》1993 年第 4 期，第 68 页。

贴近生活，就会十分有利于坚定党员信仰，有利于共产主义理论的深入传播。所以，领导干部树家风是党风建设和反腐败工作的重要方面，是将党的理论深入家庭、生活、修养的重要举措。

领导干部树家风对于“两学一做”能起到巩固促进作用。领导干部树家风并不是领导干部随随便便总结一些家风就结束了，树家风一定要有一个核心的灵魂，那就是党的理论。要将树家风看作党的理论深入家庭的重要组成部分，看作党的理论宣传工作的重要组成部分，看作党的理论创新的重要组成部分，这样方能在坚定领导干部信仰的同时，将党的理论向家属辐射。

（二）提升道德修养，践行共产党员信仰

新形势下，我国经济社会飞速发展，相应的诱惑也越来越多。如何在复杂的社会中保持修养，做一个合格的共产党员，考验着每一个党员。据中组部公布：截至 2014 年底，中共党员总数为 8779.3 万名。作为拥有八千多万名党员的政党，很难保证每一名党员慎始慎终，不忘初心。据中国经济网地方党政领导人物库资料统计，十八大以来，截至 2016 年 7 月，省部级及以上落马官员已达 109 人。党员，特别是领导干部的道德修养亟待提高。

东方文明是以道德文明为主体的文明，具有五千年历史的中国传统文化对于提升领导干部的个人道德修养是丰富的可利用资源，那些思想理论和圣贤榜样，对于我们今天依然具有借鉴意义。故而，在学好党的理论基础上，应该以开放的心态向传统学习，学习传统文化中诚意、正心、修身、齐家、治国、平天下的修养、智慧与担当，学习古代圣贤清正廉洁仁民爱物的品行。有学者认为，中国家训以自己别具特色的教化功能和教化方式促进了家国整合机制的形成和巩固，保证了家庭生活、社会生活的稳定，一定程度上推动了中国农耕社会的进步和发展；卓有成效地在家庭、宗族乃至全社会倡导和推行了进德修身、睦亲齐家、治家兴业、待人处世等各个方面的伦理道德准则；熏陶和养育出了品德高尚、为国为民、清正廉洁、坚持操守、宽厚谦恭的一代代名臣贤士、谦谦君子。党员领导干部应该在党的理论指导下，通过学习传统文化和家训、家诫，总结一套适合自己和家人的修养规范，共学共修，在生活的细处修养身心，做到知行合一。

道德修养提高的关键在于坚定信仰，而信仰的关键在于践行，在于用信仰指导生活和工作。立家训、守家训可以将信仰和实践有机结合，可以将党的理论和传统文化有机结合，可以将独善其身与家庭共修相互结合，对于践行党的信仰，提高党员的自我修养有着积极的意义。

（三）预防家庭式腐败，传递家风传承信仰

近年来，“家族式腐败”“亲缘式腐败”“贪内助”“官二代”等名词屡屡出现在大众媒体和茶余饭后。“一些贪腐官员并非一个人在战斗，而是以贪腐夫妻档、亲友团等形式，上演亲缘腐败大戏。据媒体报道：有关数据显示，80% 的高官腐败案都与家庭成员有着密切的关系。贪腐官员的妻子因与官员共同犯罪而获刑，已成反腐新常态。”[①]“山东省泰安市郊区检察院曾有一组数据统计：在他们立案查处的 37 起领导干部受贿案中，有 34 名‘贪官夫人’充当夫君的‘收银员’，夫妻联手作案率高达 90% 以上。”[②]“2000 年以来，在中纪委查处的省部级干部案件中，约 36% 的涉案人员出现问题都与其配偶、子女经商谋利有关。”[③]这一系列统计刺痛着人民群众的心。家族式腐败不但损害了国家财产，而且严重损害了党的形象。

面对这种严峻的形势，引导领导干部树立正派的家风势在必行。据《中国传统经典家训词频统计与分析》显示，中国古代的家训的教化对象涵盖了父、子、母、女、妻、妾、仆、叔、姑、舅、侄、孙等广泛的家族成员范畴，教化内容涵盖家、君、臣、法、官等各领域的内容，教化思想包括了爱、贤、德、忠、俭、节、谦、廉等光明的德行，这些内容对于教育领导干部的家属从善去恶、提升道德修养和人生境界有着重要的参考价值。有学者指出，树家风、立家训对于廉政建设意义深远：“对于配偶：践行家训，使家庭反腐防线强化于制，形成‘防火墙’督廉；对于自我：牢记家训，使家庭反腐防线内化于心，形成‘长警钟’自廉；对于子女：传承家训，使家庭反腐防线固化于脑，形成‘正三观’养廉；对于亲朋：弘扬家训，使家庭反腐防线外化于行，形成‘隔离带’保廉。”[④]根据党的理论和传统道德，树家风、立家训对于制止家族式腐败有着重要的意义。孔子说过：“人之生也直，罔之生也幸而免。”树立家风并不仅仅是从廉政角度考虑，树家风、立家训是一个国家政党永远立于不败的保障，是一个家庭长远兴盛的保障。

---

① 雷鸿涛：《贪内助获刑或成反腐新常态》，《法制周报》2015 年 12 月 10 日，第 3 版。

② 徐伯黎：《贪官带坏家风也害了家人》，《检察日报》2015 年 6 月 9 日，第 5 版。

③ 陈燕丽：《国内反腐倡廉教育进家庭研究综述》，《广西青年干部学院学报》2015 年第 12 期，第 51 页。

④ 陈景春：《家训对家庭预防腐败的功能分析及其防范体系建构》，《扬州大学学报》2015 年第 12 期，第 16 页。

此外，以党的思想和传统文化为指导树立家风，对于培养优秀的共产主义接班人，传递马克思主义思想，传递仁爱孝悌思想，培养中华民族的未来，有着重要的传承意义。

三、中盐金坛“领导干部树家风”的探索实践

据南方都市报报道，截至2015年12月7日，从中央巡视组巡视55家国有重要骨干企业的反馈报道中，共有50家企业违反中央八项规定精神和存在“四风”问题，占比高达91%。据《中国纪检监察杂志》报道，十八大后171名国企高管落马，6成为重要岗位。数据显示国企也正成为腐败的灾区，除了监管不力外，这其中与个人修养不到位、家庭管教不严有很大的关系。家庭是社会的细胞，家庭关系和谐是社会和谐的基础。

为响应习近平总书记关于注重家风建设的号召，贯彻中共中央关于党风廉政建设的相关规定，推动中盐金坛公司贤文化建设进家庭，中盐金坛公司积极探索领导干部树立良好家风的实践，举办了“领导干部树立良好家风活动”。此次树家风活动以学习和实践为基础，统一认识，提高思想，注重实效，提升领导干部以身作则、身体力行的能力，促进中高层管理人员在公司党建和贤文化建设中进一步发挥言传身教的作用。

中盐金坛公司“领导干部树立良好家风活动”内容如下。

（一）学习习近平总书记关于家风建设的讲话精神，从思想高度提升对此次活动的认识和重视。领导干部树家风必须以党的理论为指导，家风、家训应作为传递党的理论的重要载体。以“两学一做”活动为契机，组织领导干部通过集体学习和个人自学相结合的方式，既能让领导干部深入领会党的理论和政治形势，又能根据个人家庭情况选择适合自己家庭的内容，用党的理论指导生活，传播党的理论，培养党的接班人。比如，中盐金坛公司党委书记的家训“学思践悟省，仁容和中静，勤坚行新乐”，将党的理论与传统文化和家庭情况很好地结合在了一起。

（二）学习《中华家训精编》，借鉴传统家训中的优秀成分，吸取精华，指导家风建设。中国传统文化，尤其是家训家诫，是古代圣贤修身治家的经验总结与高尚追求，对于领导干部树家风活动具有很好的指导和借鉴意义。中盐金坛公司积极组织领导干部学习传统文化，集中研究、学习、讨论古典家训，用古典家训指导家训内容和家风树立。

（三）联系所学内容思考如何切实有效地树立良好家风，动员家庭成员参

与思考和讨论，争取达成共识。每一个家庭都有自己的特色，需要在党的理论和传统文化的指导下具体问题具体分析，提出切实有效的家训。此外，封建家长制的时代已经过去，新时期的家庭越来越走向民主，所以家庭成员共同思考家训和家风建设，有利于家庭成员共同遵守，相互勉励，对提高树家风活动效果意义深远。

（四）组织公司中高层管理干部讨论交流家风建设的想法，酝酿个人家风、家规或家训的内容。独学而无友，则孤陋而寡闻。适时组织领导干部分享家训学习心得，分享家风建设想法，一方面提高领导干部对活动的重视程度，另一方面交流经验、相互学习，提升活动效果。

（五）公司中高层管理干部确定自己的家风、家规或家训内容，公司党委邀请书法家以楷书、行书或隶书书写家训内容，发给各个家庭张贴、悬挂，引导家庭成员在家风建设的实践中知行合一。活动共收集并书写了 47 份家训。

（六）以家庭为单位提交学习和践行家风、家规或家训的感悟与收获，结集成册，在公司内部学习交流，推动活动的深化和延续。组织领导干部以文章、讲座等形式，在党会或内部资料、网站上分享家训，将家训向员工层面宣传推进。

（七）适时把此项活动向班组和普通员工层面推行。中盐金坛公司将在领导干部树家风活动中总结经验，将家风活动推广到员工，在全公司层面进一步深化树家风活动。

通过领导干部树家风活动，中盐金坛党委、纪委总结经验如下：家风建设是党风建设与反腐败工作的一部分，家风、家训是党的理论和传统美德的重要载体和基础。树家风、立家训、立身治家，是将意识形态贯彻到生活和家庭的重要抓手，有利于党的理论传播和党的传承人培养。家训并不只是廉政，廉政只是一部分，树家风、立家训目的是通过家人互勉，实现人的全面而自由发展。树家风要以马克思主义为主导，以传统为借鉴，以现实为导向，以廉政为抓手，主次明确，层次分明，具体问题具体分析。

近年来，对贪内助、官二代的关注，从侧面体现了党风建设的隐患和人们的隐忧：“在经济飞速发展、传统家庭模式受到冲击的当下，家庭能否继续承担起传承优秀传统的作用？家风中的重视教育、谦和有礼、诚信为本、自强不息等核心内容，在保持社会和谐、提高社会凝聚力乃至形成国家强大软实力方面，其强大的功能不容忽视。”[①] 领导干部的家风关系到党风政风企风的好坏。中盐金坛一直强调廉洁文化建设，党风建设和反腐败工作获得了良好成效，此次家风建设，更加坚定了管理层的贤文化信仰和道德修养，对管理层及其家庭的道德建设有着促进和警醒作用，为公司长期发展鼓足了后劲。

（原载《贤文化管理》2016年第2期）

① 胡言午：《家风仍是传承社会道德规范的重要载体》，《中国社会科学报》，2014年3月17日，第2版。

儒家伦理领导对企业创新影响的中介机制研究：基于中盐金坛公司的案例研究

朱者赤 *

一、儒家伦理领导对企业创新的影响路径：OCB 视角

（一）儒家伦理领导与员工伦理感知

儒家思想被视为一种能够规范组织和组织成员在商业活动中正确处理组织内外部关系的商业伦理准则（Wang et al.，2005），这些准则告诉组织和组织成员哪些是鼓励去做的正确行为，哪些是禁止去做的错误行为（Weaver & Trevino，1994）。秉承儒家伦理经营企业的领导人被称为儒家领导人（Rarick & Gallagher，2000）或儒家伦理型领导（Low & Ang，2012）。伦理领导也会通过“道德人”的模范作用和“道德管理者”的强化作用将价值观内化于组织成员，使他们形成与领导人一致的伦理感知（Brown & Treviño，2006；姜卉 & 戚安邦，2007）。也就是说，儒家伦理领导会增强组织成员的儒家伦理感知。我们可以用伦理领导理论来分析新儒商的儒家伦理领导与员工伦理感知之间的关系。

1. 伦理领导理论

虽然早期研究表明对于领导的个人品德感知（如正直、忠诚、信任）与领导效率具有重要关联（Dirks & L.Ferrin，2002；Hartog et al.，1999；Jones，1991）。但随后 Treviño et al.（2003）通过构建伦理领导的量表时发现了更多与伦理领导相关的个人品德：公平、关心他人和关心社会。这些原则性决策者无论在日常生活还是职场都表现出伦理性。Treviño 和他的同事

* 朱者赤，管理学硕士，浙江供销社投资平台投资总监。

们把具有这些特性的伦理领导定义为“道德人（moral person）”，代表局外人对领导个人品德、特性的感知。同时，他们的研究还揭示了领导者会主动努力（如道德模范角色、奖惩措施等）影响下属的伦理行为，并将之作为伦理领导的另一个维度——“道德管理者（moral manager）”。于是，他们将伦理领导定义为：通过个人行动和人际关系展现道德规范上的正确行为并通过沟通、强化和决策激发员工这样的行为（Brown & Treviño，2006；Brown et al.，2005）。这也是目前对于伦理领导最被认同的定义。以此定义，Brown & Treviño（2006）比较了伦理领导和变革型领导、真实型领导和精神型领导的区别，发现这些领导风格都表现出关心他人、正直、角色模范等特性，但伦理领导更加重视伦理标准和道德管理。他们还根据社会学习理论构建了伦理型领导的因果模型，认为伦理领导会影响员工的伦理决策、亲社会行为、满意度和组织承诺。随后，学界开始对该模型展开了验证和拓展工作。Surie & Ashley（2008）通过对美国和印度企业进行案例分析，指出领导伦理融入实践时能够帮助企业创造价值和保持可持续发展，他们提出了将实用主义和领导伦理相结合的实用伦理领导概念，并构建了实用伦理领导的初步框架。Kim & Brymer（2011）通过调查 30 个美国旅馆的 324 位中层经理，展示了 CEO 的伦理领导风格与中层经理的工作满意度和组织承诺正相关，并且中层经理的组织承诺会使得他们花费额外努力提高旅馆竞争绩效。

2. 儒家伦理领导与员工伦理感知之间的关系

根据伦理领导理论，新儒商的儒家价值观认同会使他们表现出与儒家伦理一致的管理行为，不仅会注重个人道德修养，关心员工、利益相关者、社会和自然环境，还会外化组织员工的伦理行为。新儒商的这种领导风格可视为兼备“道德人”和“道德管理者”的伦理型领导，即“通过个人行动和人际关系展现道德规范上的正确行为并通过沟通、强化和决策激发员工这样的行为”（Brown & Treviño，2006；Treviño，Brown，& Hartman，2003）。秉承儒家价值观的新儒商也被称为儒家伦理领导（Low & Ang，2012）。

通过对于伦理领导的文献回顾，我们发现员工对于儒家伦理领导所宣扬的伦理价值观的认同会激发道德行为。员工对儒家伦理领导所提倡的价值观的认同，就包括对儒家思想“道德性、他向性和社会性”等观念的内化吸收，并愿意将这些道德品质在自己的日常工作生活中表现出来。员工对于儒家价值观的认同程度越高，则意味着员工对于这些儒家价值观的内在化程度越高，更愿意将自己看作具有儒家思想的人。与此同时，员工也更容易留意和表现出一些能够体现儒家价值观的态度和行为。

伦理领导与员工感知密不可分。伦理领导也会通过“道德人”的模范作用和“道德管理者”的强化作用将价值观内化于组织成员，使他们形成与领导人一致的伦理感知（Brown & Treviño，2006；姜卉 & 戚安邦，2007）。

根据伦理领导理论，儒家伦理领导的道德标杆和制度驱动（道之以德、齐之以礼）以及形成的组织内儒家道德氛围都会外化组织成员，组织成员也会通过社会学习和领导成员交换内化与新儒商一致的儒家价值观，这些行为都会有效提升组织成员的儒家伦理感知。由此，我们可以得出，推论 1：新儒商的伦理领导会促成员工的伦理感知。

3. 企业培训与员工伦理感知之间的关系

员工感知即企业员工因认同伦理领导提倡的观念，而将自己价值观与之匹配并结合来实现自我提升的过程。领导者使员工感知的途径也是多种多样，既可以通过言传身教，也可以通过制定规范化的制度，更可以通过培训的形式。企业组织培训的目的之一在于改善员工的态度行为，也即通过培训的形式将“道德人”的模范作用和“道德管理者”的强化作用使价值观内化于组织成员。台湾学者林少龙等在前人研究的基础上，将员工培训划分为培训方案、培训内容、培训者、培训地点、培训次数五个维度，依次分析各维度与工作绩效的关系。经验证，员工对培训方案、培训内容、培训者、培训地点越满意，其认可程度越高。由此，我们可以得出，推论 2：企业培训促进了员工对伦理领导的感知。

（二）员工伦理感知与组织公民行为

1. 道德认同理论

道德认同理论最早由 Blasi（1984）提出。他用“自我模式（self-model）”的三个过程解释道德认同对行为的影响：首先在特定场合人们会判断一个行为是否正确或具有道德性，同时进行责任判定确定是否有责任进行这个行为；其次，道德判定源自个人道德认同，即道德在个人观念中的重要程度（道德认同越强，价值观和理想越处于自我观念的中心）；最后，道德愿望（moral desires）会使得人们展现出与道德认同相一致的行为。当价值观和理想占据自我观念的中心位置时，道德认同度达到最高，形成了“道德自我（moral self)”。具有道德自我的人称为道德模范，无论在何种场合其行为与道德都会表现出一致性和持续性（Shao et al.，2008）。其后，Damon & Gregory（1997）

和 Hart，Atkins & Ford（1998）等人陆续对道德认同给出了清晰的概念界定：道德认同是指自我和道德的融合程度，并通过行为表现出对道德理想的持久性承诺。道德认同理论不仅解释了个人为何具有道德观念的差异（中心化程度），更通过自我一致性的愿望解释了道德认同与道德行为之间的关联。后来，Aquino & Reed（2002）基于社会认知视角对道德认同还未达到道德自我时的行为表现进行了补充解释。他们指出，道德在人们的整个自我图式具有不同的重要性层次，人们在对社会信息处理时，道德认同和其他认同都会对行为起到引导作用。当道德认同处于较低层次时，其他认同（例如高额的奖金）可能会主导行为。Shao et al.（2008）对 Blasi（1984）和 Aquino & Reed（2002）的两种视角进行了整合后指出，道德自我的道德模范具有远期道德行为，而当道德认同处于较低层次时则倾向于短期的日常道德行为。Blasi（2005）、Shao et al.（2008）进一步指出了影响道德认同程度的因素，包括自我控制的意志力、道德与行为集成的指向、学习、社会交互和参与社会道德活动等。Mayer et al.（2012）应用社会学习和道德认同理论检测了领导者道德认同与伦理领导的关系，发现领导人的道德认同会正向影响伦理领导风格，伦理领导能够显著减少组织成员的非理性行为及关系冲突。

2. 儒家伦理感知与组织公民行为之间的关系

当组织成员具有高度的儒家伦理感知时，也就是认同儒家伦理所包含的个人道德和人际关系处理准则。根据道德认同理论，组织成员也会表现出与儒家伦理一致的行为：儒家伦理所强调的克己复礼会使组织成员遵守公司规章制度、主动学习专业知识和技能、积极完成所承担的工作；儒家伦理的人际互惠关系准则会使组织成员形成集体导向，对下属、同事和上司产生强烈的责任感，把个人利益放在集体利益之后，支持集体目标和维护集体利益，努力减少公司的损失和浪费。这些行为就是 Farh，Zhong，& Organ（2004）所描述的组织公民行为。

组织成员的组织公民行为 OCB 意味着组织成员会积极参与组织事务、共享新的信息与想法、为了组织在某方面改进提出有创造性的意见与建议，这些行为会显著提高企业的技术创新和管理创新绩效（Turnipseed & Turnipseed，2013；马文聪 et al.，2010）。因此有推论 3：组织成员的儒家伦理感知会使得组织成员产生组织公民行为。

（三）组织公民行为与企业创新

1. 企业创新的概念与类型

Mary M. Crossan 和 Marina Apaydin（2010）通过对创新概念的多项总结，将创新定义为“创新是在经济和社会领域，开发利用过程中产生的价值增值的新奇性；产品、服务、市场的更新和拓展；新生产方式的发展；新管理系统的建立。创新，既是过程又是结果。”这个定义包括创新的以下 5 个重要方面：（1）包含内在构思和外在使用的创新（生产或使用）；（2）强调了创新不仅仅是一个创造的过程，它还包括一些新的应用（开发利用）；（3）强调了企业想要得到的利益（价值增值）；（4）指的是创新相对而非绝对的新奇性（一项创新可能在一个组织里是比较普遍的活动，而在另一个组织单元里仍旧被认为是一项创新活动）；（5）强调了创新的两个重要角色，过程和结果。

根据企业创新内容的不同，可以划分不同的创新类型。Knight（1967）认为创新的类型分为产品或服务创新、生产过程创新和组织结构创新。Jennifer Rowley（2011）在 Francis and Bessant（2005）创新模型的基础上进行了扩展，将其产品创新又细分为产品创新、服务创新、混合型创新以及技术创新；将过程创新细分为技术创新、生产创新、组织结构创新、管理创新、组织创新和商业系统创新；将位置创新细分为商业系统创新和营销创新。

根据创新的程度不同，可以划分为渐进式创新和突破式创新。渐进式创新是指比较低层次的创新，是在目前需求的基础上对目前技术或产品进行的过程创新或微小改进。突破式创新指的是较高层次的创新，是颠覆目前的技术和产品，使其变得过时。突破式创新是为了创造新的需求或挖掘潜在需求，所以突破式创新更容易产生新的市场、新行业或者新产品。

2. 组织公民行为与企业创新之间的关系

组织公民行为与企业创新关系已得到学者们间接或直接的验证。Graham（1991）指出，组织公民行为的参与维度意味着员工对组织事务感兴趣，会全面参与公司治理包括共享新的信息和想法。而知识共享对企业创新是有显著作用的。Amabile，Barsade，Mueller，& Staw（2005）的纵向研究表明忠诚的员工会有积极的情绪从而有利于创新。Podsakoff，MacKenzie，Paine，& Bachrach（2000）通过文献回顾，详细列出了 OCB 影响企业创新和组织绩效的途径，包括提高管理效率、使资源空出来用在更具生产效率的方面、减少单纯用于维持而不是开发的稀有资源投入、协调团队内部和外部活动、增加组织的吸引力留住优秀员工、提高组织绩效稳定性、使组织能够适应环境变化。Turnipseed & Turnipseed（2013）应用 Dyne，Graham，& Dienesch（1994）的 OCB 量表研究了 OCB 与创新氛围关系，发现 OCB 与组织创新氛围无关，但参与维度有助于产生创新的想法。马文聪、朱桂龙、蒋峦（2010）应用 Farh et al.（2004）的 OCB 量表，通过对广东省高科技行业 271 家企业的调查，实证了组织公民行为对技术创新和管理创新有直接正向影响，并通过技术创新和管理创新间接影响组织绩效。

组织公民行为 OCB 都对企业创新具有正向影响，具体影响方式为：组织公民行为具有多个维度，不同维度与企业创新之间有着不同的影响关系。组织成员的组织公民行为 OCB 意味着组织成员会积极参与组织事务、共享新的信息与想法、为了组织在某方面改进提出有创造性的意见与建议，这些行为会显著提高企业的技术创新和管理创新绩效（Turnipseed&Turnipseed，2013；马文聪 et al.，2010）。因此有推论 4：组织公民行为会推动企业创新。

二、案例分析

（一）中盐金坛领导人的儒家伦理领导与员工伦理感知

1. 儒家伦理领导

作为企业的管理者，总经理管国兴指出，发展好、管理好企业的第一步就是应该以身作则，带领全体员工、提倡全体员工自我素质全面提高，不单纯追求某方面工作的绩效，而是整体的素质水平的提升。中盐金坛的中层管理员工表示，管国兴无论在工作中还是在非工作休闲阶段，都以身作则，遵循企业的规章秩序，对整个企业、全体员工都起到了带头模范作用，以自身的行为举止促进引导员工的思想观念、行为作风，使员工们受到更好的儒家仁义礼智信理念熏陶。管国兴表示，不仅仅是遵循规范，还有不断学习、持续性学习，提高自身的道德，遵循长期发展的理念，全体提高自身的修养。中盐金坛公司为了鼓励、敦促员工们保持不断学习、持续学习的态度，开展了多项文化建设活动，譬如为大家讲解那些因盐而生的城市，去知古通今，又比如去邀请名校教授来企业做讲课，激发员工的不断学习的热情，将修己的核心理念贯彻到与员工交流的方方面面。提高道德素养，不仅是领导的言传身教，更有制度的约束，和培训讲课的形式来敦促员工，以此来考虑群体的利益，考虑企业组织的利益，为集体性目标贡献自己的力量。管国兴认为，藏私心的工作方式在中盐金坛是行不通的，修己领导的一个重要目标就是使大伙儿拧成一股绳，团结一致。这个是需要一个过程的，在这个过程中，员工们通过观察领导的言行举止，学习规范条文，听取名家授课等逐渐将儒家核心理念仁义礼智信融会贯通到自身的工作生活中，也便使得员工们的道德素养得到了提升。在坚持企业发展的基础上，也要发展培养员工，也是管国兴提出的“教育人、培养人、成就人”的必然要求。成就了企业的发展，也就是成就了个人的发展。

在企业经营管理中分为两大块，一者关心员工，常为员工着想，以人为本，改善员工的工作生活环境；二者培养员工，培育贤才，促进员工个人发展。贯彻人本思想，照顾员工生活，中盐金坛公司为无住房的青年员工、一线倒班的员工修建了 40 余套公寓。此外，公司尽最大可能保障员工操作机器设备时的安全，经常检修大型机器，出现些许故障便高度重视，决不能让员工的工作受到丝毫的影响，尽最大可能改善工作环境。再者，公司重新改造了食堂，为了让员工吃到放心菜、放心油，中盐金坛督促专人专办、专门负责，要让员工感受到公司有家的感觉。工作、生活环境的最大程度上的改善，可以进一步促使员工努力地工作，这可以说是密不可分的。培育贤才是公司的持续经营的重点战略。不仅在工作上坚持“人才强企”“科技兴盐”的战略，经常组织员工考察访问同类高端技术企业，带领员工考察研究新的技术，集思广益开拓新的产品，去标杆企业学习，请名师讲座，而且开拓一系列的生活活动，照顾到员工的方方面面，小到足篮球赛、员工运动会，大到联谊活动，公司都会周全考虑。

除了考量企业和自我的发展，更要为企业整体将来、为社区、为社会公众、为自然环境谋取利益、谋求福祉，促进整个企业、社会和自然和谐发展。中盐金坛的中层领导告诉我们，中盐金坛要求所有员工，不仅仅要关注中盐金坛企业本身的发展，更要关注能否带动当地企业的发展，能否带动周边产业，能否形成产业集聚，能否有助于区域社会经济的持续发展。与此同时，公司领导要求企业采取种种措施将区域居民生活工作环境纳入企业本身的发展中来，经开区、园区的用电蒸汽都来源于加怡热电厂，斥资进行热电厂集控改造这一工程，不仅仅节能减排，保护了自然环境，更能将能源循环利用再利用，再将能量造福于民，更有之，热电厂同时形成了产业集聚，吸引并使得周边纺织、化工、制造厂家转型升级，带动了区域的发展。

2. 伦理领导通过培训对员工伦理感知的影响

本研究借助 STATA 12.0 和 SPSS 19 统计软件，对相关变量在通过信效度检验的基础上，进行相关性分析和回归分析，从而对研究假设进行验证。我们先通过散点图的方式，直观地将培训和员工伦理感知的关系罗列出来，见图 1 所示：

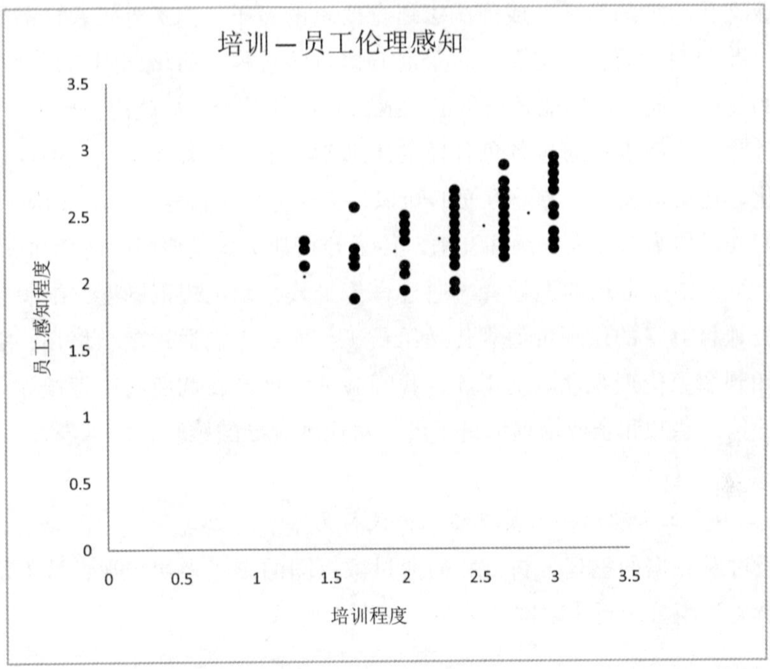

根据 STATA 12 分析数据结果，我们可以看到，企业文化培训和员工伦理感知之间的相关性是显著存在的（$r = 0.288$，$p < 0.01$），两者相关系数为 0.312，这是正向作用的一个显著特征。结合上图所示，员工接受的企业培训程度越高，员工的伦理感知程度越大，在接受同样的伦理领导的情况下，员工接受更高程度的企业培训会促进员工的伦理感知。

再结合我们实地与员工的访谈对话及调研，我们发现大凡接受过企业文化培训的员工们均表示企业文化的培训不仅仅让员工们更了解、更能贴近学习高层领导的思想观念，更让员工本身自己通过各种渠道去思考、去摸索、去认知。员工们谈到企业组织的培训不仅仅是听课受教，而且鼓励员工自己去摸索自己的所学所得的知识也是培训的重中之重。譬如公司会组织“弘扬儒家文化利还是弊”这样的辩论，形是辩论，实则也是培训的一种，让员工们真真切切地去了解企业文化，企业文化的方方面面。公司领导就指出辩论的根本不是胜负相争，而是愈辩愈明，愈辨愈真。企业文化归根到底是去伪存真，去误取真，辩证地吸收儒家文化，通过辩论一方面能引发大家对企业文化的思考，另一方面也能增长知识，增加了大家对企业文化的认可，更能让大家齐心一致地去学习去了解企业。

管国兴曾引述《中庸》“君子之道，费而隐。夫妇之愚，可以与知焉”指出企业文化培训的意义，成为儒家道德要求的君子、内圣外王，这需要一个过程，并非一蹴而就，这需要一个潜心修行的过程，而培训则是帮助员工们潜修的过程，通过潜修能帮助员工们成为真正的君子，成就内圣外王。

对此员工们表示通过各色各样的培训学习了解到各地文化，不仅仅是儒家文化，还有盐文化、专业方面的知识，更让他们对盐这一行业充满了敬意。员工们表示作为盐业人，继往开来，传承开拓盐文化是他们的使命和责任。

小结：中盐金坛的领导者，通过言传身教、制定规范制度、组织各种培训积极地将自身的伦理价值观传递给员工，而员工们通过参与培训，更方便地感知到儒家伦理观念。基于此，我们验证了推论新儒商的伦理领导会促成员工的伦理感知和企业培训促进了员工对伦理领导的感知。

（二）员工伦理感知与员工组织公民行为

通过对数据的整理分析，我们通过散点图的方式来初步观察员工伦理感知和员工组织公民行为之间的关系，见图 2 所示：

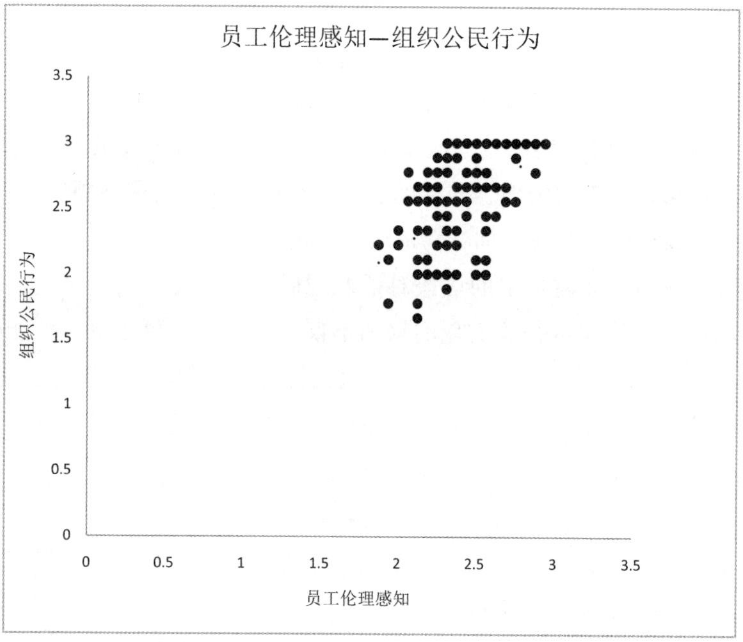

根据 STATA 12 分析数据结果，我们可以看到员工感知与组织公民行为之间的相关性是显著正相关的（$r = 0.302$，$p < 0.01$），两者的相关系数为 0.818。再结合上图的分析，可知员工伦理感知程度越高，其越有可能做出较多的组织公民行为。通过分析我们进一步发现，当员工伦理感知程度较低的时候（低于 2.25），员工组织公民行为中积极工作行为和推介宣传公司行为程度就比较低，当员工伦理感知程度适中的时候（低于 2.75），员工组织公民行为中推介宣传公司的行为程度则较为突出，当员工伦理感知程度较高的时候（大于 2.75），五类型的组织公民行为程度都比较高。

再结合我们与中盐金坛的员工调查和访谈，我们发现对企业文化、儒家思想观念认知程度不够的员工，在完成工作的时候，往往表现出任务心态，当我们抽样访谈一些正在工作的员工时，某些员工的回答为仅需完成领导安排的任务，对加班工作的情况也比较排斥，希望尽量少加班。在谈到是否会帮忙宣传推介公司品牌的时候，这些员工则表示挺少的，公司也没有这方面的要求。相反我们在积极参与培训、参与文化活动较多的员工中，我们可以发现员工们大多积极地向亲人朋友社交圈宣传推介自己的公司，在言谈举止中表现了对公司的热爱，甚至向我们调研团队饶有兴致地介绍各个分公司在技术产品上的开发贡献。

我们分别访谈了本部和各个分公司的员工，矿区的赵师傅谈到，矿区近年来致力于建设地下盐穴储气库，前年开始着手改造老井，新增三口井，他在面对新项目的实施，刚来矿区缺乏经验，但赵师傅提到管国兴在培训时候说的话“知难不畏难”，他认为知难而上也是公司文化提倡的品质，因此他在完成日常工作之后，抓紧时间学习新技术新知识，尽可能地抓紧时间向领导、向同事们请教，他认为这是学习钻井、水溶开采等前沿技术的好机会，他认为这种经历难能可贵。

金赛盐厂的李师傅则带头做出了表率，为盐厂改造项目献计献策。金赛盐厂在去年展开了多效蒸发系统装置节能降耗改造等 6 个改造项目，这对于李师傅这样入职时间不长的员工来说，本是一项大的挑战，但是李师傅考虑的不是艰难，他考虑的更多的是应该怎样更多地更经济地利用资源，如何更有效地减少管道堵塞的概率，如何进一步地提高盐产品质量，因此他认为新员工更应该多思考，多提问，多献计献策，为金赛盐厂贡献出自己的力量。

加怡热电厂的邓师傅作为电厂的一线员工，他在访谈中谈到，要向全能值班员看齐。他认为目前班组人员逐步精简，人员素质要求越来越高，全能值班员的综合素养绝大部分上决定了热电厂的安全运作。作为值长的他强调自己有责任有义务去保证各类设备包括电气、锅炉、汽机的安全运行，不仅严格要求自己，更要督促各类一线员工积极向全能值班员看齐。他同时向组织、向领导们建议，加恰热电厂能够更加重视设备安全升级，及时更换出现损坏痕迹的阀门和监测点，保证员工优质优量、安全地完成工作。

金东公司的吴师傅则表示作为一名普通的基层员工，不仅要积极完成日常生产任务，也要配合报道，展现出金东员工难行能行的决心与百折不挠的行动。吴师傅在完成工作的同时，也在积极地发掘新闻素材，提升写作素养，并且积极主动地与企业文化部、负责宣传的同事沟通学习，当问到为何要花时间宣传推介公司的时候，他表示宣传公司也就是宣传了自己，展现了公司就是展现了自己。自己肩负着主人翁的意识和责任。

小结：中盐金坛的员工们对仁义礼智信儒家思想观念的感知和认可，他们会做出更多的行为来体现并证实他们的这种认知，而这种行为是符合儒家思想观念的组织公民行为。基于此，我们验证了组织成员的儒家伦理感知会使得组织成员产生组织公民行为。

（三）组织公民行为与企业创新

通过对数据的整理分析，我们通过散点图的方式来初步观察员工组织公民行为与企业创新之间的关系，见图 3 所示：

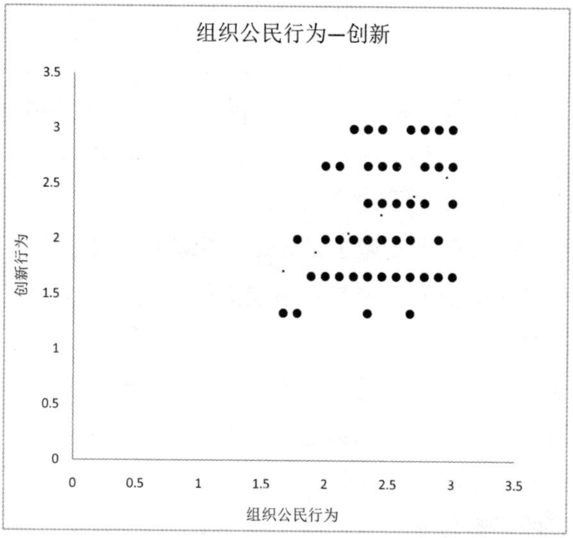

根据 STATA 12 分析数据结果，组织公民行为与创新行为之间的相关性

同样是显著正相关的（$r = 0.227$，$p < 0.01$），两者相关系数为 0.668。由图我们可以得知，员工组织公民行为程度越高，员工做出创新行为的频次意愿就越多。通过分析我们进一步发现，组织公民行为中员工积极性较低时，员工越不易做出创新行为。而组织公民行为中员工积极分享的公民行为越多时，员工做出创新行为的可能性就越高。

再结合我们对中盐金坛的员工调查和访谈，我们发现中盐金坛在日常的工作生产之余，成立了多个课题研究小组。管国兴介绍道，这样的研究形式不仅仅是招揽外界的科研人才，更多的是为了鼓励大家创新、为员工创新提供平台。鉴于此，我们去课题研究小组、技术部等做了专门的调研。

技术部的李老师表示虽然研发人员身处不同的部门和岗位，但都是紧紧围绕着自身的课题，这些课题研究小组的构成一方面是根据各人的专长，一方面是通过个人的申请，组织层面上的协调配置。在谈到员工对创新的看法时，李老师介绍到技术部的员工都是积极组织开拓创新的，也积极与其他部门、各厂矿的员工协调。李师傅表示自己经常加班加点地去研究盐产品开发的新技术，并且时常关注美国水溶采矿研究协会与欧洲盐业协会的新闻资料，他认为公司的产品、技术创新不仅仅是公司层面的任务，更应该通过个人层面一点一滴地努力去做到。

为了验证其他部门和各厂矿对创新的看法，我们调研了金东公司，金东公司的王师傅谈到创新，他认为他虽然只有高中学历，在公司里也只是一名普通的员工，但是对产品和技术的创新向来是非常关注的，他认为创新是公司保持活力的源泉，为此他经常向专业的员工请教相应的知识，他也会将所学的进行分享，王师傅提到正是这些员工间的互相分享、互相学习促进了公司的创新，他认为知识就是要互相交流才能创造出更多的火花。

与此同时我们走访了特种盐厂，员工赵师傅介绍了公司认为井矿盐是盐中极具价值的部分，他们认为井矿盐应重点投向生活用盐和食用盐领域，为此公司的特种盐厂尤为重视井矿盐，要求特种盐厂加大生活用盐的技术开发力度，加快盐全系产品的品类调整。赵师傅介绍到，员工们在这一块很有动力，他们并没有把公司的开发工作当作一种任务，反而认为这些开发主要是靠他们自己的交流、经验完成的。他认为是员工积极主动地、高效地做事，促成了公司的产品创新。

不仅仅关注到技术和产品创新，我们同样关注市场、管理这块的创新。对此市场部的孙经理介绍道，前年公司尤其是市场部遇到了成立以来最严峻的挑战，盐价跌倒了史上最低。但经过全年的努力，依旧实现全年盐销量达389万吨，值得一提的是，当时的创新产品一次盐水销售达185万吨，针对这样的挑战，市场部在翌年同时做到了四方面创新，第一是技术革新，市场部员工通过努力钻研突破了氯碱企业用卤的比例；第二是抓住销售契机，以高端盐和出口盐作为重点，这一销售策略的转变也是员工主动搜集资料、积极交流得出的，领导们也积极支持和配合市场部的新思路；第三是以信息化管理为根本来管理内控，从一点一滴做好内部管理，让创新思考的工作源泉竞相迸发，让主动工作的方式有更好的平台；第四是在管理机制上有了创新，在完成任务的方式上更加灵活化，让员工主动地宣传推介公司的产品，让销售不单是一项任务，也能落实到各人的生活。孙经理表示这四方面管理机制上的创新也是员工们共同努力的结果，他认为管理机制的创新不是高级领导层拍拍脑袋一蹴而就的，是通过全体员工积极主动地努力而形成的。

小结：中盐金坛的员工们产生更多的组织公民行为，他们就会通过这些组织公民行为来实现企业在技术、产品、管理机制上的创新。基于此，我们验证了组织公民行为会推动企业创新。

中盐金坛贤文化传播实践调研报告

——华夏传播学视域下现代企业文化建设反思

王婷　何雨蕾　王婕*

一、研究概述

（一）研究背景

纵观全球各类大型企业，在其良好的企业形象背后都离不开企业文化的强大支撑。企业的理念文化指导并约束着企业的经营和发展，关系着企业行为和企业在市场中的形象。当今时代，伟大中国梦的实现离不开文化软实力的支持，尤其是以儒释道精髓为代表的中华优秀传统文化。新时代中国传统文化的落地生根离不开文化实践，其中企业文化实践是重要的一环。

中盐金坛公司的文化具有浓厚的中国特色。其企业文化战略实施与其他企业的区别在于，其灵魂理念提取于中华优秀传统文化中的“贤文化”，是华夏文明在现代企业的传播实践的典型代表。

贤文化的发展贯穿整部中国史。于国家而言，圣贤治世，贤良安邦。乡贤是基层管理的基本方案，选贤任能是维护社会公平、保障民生和阶层流通的重要手段。于个人而言，“贤”“圣”相连，表示一种理想人格，是中国古代上至天子诸侯，下至平民百姓最高的人生理想。

中盐金坛公司在保持制盐生产技艺和技术处于世界先进水平的同时，汲取中华优秀传统文化的精华，积极打造以“贤文化”为核心的企业文化，将“贤文化”具体阐释为敬天、尊道、明本、顺性、尚贤、慧物、贵和、致远，

* 王婷，厦门大学新闻传播学院博士研究生，贵州师范大学国际教育学院，讲师；何雨蕾，厦门大学新闻传播学院硕士研究生；王婕，厦门大学新闻传播学院硕士研究生。

并设计了具有古典意蕴的“金坛盐”标识，寓意着“煮海为盐”，树立了“金坛盐”的优质盐产品品牌形象。在中盐金坛公司快速发展的过程中，作为企业发展的文化软实力，“贤文化”的建设为中盐金坛公司的人才培养、员工培训发挥了重要的作用，助力于中盐金坛公司早日进入世界一流盐企业行列、实现中国盐业强国梦的发展目标。

2019 年 7 月 6 日，中盐金坛公司总经理管国兴受邀在厦门大学举办的“贤文化与华夏传播研究工作坊”开幕式上致辞，由中盐金坛公司主办的《中华文化与传播研究》（第五辑）同步举行新刊发布会。来自中盐金坛公司的钟海连博士作为主讲嘉宾发表《走出华夏文明传播的现代困境：以中盐金坛贤文化组织传播为例的思考》主题报告。来自中盐金坛公司的孙鹏则撰文《现代企业的人文生态与贤文化管理的意义》投稿并参加了会议，其论文结合公司“贤文化”的具体实践，分享了中华优秀传统文化中的“贤文化”在企业（中盐金坛公司）落地生根的实践经验。需要明确的是，在新市场环境下，“贤文化”的理论构建和实践运用还存在很多需要解决的问题。

（二）研究对象

本次调研以中盐金坛公司的“贤文化”传播模式为例，聚焦于华夏文明在现代企业发展中的传播实践现状，着重探讨中国传统文化在企业文化实践中的优势以及传播遇到的困境与解决之策。

作为食盐生产企业，中盐金坛公司是行业中有着标杆作用的优秀盐业生产企业之一。此外，在企业文化层面，中盐金坛公司积极与高校、研究所等专业机构合作，如开展“华夏文明传播与企业家精神培育”研讨会；创办《中华文化与传播研究》辑刊；与南京大学合作培养高素质、高学历技术人才等，被评为首家井矿盐省级高新技术企业。“金坛盐”在长三角地区具有高市场占有率，远销日本、印度、澳大利亚等国家。

本次“贤文化”建设调研的实地考察时间为 2019 年 7 月 10 日—9 月 10 日，围绕中盐金坛公司“贤文化”的传播效果，其考察对象具体包括：(1) 企业内部，包括内部员工、各厂矿部门等；(2) 中盐金坛公司周边辐射地区；(3) 合作伙伴；(4) 盐产品的主要客户，包括化工企业客户及零售盐的消费者等。

（三）研究方法

本次调研以实地走访为主，配合文献整理、问卷调研、深度访谈、座谈会等研究方法进行调查。通过查阅中盐金坛公司出版刊物、知网文献等方式，梳理贤文化的历史脉络及具体内涵，了解中盐金坛公司贤文化的建设过程。之后前往中盐金坛公司进行实地考察，实际了解中盐金坛公司的贤文化理念，梳理中盐金坛公司贤文化的建设历程和现状，挖掘贤文化对中盐金坛企业家精神的建构意义，调研贤文化经营理念在中盐金坛公司的实践现状，观察贤文化在中盐金坛公司中发挥的实际作用以及对公司产生的实际影响，一方面找出中盐金坛公司企业文化塑造过程和效果中存在的困境及其原因；另一方面总结中盐金坛贤文化对华夏文明传播现代困境的解决启示，进而为华夏文明传播与企业家精神建构提供案例及潜在的可行路径。

（四）研究意义

党的十八大以来，习近平总书记多次鼓励企业从中国传统文化中汲取力量，重视传承和发展中华优秀传统文化，多次强调文化自信对实现“两个一百年”奋斗目标、中华民族伟大复兴和中国梦的重要意义。当今世界，各国政府对中国模式越来越认可，由政府组织或者民间牵头的各类学习活动越来越多，广泛涉及政府组织架构、城乡发展政策、经济管控手段等内容，来中央党校“取经”的各国使者络绎不绝。中国的崛起既离不开科技的进步，也离不开文化的复兴。

中国的政治模式蕴含着延绵千年的华夏文化，其中“贤文化”就是维系国家发展、人心团结和社会稳定的重要一环。中华大一统文明是高度可持续文明的典范，中国的力量正在于融合，而维系融合的力量正在于儒道传统的文化逻辑。贤文化的理念和实践正是维系中国自先秦以来历史发展的精神纽带之一，而古老的东方文化将给世界带来和平的希望。

在当代，中国的肩上担负着时代的历史使命：人类命运共同体的建构将为世界的和平、可持续发展带来曙光。而这样的政治实践背后离不开“大一统”“礼”“贤”等文化逻辑支撑，这也是我们研究企业实践“贤文化”的意义所在。

中盐金坛公司的“贤文化”根植于中国的儒家和道家文化。如今，正值中盐金坛公司“贤文化”建设九周年之际，在激烈的市场份额争夺战中，如何用好“贤文化”塑造优秀的企业形象都是需要进一步探讨的问题。中国传统文化如何在企业的运营发展中落地生根，更好地实现传承与发展；企业如何实现中国优秀传统文化的推广应用及成果转化都是值得我们关注的问题。

本次社会实践立足企业文化视角，以中盐金坛公司为研究对象，聚焦其“贤文化”建设，横向思考如何进一步扩展“贤文化”在中盐金坛的应用场景，实现企业产品的推广宣传和成果转化，树立良好的企业形象；纵向挖掘中国传统文化对中国企业管理的潜在意义及可能路径。

二、贤文化内涵

中盐金坛公司以“贤文化”作为公司企业文化特色，“贤文化”之“贤”，取“德才兼备、德才过人”之意，同时兼具“善、尊重、超过”的含义。2012年，中盐金坛公司出台《贤文化纲要》，提出贤文化核心条目，这也标志着“贤文化”的初步成型。“贤文化”十六字纲要，分别是敬天、尊道、明本、顺性、尚贤、慧物、贵和、致远。金盐人秉自然之恩泽，承宿沙之精神，习时代之文明，育贤者之气象，水中寻盐，化盐为水，回报社会民众，贡献国家民族。

中盐金坛公司以“敬天尊道，尚贤慧物”为核心内涵的贤文化很好地体现了该公司的价值理念。作为制盐企业，中盐金坛公司的生产原料——井矿盐来自大自然，正是大自然的无私馈赠使得企业有了立足之本。相应地，受自然照拂的企业理当给予自然回馈。中盐金坛公司在对“贤文化”的阐述中明确指出保护自然环境的重要性，世间生灵无不是天生地养，盐盆内的盐矿资源乃自然恩赐之物，需倍加珍惜，人类又怎能不对自然怀有一颗敬畏感恩之心呢？故，中盐金坛人要“敬天”，守卫自然。虽然盐矿资源储量丰厚，但是我们也要明晰一点：自然资源并非取之不尽，用之不竭，中盐金坛人怀着感恩之心，近年来一直致力于研发出资源友好型制盐节能技术，构建循环发展模式，真正做到“保一方碧水蓝天，以不失天地之心，顺四时生，助五行成”。“贤文化”还强调，企业经营者和管理者必须遵循自然规律和市场运行规律，万事万物的存在皆有法门，若背离其发展规律，强行追求某个目标，则必然招致失败，故需“尊道”，约束自我，而非肆意妄为。“贤文化”还要求中盐金坛人“明本”，所谓“本”，乃企业员工，本立住了，整个企业才能立得稳。再者，作为制盐企业，公司还应专心钻研科技，如此，人文与科技需两手抓，企业的长远发展才有依仗。《贤文化纲要》第四条，讲的是“顺性”。个体若想在这凡世安身立命，少不得与人打交道，中国人讲究待人以诚，我若待人以诚，则他人亦以诚待我，这个道理对于企业也同样适用。那些一味追求利益，昧着良心做事的企业在市场上难以长久生存，只有靠着诚挚之心去打动别人，才能获得别人的认可，对企业而言，为消费者提供高水准的产品和服务，不欺瞒消费者是最基本的原则。再者，企业在与产业链上下游的商家打交道时，也应遵循诚信待人的原则，讲究契约精神，答应的事情便不能出尔反尔，如此才能为企业自身的发展创造一个优良的商业生态环境。《贤文化纲要》第五条，乃“尚贤”。寻常百姓知之不易，行之亦艰，而贤者知行皆能通达，知中有行，行中有知，知行合一，修己安人，因而贤者是人们所要效仿学习的对象，“尚贤”便是要中盐金坛人向贤人学习，从而在学习的过程中，不断超越之前的自我，蜕变升华成更好的自我。《贤文化纲要》最后一条是“慧物”，所谓“慧物”，指的是企业经营者需秉持着一颗大公无私之心，犹如水之无私，利万物而不争。唯有无私，才能容纳万事万物，只有学会容纳，才能公平公正地对待一切人和事，减少因处置不公而产生的纠纷摩擦，摩擦少了，事情便能进展得更为顺利。

自党的十八大以来，以习近平总书记为核心的党中央高度重视社会主义文化建设，着力提高国家文化软实力，坚定文化自信，推动物质文明和精神文明均衡发展。习近平总书记强调“文明特别是思想文化是一个国家、一个民族的灵魂”[①]，他还特别指出“优秀传统文化是一个国家、一个民族传承和发展的根本，如果丢掉了，就割断了精神命脉”。[②]中华优秀传统文化是我们中华民族的“根”与“魂”，而“贤文化”理念是中盐金坛公司从中华优秀传统文化中提炼出来的，深深植根于中国儒家和道家文化，此乃不忘根本。儒道二家在先秦时期便已创立，距今有上千年的历史，其学说更是我国优秀传统文化的典型代表，中盐金坛公司将“贤文化”作为公司企业文化，亦是对古代文化的传承和延续。此外，夯实国内文化建设根基，一个很重要的工作就是从思想道德抓起，从社会风气抓起，从每一个人抓起，这需要继承和弘

① 新华网:《习近平：不同国家、民族的思想文化有姹紫嫣红之别，无高低优劣之分》，2014 年 9 月 24 日，http://www.xinhuanet.com//politics/2014-09/24/c_1112608569.htm，2019 年 8 月 1 日。

② 新华网:《习近平：不同国家、民族的思想文化有姹紫嫣红之别，无高低优劣之分》，2014 年 9 月 24 日，http://www.xinhuanet.com//politics/2014-09/24/c_1112608569.htm，2019 年 8 月 1 日。

扬我国人民在长期实践中培育和形成的传统美德。[①] 中国社会历来崇尚效仿先贤，学习其优良品德，“贤文化”紧扣当代中国精神文明建设之需要，弘扬中华民族传统美德，它将优秀传统文化与当代中国价值观念巧妙糅合在一起，并从公司生产、经营和管理的角度加以生动地阐释，使得文化与生产实践能够彼此呼应，互辅互助。如中盐金坛公司在进行员工招聘时，就强调要优先选拔“德、能、勤、纪、廉”等综合素质表现优秀的人员，并且将“德”列为首要考核标准，这样既弘扬了优秀传统文化，又为公司觅得品德高尚的人才，可谓是一举两得。目前，中盐金坛公司围绕“贤文化”主题与各大高校、研究所等机构展开广泛合作，且已取得不错的成就，但其企业文化建设在宣传、部署等方面还存在一些不足，故需对此作进一步分析。

“贤文化”不能脱离“文化”，也不能离开文化传播而论。“文化”这一概念可以追溯到《易》，《易·象传》中说：“观乎天文，以察时变，观乎人文，以化成天下。”“人文”则是对应前文中所指的“天文”而言，所指的是人的文彩，就是文章、礼仪等[②]，而“人文”的表现也正是人脱离自然走向文明世界的表现。《说文解字》里讲到“文”是“错画也，象交文”，因而可以理解“文”是人们在交流中使用的符号。在汉代以后“文”和“化”才相联系，“文化”即是用符号教化社会，达到“化成天下”的功能。[③]“贤文化”是在中国儒家为社会历史大传统的前提下，以“贤”为核心价值而为之的社会教化，是用“贤人”作为界定“贤”内涵的社会符号，参与在社会教化活动中并保持成为华夏文化传播中一个不可或缺的部分，构成华夏文明体系下所独具中国文化的社会人才评判标准。

三、作为符号的“贤人”

“尚贤举才”长久以来是中国文化传统中的优秀因子。“贤”正是指社会中具备贤德才能的人，他们被称为“贤人”。“贤人”一词常见于儒家，孔门有十哲七十二贤之说，传统中国的儒家读书人向来有“希圣希贤”的群体情结，周敦颐说“圣希天，贤希圣，士希贤”(《通书·志学》)。“希天”“希圣”“希贤”，乾隆皇帝用于收藏王羲之等人书法作品的“三希堂”便是源于

① 新华网：《习近平：建设社会主义文化强国 着力提高国家文化软实力》，2013 年 12 月 31 日，http://www.xinhuanet.com/politics/2013-12/31/c_118788013.htm，2019 年 8 月 1 日。

② 黄寿祺、张善文：《周易译注》，上海：上海古籍出版社，2018 年，第 289 页。

③ 赵毅衡：《文化：社会符号表意活动的集合》，《社会科学战线》2016 年第 8 期。

这“三希”的典故。在古代做贤人君子是千万读书人共同的价值追求。为了指导和评价读书人实现士—贤—圣的修身进阶，因此儒家推崇“三不朽”“三纲领”“八条目”这样的以“道德修养”为核心价值的圣贤思想和行动指南。所以，“贤”是中国传统社会一个重要的社会人才评价标准，在现代社会依然具有这一独特中国元素的文化影响力，并始终发挥社会能动作用。

（一）社会符号：“贤”首先是公众认可——榜样

“贤”的概念是通过“贤人”这一社会符号而具化的，并不是抽象地出现在中国传统文化的想象中。认识“贤”是通过认识“贤人”而实现，社会中人们能够区别判断“贤人”这一类的人，并通过归类而将其划为“贤”的概念范畴中去。孔子认为“人有五仪”，就是说人可以在社会中划分为五个等次，他们是庸人、士人、君子、贤人和圣人（《孔子家语》）。只有这样明晰分辨人的等次并给出对应评价，社会才能有效治理。“庸人”是随波逐流的普通人；“士人”是遵循原则操守的人；“君子”是“笃行信道，自强不息”的人；“贤人”是德行兼备的人，重要的是这样的人“富则天下无宛财，施则天下不病贫”，也就是说贤人必须是富有的但并不招致人们的嫉恨，施惠天下则能救济一方，至少从这个层面而言“贤人”除了上述三个层次兼达以外还是有能力有才干的人，才具备恩惠他人的能力和条件；最后是“圣人”，他是“德合于天地，变通无方”的人，也就是能做到天人合一，参天地赞化育的人，这样的人是儒家认为境界最高的人。

所以“贤”是通过“贤人”而被认识和接受的，可以说“贤”是“贤人”的理论表述，而“贤人”则是“贤”的具体呈现，重要的是这一呈现还是经由社会绝大多数人所认可的，并让人们在广泛地交流中自觉地运用这一个社会符号。在中国历史上，公众认可的“贤人”如果再具体一些就是社会生活中的乡贤、贤士、绅士们，这些人都是当地品德高尚的人、风节著闻的人、文章显著的人，或是政绩卓著的人[①]，总之，这些人在社会上都具有社会榜样和模范的作用。正如《大学》中讲到“君子贤其贤而亲其亲，小人乐其乐而利其利，此以没世不忘也”。朱子解释这句话说，后世的君子，敬仰爱戴前世具有贤德的君王（文王、武王），后世的百姓，从前王遗留的恩泽而获得万世

① 张玉娟：《明清乡贤文化浅析》，《商丘师范学院学报》2008年第11期。

的福祉，他们都世代追思这些贤德能才的前王，这是值得人们深思的。[①] 所以，能成为榜样，受到追慕敬仰，还有一个前提就是功泽于世，德行一乡，才具备这个榜样的认可。

（二）精神符号：共同价值的体现——尚贤思想

“尚贤”是社会文化对“贤”“贤人”反映出的集中态度，是中国历史文明观上特有的价值取向。“尚贤”首先体现在认同“贤人”这一社会身份识别，其次在社会中肯定“贤人”的言行作为，并达成社会价值观念的意合。即使是庄子这样的逍遥派，虽然在社会价值观上并不赞同“尚贤”的思想，但他也从来不否认现实生活中确实有这么一批能够“知效一官，行比一乡，德合一君，而征一国”（《逍遥游》）的人，这样的人当然是非贤即能的人，这样的人在现实世界中是具有社会价值的人，也是构成社会价值体系的重要人物，这样的人在社会生活中是很难被埋没的。但从群众逻辑上分析，即便作为社会占有少数的管理者无法判断具备贤德的人，但社会上作为绝大多数的普通参与者们却能够做出谁是贤才谁是庸才的判断，正是基于这种广泛的、共有的价值判断，“尚贤”才成为“贤”的价值体现，在社会共识方面成为一种精神推动力。这种认可的影响力在绝大范围的普通百姓群体来看是道德榜样作用，在作为衔接社会上下阶层的士来看，对“贤”的认可起到价值标识作用，因此孟子才有“尊贤使能，俊杰在位，则天下之士皆悦，而愿立于其朝矣”（《孟子·公孙丑章句上》）的观点，社会对“贤”的认可不仅在道德思想层面，在价值功能上也是予以肯定，那么人们认可“贤”，崇尚“贤”，效仿“贤”则是一种自发的内在驱动。

反之，“贤”如果不能作为精神符号成为激发社会发展的驱动力，不能具化在国家、社会、群体、集团的各个层面中，将带来社会文化的消极效应：人们丧失的不仅仅是人才资源，更重要的是会导致缺乏这种价值认同统一性而带来的社会混乱。孟子就这一社会精神的匮乏现象作有深刻的认识，也是他不断地提醒先秦时代的国君们，“不信仁贤，则国空虚”（《孟子·尽心下》）“虞不用百里奚而亡，秦穆公用之而霸。不用贤则亡，削何可得与？”（《孟子·告子下》）“悦贤不能举，又不能养也，可谓悦贤乎？”（《孟子·万章下》）“天下有道，小德役大德，小贤役大贤；天下无道，小役大，弱役强。斯二

① 朱熹：《四书章句集注》，北京：中华书局，1983 年，第 6 页。

者，天也，顺天者存，逆天者亡。”（《孟子·离娄上》）因此，当“贤”不能成为社会的价值精神标杆后，面临的不只是某一类人才的缺失，更多是天下无道的恶果，国家败于不贤之境。所以，“贤”作为精神符号凝聚在人们共有的社会价值观念中，在现实中也发挥着具体的能动作用。

（三）政治符号：人才选拔标准的互动形成——《墨子》《荀子》

“贤人”是政治传播中一个重要的符号，即政治符号。就“尚贤”思想而言，《墨子》是先秦诸子中较为典型的代表，典型性首先在于墨子将“贤人”纳为政治活动中至为关键的一个要素，并通过树立“贤人”作为一种符号在政治思想上强调“尚贤”的作用，所以墨子说“夫尚贤者，政之本也”（《墨子·尚贤》）。政治的关键在于举贤使能，这是墨家政治思想的基本出发点。其次，墨子是将“贤人”的概念化作超越人群划分的无差别的政治符号，尤其区别于前文儒家思想下将人划分“五仪”的分类，这种“无差别”是通过抬高社会身份较低的人群而实现。“故古者圣王之为政，列德而尚贤。虽在农与工肆之人，有能则举之。高予之爵，重予之禄，任之以事，断予之令。曰：‘爵位不高，则民弗敬；蓄禄不厚，则民不信；政令不断，则民不畏。’举三者授之贤者，非为贤赐也，欲其事之成。”[①]“故古者圣王唯能审以尚贤使能为政，无异物杂焉，天下皆得其利……故古圣王以审以尚贤使能为政，而取法于天。虽天亦不辩贫富、贵贱、远迩、亲疏，贤者举而尚之，不肖者抑而废之。”[②]

先秦墨家代表着当时社会的小手工业者，是社会的市井阶层，他们在社会身份上是亟需获得能与政治地位更高一层人士与之相当的政治权利。从上文中，墨子首先提出了“贤治”和古代圣王的必然联系，“尚贤”是一个行使仁政善政的基本出发点。由此，广泛地吸收贤才之人，即便他们身为农民和工人（传统社会手工作坊），也应提拔重用，这也就是从根源上体现了墨子“兼相爱，交相利”的政治思想。“兼爱”的前提不能忽略“交利”，“无差别”是来自人人为我，我为人人的基础，否则社会有机运行将无从谈起。墨子对“尚贤”的态度反映了一个时代的阶级诉求，从今人的角度看是有其超前性的，至少超越了当时传统社会已有等分的固化思想，但问题也出在了“尚贤”

① 吴毓江：《墨子校注》，北京：中华书局，2008年，第66页。
② 吴毓江：《墨子校注》，北京：中华书局，2008年，第76—77页。

政治符号化上。墨子的“尚贤”态度始终只将“贤人”化作了符号，缺乏有效的内在性，缺失与社会现实产生互动性。从这个意义上看，在“贤人”符号归属在政治话语体系下，符号和意义的互动关系上，荀子的思想则是在这一方面作了完善与补充。

戊戌六君子之一的谭嗣同曾在《仁学》中言道：“二千年来之政，秦政也；二千年来之学，荀学也。”纵观华夏数千年的历史，此言确有道理。荀子的“隆礼重法”可以说是中国传统政治体系下突出的展现形式。虽然荀子认为“恶”是人之本，因而提倡社会的教化功能，用外在的“礼法”约束替代了孔子内化的“仁义”，这是时代认识在不断发展后的结果，是具备了辩证唯物思维的特点。所以，同样是“尚贤”的荀子，相比墨子单纯将“贤人”只是作为吸纳社会各个阶层的能人才干而言，荀子更注重这一政治符号下，引导人们如何能被划入概念之内，即君王如何遵循君王之道正确地去尊贤使能，启发普通人如何接受学习模仿跨入“贤人”行列。如此而言，荀子列出的“贤人”符号则具有社会能动作用的。

在《荀子·强国》篇中，荀子说：“人君者，隆礼、尊贤而王，重法、爱民而霸，好利、多诈而危，权谋、倾覆、幽险而亡。”[①]相比墨子只突出强调“尚贤，政之本”对社会历史的发展而言，荀子的尚贤观是可操作、可实现的，而且强调“尚贤”是王道的体现，是在荀子列出国家状况中最好的一类，是圣人之治的状态。同时，这种可操作性、可能动性还在于能够划分“贤人”的统治者自身上，所以荀子还说道：“人主之患，不在乎不言用贤，而在乎不诚必用贤。夫言用贤者，口也；却贤者，行也；口行相反，而欲贤者之至、不肖者之退也，不亦难乎？”[②]同样相似的观点则早于阳明心学“知行合一”约一千七百年。统治者用不用贤不是关键，关键在于“尚贤”口号的提出，具体的实施才是关键之本，言行相悖是徒劳无益的举措。可以说这些思想是将“贤人”树为重要政治标识之后，还继续延伸其在现实中的有效互动功能，具有实践价值。

四、现代社会贤文化建设的理论可能——华夏文明传播的实践

从上文“贤”作为一种教化社会的文化形式，“贤人”在文化内涵中提

① 张觉：《荀子译注》，上海：上海古籍出版社，2012 年，第 217 页。
② 张觉：《荀子译注》，上海：上海古籍出版社，2012 年，第 192 页。

炼出来形成一种特有的社会、文化、政治的交流符号。那么在现代社会，“贤”“贤人”这样的华夏文明符号是否还能发挥其概念意义，人们在思想的交流中是否还能从中得到契合当下时代主题的精神内涵呢？答案在现实实践中获得。

全国开展以“贤文化”为主题的文化建设组织或团体不在少数且形式多样，如上海奉贤区就以“贤文化”为当地社区文化作建设，奉贤区政府支持当地学校开展“贤文化”教育，奉贤区正是因为“敬奉贤人”而得以出名。除此以外，还有云南玉溪市红塔区以聂耳、陈表、李鸿翔等乡贤名人为“贤文化”的建设起点，从好家风人手，不断挖掘传统文化资源，努力传承好家风，弘扬“敬奉贤人，见贤思齐”的文化精神，当地政府建设乡贤故里纪念馆、村史馆，带动群众爱戴、学习能够为善一方、具有道德模仿的乡贤名士。还有许多以“贤文化”为思德教育的学校更是不胜枚举，如内蒙古乌兰浩特市第四中学开展的“尚贤文化”德育活动、苏州市吴江区思贤实验小学“见贤思齐”的校训、广州市从化希贤小学以“贤文化”建设的特色校园文化，以及古今中外以“敬贤”“举贤”为价值理念而从事生产活动的商业组织，如古代的晋商就在中国商业历史上留下赫赫名声，山西晋商乔氏的故事更是广为流传，儒家思想潜移默化地渗透在晋商的价值体系中，在华夏文明的进程中塑造了一个“尚德敬贤”的商人形象。①

与上述列举的各种以“贤文化”为主题的社会组织、社会活动一样，中盐金坛公司同样是一个以“贤文化”作为企业文化的现代社会商业组织。2013 年 8 月，中盐金坛公司以“贤文化”为价值主导，发布了《贤文化纲要》并正式将其纳入企业文化范畴。②“敬天尊道，尚贤慧物”成为中盐金坛“贤文化”建设的理论基础，也反映中盐金坛独有的文化建设思路，既出于作为盐业公司生产的劳动特点，亦有对自然敬仰的感恩情怀，重要的是在中盐金坛企业的文化事业中离不开对人的理性追求，由此共同构成了中盐金坛公司这个现代商业管理组织的“贤文化”思想与理念。

五、中盐金坛公司贤文化建设成果

“贤文化”和“尚贤”理念是伴随中盐金坛公司创始至今所坚守的信念，

---

① 对全国开展“贤文化”建设的整理内容来源于 2018 年《厦门大学学生社会实践调研报告》中的《贤文化研究综述》，作者为张鑫、陈莹燕、李刚。

② 钟海连：《文化育贤——贤文化建设五周年的述与思》，《贤文化管理》2015 年第 2 期。

这种精神的指向也在其文化建设中具化为可见可行的实践。同时，企业文化相关部门在历次开展的各项文化宣传教育活动中，不断积累现代企业、管理组织能够从传统文化中获得的精神内涵，形成一个“实践——理论”的思想互动的“贤”认知提升，这正是契合其《贤文化纲要》中强调的“反求诸己”的认识进阶要求，达到“三才相通”的理想境界。

（一）公司对内传播媒介形式：传统纸媒，宿沙讲坛，职工活动

中盐金坛公司通过多年的文化建设与文化传播积累了大量的实践成果。在这些成果中有的以文本形式在企业内部和外部进行流通，有的以活动形式展现“贤文化”企业精神，从多层次、多渠道、多元化呈现了“贤文化”文化建设是一场有目共睹的系列文化工程。

1. 传统纸媒

由中盐金坛公司企业文化部领头开展的“贤文化”建设中，首要致力于企业发行并参与的传统纸质媒介建设上。

《贤文化》是中盐金坛公司主办的连续性内部资料，这里不仅刊有企业以中华优秀传统文化为价值取向等文章，如《新易学的管理之“道”》[①]《现代管理理论是传统智慧的当代发展》[②]《儒家文化在企业中的作用：中盐金坛公司案例研究》[③]《王阳明心学智慧与企业家心态建设》[④]《尚贤管理：儒商精神现代实践的一种模式》[⑤]都结合中华优秀传统文化、从现代企业管理发展的视角而提出的思考建议，还有根据中盐金坛公司《贤文化纲要》中所提的八个重要理念而形成的《贤文化·敬天》[⑥]《贤文化·致远》[⑦]《贤文化·贵和》[⑧]《贤文化·顺性》[⑨]《贤文化·明本》[⑩]等文章，这一系列文章是进一步透过传统思想的义理来诠释新时代下“贤文化”之于个人、企业、社会和国家的当代价值，

---

① 成中英：《新易学的管理之“道”》，《贤文化管理》2017 年第 2 期。

② 赖永海：《现代管理理论是传统智慧的当代发展》，《贤文化管理》2017 年第 3 期。

③ 王华：《儒家文化在企业中的作用：中盐金坛公司案例研究》，《贤文化》2018 年第 4 期。

④ 钟海连、黄诚：《王阳明心学智慧与企业家心态建设》，《贤文化》2018 年第 3 期。

⑤ 北干、安仁：《尚贤管理：儒商精神现代实践的一种模式》，《贤文化》2018 年第 3 期。

⑥ 孙鹏、钟海连：《贤文化·敬天》，《贤文化》2019 年第 1 期。

⑦ 孙鹏、钟海连：《贤文化·致远》，《贤文化》2018 年第 4 期。

⑧ 孙鹏、钟海连：《贤文化·贵和》，《贤文化》2018 年第 3 期。

⑨ 孙鹏、钟海连：《贤文化·明本》，《贤文化》2018 年第 2 期。

⑩ 孙鹏、钟海连：《贤文化·贵和》，《贤文化》2018 年第 1 期。

是结合古今思辨而阐发新知的一个尝试。

另一个中盐金坛主办的连续性内部资料是《中盐人》，发行量为2000份。《中盐人》除了对企业文化进行宣传，在该区域行业间也具有相当的影响力，这源于其逐渐形成的以“传播企业先进文化，报道企业发展动态，反映企业员工心声，助推企业改革创新”为宗旨的宣传方针[①]，以简洁、及时的信息交流特征流通于企业内部。《中盐人》的定位主要体现在三个方面：全力服务、助推、引领企业发展；把握行业脉搏，反映盐业发展动态；打起“贤文化”的大旗。在实际的传播当中,《中盐人》还发挥了“上下联系沟通的纽带”“对外展示的名片”“员工的精神家园”等具体的传播功能，这都为中盐金坛公司在打造“贤文化”品牌上做出了贡献。[②]

《中华文化与传播研究》是中盐金坛公司与厦门大学新闻传播学院于2017年合作共办的，在该刊设有“贤文化传播研究”和“盐文化传播研究”特色专栏。《中华文化与传播研究》对于“贤文化”的传播更具影响力，因为所面对的读者群体不再局限于企业内部而是更广泛的学术群体以及科研团队，如2018年第3辑由钟海连主持的“贤文化与组织传播”专栏则收入了《墨家尚贤思想的理论体系及当代价值》《传统本末思想的传播与现代企业的价值取向》，以及该专栏2018年第4辑由孙鹏主持并收录的《子贡的儒商精神及当代价值》《贤文化研究综述》等文章，这些文章不仅从企业内部的视角挖掘传统文化在现代企业管理中的实践价值，还不乏从思想史、文化圈、民族特征等多元角度反思华夏文明对于当代社会始终能够发挥的求真务实的中国理性实践精神以及不断涵养、启迪企业家的精神文化宝藏。

2. 宿沙讲坛

宿沙讲坛是中盐金坛公司于2013年1月6日创设的一个以“盐与中国文化”为主题、融合人文与科技于一体的传播交流平台。关于宿沙的来历有一个美丽的故事，讲述在遥远的炎黄时代，宿沙氏曾生活在今天山东胶州湾一带，是“煮海为盐”的发明者，后世尊称他们为“盐宗”。中盐金坛公司以“宿沙”为名开设讲坛，初衷就是以盐业人的身份弘扬传播中华优秀传统文化，传播与之相关的文化思想，造福中国盐业以及社会文化事业的发展。

① 参见《中盐人》传播效果研究课题组：《如何提高企业报的传播效果：以〈中盐人〉为例》，《贤文化管理》2015年第1期。

② 参见《中盐人》传播效果研究课题组：《如何提高企业报的传播效果：以〈中盐人〉为例》，《贤文化管理》2015年第1期。

宿沙讲坛自创办以来，已经举办了 83 场讲座，讲坛面向公司全体职工以及金坛区当地市民，听众人数已达到数千人。该讲坛还与厦门大学新闻传播学院创办的“中华文化与传播大讲坛”共同合作，除了举行现场讲座之外，还通过网络直播平台进行线上直播，观众则扩大为海内外群体，无形中也扩大了文化传播的影响力和辐射力。宿沙讲坛先后邀请美国夏威夷大学成中英教授、南京大学徐小跃教授、中国人民大学葛荣晋教授、中山大学黎红雷教授、复旦大学苏勇教授、中南大学吕锡琛教授、中国盐文化中心曾凡英教授、厦门大学谢清果教授、黄永锋教授、南京中医药大学申俊龙教授等专家学者开讲“世界经济与中国管理哲学”“科技创新与盐穴利用”“传统文化的价值观”“无为智慧与企业管理”“儒家智慧与企业管理”“用执行力提升竞争力”“道家心理保健智慧”“中国盐文化源流”“企业形象传播”“国学智慧与现代人生修养”“中国养生文化”等讲座。

3. 职工活动：尚贤读书会

相比“宿沙讲坛”是一个公开的“贤文化”传播方式，中盐金坛公司在建设公司内部的文化中也开展了大量与职工工作、生活密切联系的职工文化活动，如尚贤图书馆、读书会、行知班，以及公司入职新员工都要参加的企业人文培训等项目，在企业内部自上而下、组织有序地传递“贤文化”理念。

在对比形式多样的职工活动后，我们发现“贤文化”建设中较具特点的是“尚贤读书会”。“尚贤读书会”是 2014 年 9 月中盐金坛公司贤文化研究会创办的阅读及文化鉴赏活动，活动面向公司全体职工以及当地热爱传统文化的市民群众。“尚贤读书会”每月举办一次活动，研读的书目大多是经典著作，如《传习录》《论语》《周易》《坛经》《史记》《圣经》等中外经典名著，以及《活出生命的意义》《中国古代文化常识》《致加西亚的信》等中外文学作品。参与者通过自学和集体研读，在读书会上各自讨论读书心得，展开交流，加深对中华优秀传统文化的理解并探讨其现代价值和意义。读书会还邀请高校学者主讲或导读，并组织读书会成员实地到上海博物馆、山东曲阜孔庙、浙江余姚王阳明故居、宁波天一阁藏书楼、贵州修文县龙场阳明洞、南京中山陵、丹阳九里季子庙和柳茹村贡氏宗祠、金坛彭城三国演义故地等多地参学交流，丰富扩展了读书会的内容和形式。

（二）公司对外宣传方式：传播层面探讨——文化专访

中盐金坛公司在对外的文化宣传上除了以其创办的纸质媒介为中心，在对外方面还建设能够呈现企业文化、企业价值等内在精神的现代企业形象识别系统。企业形象识别系统是外界能够识别该企业的重要标识之一，同样也是企业对外传递其文化价值的重要组成。

1. 文化理念

在《贤文化纲要》的指导下，中盐金坛将其文化建设总结概括为“敬天尊道，尚贤慧物”，这不仅是文化的精神之体现，也是企业遵循的价值所在。在这一归纳的文化价值中，首先体现的是企业对自然的感恩之心，世间万物乃天生之，地养之，故人当用仁心助天生物，助地养形，称为“敬天”；企业运行，必有其道，尊道而行方能长久，谓之“尊道”；贤者内修其身，博学厚德，达者外建其功，修己安人，因而“尚贤”；贤者慧物，见利思义，重义而兼利，责任为先，富国利民，表现在“慧物”。①

在这一价值理念的指引下，员工在价值的认同下，通过不断地生产实践，与所提出的文化理念产生碰撞和互动，反求诸已，得出对生产实践以及文化理念新的认识，如《中盐人》中《“尚贤慧物”成就大盐业——中盐金坛企业社会责任实践述评》就是一篇生产结合文化理念的认识，外部受众不仅可以了解该盐业企业目前的状态，也能通过生产实践反观企业传递的文化理念。

2. 文化专访

2019 年 7 月 25 日，中盐金坛公司副总经理、企业文化部部长钟海连带领厦门大学暑期实习团到其合作单位某化工企业进行文化专访。该公司与中盐金坛公司于 1989 年开始建立合作关系。基于两公司双赢的发展目标，双方在长久的合作中已经建立坚实稳定、可信可靠、互惠互利的合作友谊。

本次的采访对象主要有该公司采购部主任和采购员，他们二人由于工作关系对合作方中盐金坛公司较为熟悉，因而可以代表作为外部观察者进行采访，可以反映作为合作方如何看待中盐金坛公司的“贤文化”建设。

在采访中，受访者主要介绍了公司的发展历史，以及和中盐金坛的合作历程。在谈及中盐金坛公司“贤文化”的建设中，受访者表示对中盐金坛的“贤文化”建设有几个方面印象深刻。一是中盐金坛公司本部的建筑内，进门就能看见一个硕大的中国书法“体道”，让来访者感到这是一个非常注重传统文化内涵的企业；二是在与中盐金坛公司历次的接触中，感受到公司员工为人正直，企业氛围平等，毫无“一把手”企业的作风。除此以外，受访者表

① 中盐金坛：《贤文化纲要》，内部资料，2013 年。

示常听闻中盐金坛公司举办“宿沙讲坛”，希望有机会能前往学习。同时，他们表示时常收到中盐金坛公司寄来的《中盐人》《贤文化》，从中也了解到一些该企业内部文化发展的状态。

总的来说，“贤文化”的文化采访从企业的外部来观察中盐金坛公司的文化建设可以说是一个客观的反映。这一反映表现为外部环境对中盐金坛的“贤文化”有所了解，但认识并不深入，该公司与中盐金坛公司更多的接触在于贸易方面。

六、结论与建议

“贤文化”的理念梳理非常重要，是源头之水、大树之根；“贤文化”的落地实践也不可忽视，是壮阔山水的外在表现，是树木扩张的枝叶。没有理念积淀，“贤文化”就沦为无根浮萍；没有落地实践，“贤文化”就化作荒秋秃木。“贤文化”要想充分发挥企业文化对企业发展支撑的全部力量，既离不开文化的理念梳理，又离不开文化的落地实践。

文化的作用在于安心，于员工而言，心安则平静、幸福，对公司更具认同感和工作的动力；于消费者和客户而言，心安则信任，合作才能畅快。文化的实践离不开对实施对象的心理考察，只有切实地关注员工的生活状态，更好地掌握其心理诉求，对症下药地设计文化活动内容及形式，才能真正满足员工的需求，增强认同感。无论是企业内部员工对子女教育的需求，还是共同体建设中乡村治理的问题，我们都能从中看到中国的脉搏，看到文化的希望和关键所在。公司将社会效益与企业效益结合起来，带动一乡水土的共同发展和精神富裕，这也正是“贤文化”最高追求的境界表现。

如前文分析所示，中盐金坛公司的“贤文化”传播实践总体而言无疑是成功的，本部分的分析重在归纳“贤文化”传播中表现出的难题及其可能的对策探讨上。

（一）共性问题总结及其对策

1. 设立贤文化重点建设日

选择一年中特定的一天作为贤文化的重点建设日，开展贤文化周活动，打造“贤文化”特色招牌。贤文化建设的重中之重还在于贤文化的历史和学术脉络的梳理。可以考虑从贤文化历史中选择一个人物形象作为企业的先贤榜样，或者从企业中选择一个人物形象或者一群人物形象作为企业的榜样楷模。还可以考虑在贤文化重点建设日期间在全公司范围内展开年度贤文化楷模人物推选活动，进行颁奖和宣传。这需要有一个详细的策划案。

2. 贤文化的媒体宣传工作

一是落实通讯员制度。制定统一的培训计划，其次是制定明晰的奖励办法，完善优秀稿件和优秀通讯员奖励制度。

二是在宣传平台和公众号上，公布大家感兴趣的内容。再如利用新媒体平台推送相关主题的电影。

三是在新媒体时代下，打通接触渠道，紧抓视频、短视频的热点，抖音、快手的阵线不能放弃。可以设置抖音红人榜，选择和制作趣味的内容进行互动展示。鼓励员工参与拍摄和制作，分享自己的日常生活。可以考虑采用素材共享，内容共同制作，每个人负责一个平台编辑的中央厨房模式。

3. 架接公司内部沟通的桥梁

一是可以设置定期座谈会制度，设立匿名制的建议箱。

二是可以建立网上交流平台。比如公司内部员工以 QQ 交流为主，就可以设置一个公司的公众号，成本低、简便易行。员工都可以任意浏览、转发和发布评论。

4. 改进活动形式使文化落地

根据员工的反馈不断改进文化活动形式。比如送活动上门，以解决距离上的问题。送活动上门要注意结合上门服务地区的实际情况，采用员工所喜闻乐见愿意参加的活动形式。

文化活动的重点目标在于对金坛盐的推广宣传。而当下读书会面临的困境就在于“太高”，大家够不到。如果大家能够切实地接触到贤文化，就会乐于发朋友圈，转发相关内容，增强认同感，形成心理上的共同体。因而要注重企业文化的落地。比如就员工对子女教育的关注，可以设立一些带亲友参与的活动，比如亲子读书会、贤文化美食制作、扇子手工制作等，提前宣传，每月一次，将之做成公司的品牌公益活动。为了方便统计，可以积极利用公众号预告，员工可以在微信公众号上报名。

5. 建设 30 周年立体宣传模型

可以考虑建立中盐金坛公司盐文化历史展览馆。在公司成立 30 周年之际，可以建设一个立体宣传模型，以公司开掘的第一口井作为重要的标志物，摆放于公司一楼的宽旷的地方，以供内外部参观使用。无论是内部员工还是外来考察人员都可以从模型参观，使人能够身临其境地感受和观看生产原理，以及生产线模型。

公司内部走廊的宽阔空间同样可以有效利用，设置诸如咖啡苑、加油站、阅读小憩之类的文化空间。从小开始，一点点丰富推进。同时也可以设立一个匿名信箱以收集员工对公司建设的意见和建议。

（二）企业“贤文化”落地的未来展望

对于未来，企业可以不仅从自身出发做出计划，并应以增强自身文化自信为主要发展基石。

1. 明确企业文化部的定位与职责

在以“贤文化”为研究核心的走访调研中，我们发现只有通过员工的反馈，才能切实了解员工的需求，才能有针对性地开展文化活动。

作为“贤文化”的落实主抓部门，企业文化部首先应该给自己一个明确的部门定位，即串联公司各部门，提升员工幸福感的重要部门。企业文化部理所应当成为全公司最受欢迎的部门。对内，一是要推广员工得以安身立命的学问，提高员工的价值观、幸福感；二是要团结员工，增强认同感，促进良好的内部沟通，提升合作的效率以及企业的效益。对外，一是在市场和消费者心目中树立尚贤的品牌形象，以优质的品牌效应提高市场占有率；二是加强与合作伙伴之间的信任和互相理解，以优质产品的品质担当和诚信的贸易品格促进与外部的合作。无论是对内还是对外，都要求讲好中盐金坛的故事。

2. 以道驭术实现真正的文化自信

文化自信的关键不仅仅在于以自己的文化为荣，更在于“自信”二字，即自我真正地相信和认同以“贤文化”为代表的中华传统优秀文化，并以之作为自我行事的依据和准则。中国文化和西方文化并非是零和博弈的关系。

中西合璧，即以中为魂，积极吸收西方高效的管理模式，发挥西方管理学的最大效用。如此才算得上以道驭术。在管理学层面上，西方的管理方式无疑是高效的。中西模式，不是替代，而是互补。以中国理念调和公司内部的人员人际交流，缓和关系，用文化氛围去带动沟通，去打通管理。在这一点上，中盐金坛公司的“贤文化”传播实践无疑是先进的。

以贤文化为代表的华夏文明传播在企业中的实践体现了中国自古以来修身、齐家、治国、平天下的人生价值追求，代表着一种社会责任担当。就如同在盐文化共同体建设调研中反应出的中国乡村治理与乡村城镇化中存在的问题一般，地方企业及其企业文化在一方水土的风气引导和社会教化方面大有作为。

泉江村所反映出的问题也不仅仅是乡村治理的问题，而是社会普遍存在的焦虑形态，是社会物质和心理竞争加剧的表现。这表现在许多方面，比如医患矛盾的加剧、师生关系的紧张、房贷压力、教育焦虑……当社会各类企业均以经济利益为先，不断刺激消费者的欲望，不断追求更低成本和更高利润，最终社会的运营成本也会水涨船高，企业会和社会一起翻船，这也是1929年至1933年的多个资本主义国家爆发经济危机所带来的教训。

《方太儒道》有言："伟大的企业始终会传递一种正能量，通过自己的垂范导人向善，唤醒人们沉睡的良知。"企业是重要的社会组织，需要"良知"。当社会讲求"良知"时，纸箱馒头、农药蔬菜、色素饮料、激素肉品、三聚氰胺奶粉、勾兑假醋，就会大大消失，因为人有"良知"，就会于心不忍。而有"良知"就是中国历史上的商人情怀、儒商情怀，这与中盐金坛所倡导的"贤文化"是相通的。

正如方太茅忠群所说，伟大的企业有四个特征：用户得安心，员工得幸福，社会得正气，经营可持续。这种家国情怀使人追寻自我的价值，而不是唯金钱利益至上。比如社会上报道的负面新闻，这都是心理扭曲或内心脆弱的恶果，他们缺乏一个真正的信仰。而传统文化是可以给人以支柱，帮助人建立起完整的世界观，而不是被盲目洗脑和煽动，它可以培育独立健全的自主人格。这也正是中盐金坛公司设立尚贤书院和培训中心的意义所在。在文化自信的路上，中盐金坛大有可为。

贤文化引领下的现代企业管理创新

戴宁馨[*]　荀美子

对于创建一个优秀的企业，它的竞争优势不仅仅在于拥有低成本、高质量的产品、高效有序的管理和有价值的商业品牌。无疑，这些都是有利的竞争优势，但是在当下有另外一种更为不确定性的、不易定义的因素可以帮助企业实现效益最大化，即企业文化，它如定海神针般决定了这个企业的发展基调，在企业的后续发展中起到了不容小觑的功能。

企业文化包含了表面层的物质文化，称为企业的“硬文化”，包括厂容、厂貌、机械设备、产品造型、外观、质量等；中间层次的制度文化，包括领导体制、人际关系以及各项规章制度和纪律等；核心层的精神文化，称为“企业软文化”，包括各种行为规范、价值观念、企业的群体意识、职工素质和优良传统等，是企业文化的核心，被称为企业精神。近几十年来，对“企业文化”的广泛研究表明，企业文化得到切实落实的公司，往往有着强大的组织力和凝聚力，其业绩也不俗。而特别优秀的企业文化，使得员工与组织和谐地融为一体，促成了个人目标与组织目标的一致，在发展企业文化的同时也能使员工的事业心与责任感得到有益的提升。在这样的企业里，员工辛勤努力地工作不再是被逼无奈，而是出于自愿、发自内心。因为他们知道自己的每一次成长都和这个公司紧密相连，他们的进步意味着公司的完善。

一、中盐金坛公司的企业文化

（一）企业文化——贤文化

中盐金坛公司深知企业文化的重要性，早在 2010 年就着手发展企业文化，

---

* 戴宁馨，南京大学哲学系硕士研究生。

力图建立起一家“习时代之文明，育贤者之气象，水中寻盐，化盐为水”的能够回报社会、为国家做贡献的正能量人文国企。中盐金坛公司创造性地将企业文化定位为“贤文化”，发布了《贤文化纲要》，提炼了 8 个关键词，敬天、尊道、明本、顺性、尚贤、慧物、贵和、致远，以及八字核心理念即敬天尊道，尚贤慧物，并以此指引企业的组织行为和经济活动。

“敬天尊道”强调了要顺应自然规律，尊重自然，珍惜自然资源，提倡可持续性发展。中盐金坛在循环产业上有着杰出的成就，开采后的空盐矿可以用作地下仓库进行石油、空气的储备，而这项科技成果也获得了国家的认可。

“明本顺性”是从根本出发，要求顺应本心。而企业的根本就在于人，人成则事成，事成则业兴。所以究其发展之道，在于发展人。发展过程中要耐得住寂寞，守得住本心。浮躁的外界通过诱惑和利益总想扰乱本静的人心，所以我们要清静自守，随性而为。

“尚贤慧物”“贵和致远”主要就是通过明确行为规范来约束自我，想要员工们能够修身养性，崇尚贤能，知行合一，重义而兼利，勇于承担责任。员工无信不立，企业无信不兴，所以诚实守信，就成了最为基本的准则，在此基础上我们也可以达到一种“讲信则人和事齐”的一种有序状态，最有利于个人的成长也有利于企业的发展。

（二）贤文化建设

1. 积蕴期（1988 年—2006 年）

中盐金坛公司从 1988 年开始一直关注企业文化的发展，但在 1988 年至 2006 年，公司刚刚起步，难免将更多的精力倾注在质量、产量等关乎生存的方面。

到 2002 年，《盐化人》上刊发公司总经理管国兴的《江南雨》，文中提道：“一方水土养一方人，江南雨滋养了江南的才子佳人，也滋生了江南的企业文化。江南雨无私奉献，润物无声的力量以及锲而不舍的精神是人生和企业所必须具有的信念。企业的各项工作也要拿出江南雨的精神，善于挤、善于钻，全体员工无论是处于何种岗位，都要有那种专心致志做好每件事，滴水穿石的江南雨精神。”“江南雨精神”是这一时期企业文化的一大特点。

在 2002 年“迎新春，话发展”知识分子座谈会中，总经理管国兴就“如何建设一支一流的科技队伍”以及“如何建设一流的企业”做了总结阐述。他指出，公司必须以“以人为本，科技兴盐”为发展战略，要求企业动员所有员工的积极性，必须尊重人，关心人，爱护人，培养人。“以人为本，科技兴盐”这一战略贯穿至今，成为中盐金坛公司的主导战略。

综上可见，“江南雨”“以人为本，科技兴盐”是这一时期的关键词。

2. 成长期（2007 年—2011 年）

随着企业的发展壮大，企业文化也随之兴起。经历了多年的文化积累，企业文化进入一个新的发展阶段。

2007 年在企业内部资料上刊发的《英雄造时势，时势造英雄——从“中盐之星”评比谈开去》，2008 年刊发的《学习〈现代企业班组建设与管理〉有感》，2009 年刊发的《中盐金坛公司召开深入学习科学发展观活动动员大会》和《万红千紫春无限，只待新雷第一声——从做最受尊重的企业谈开去》，2010 年刊发的《加强学企合作，传承弘扬中国盐文化》以及 2011 年刊发的《最受尊重企业——中盐金坛公司企业文化建设之路的回顾与思考》等文章，都提到了“世界同行最受尊敬企业”一词。成为“世界同行最受尊敬企业”为中盐金坛提供了美好的愿景，从“尊敬”二字可以看出公司的文化开始寻求一种价值上的认同。

在中盐金坛公司召开的 2008 年度总结表彰大会上，管国兴提出，我们要树立信心，确保增长，提升企业文化内涵。在用人上，坚持以德为先，先做人后做事的理念。讲求信誉，讲求道德，不断发挥“德行”在经济社会发展中的规范、教育、引导作用。坚持“以德治企，以德兴企”的管理理念，力倡“言必行，行必果”的行为准则，采用“内修文德，外治武备”的用人机制。培养员工的道德意识，强调做人要“修身养德”，培植出“厚德载物、推己及人”的处事风范。《中盐人》2010 年第 1 期第 2 版《以德治业，以德兴业》一文中提道，“以德治业，以德兴业”是公司管理理念的根本，是企业文化的精髓。公司致力于建设和遵循现代儒家企业制度，在生产经营管理用人上坚持以德为先，先做人、后做事的理念，修身养德，厚德载物，推己及人，不断发挥德在经济社会中的规范、教育、引导的作用，促使健康企业、理性经济的形成。

人才是企业发展之本，企业是培养人、锻炼人、陶冶人的大家庭。2009 年，在公司领导的高度重视、加怡热电厂领导的精心组织下，我们邀请了南京师范大学动力学院的教师莅临指导，用集体上课的形式，开展热电厂理论培训，贯彻了公司“重视人才，培养人才”的战略方针。诸如此类的培训活动，提高了电厂员工业务技能水平和对专业知识的掌握。公司不仅多次开展此类培训活动，还不断引进高素质、高学历、高技能的人才，为员工提供交流学习的平台。

《中盐人》2010年第1期第4版刊发《中盐企业文化的核心理念》一文中提到，“以人为本，科技兴盐”是中盐金坛公司的战略原则也是战略目标。企业关心职工的工作、生活条件的改善，这是发展企业的一个目的，即把人放在中心位置。

由此，这一阶段的关键词为“最受尊敬企业”“德”“人才战略”。

这一时期，中盐金坛的企业文化结合自身特色不断汲取传统的精华，但并未形成独具中盐金坛特色的文化。

3. 成熟期（2012年至今）

这一阶段有两个标志性事件。其一，在2012年12月发行的《中盐人》上，《贤文化纲要》（征求意见稿）提出了十个条目，这是贤文化的一个雏形；其二，公司对各厂、矿、部、办进行了贤文化调研和宣讲，先后进行了两次贤文化培训，并围绕贤文化开展了多次主题活动。在此次过程中，陆续听取了各方面的意见和建议，对《贤文化纲要》进行分析、研究和修改，于2013年8月25日刊登了《贤文化纲要》修改稿，形成“敬天、尊道、明本、顺性、尚贤、慧物、贵和、致远”八条目，并以“敬天尊道，尚贤慧物”为贤文化的核心理念。自此，公司“贤文化”正式定型。

公司贤文化，谐音“咸”，既寓意着古语“成贤成圣”，又体现了公司产品“盐”的文化品质。贤文化不是无源之水，无本之木。一是它吸收了中国传统文化中儒家“仁者爱人”的伦理文化，道家“尊道贵德”的生命文化，佛家“理事圆融”的智慧文化；二是融入了盐文化“耐得住煎熬，蓬勃向上，只留玉洁在人间”的气魄，也代表了不离世俗而超越世俗，扎根于生活、化成于人文的圣贤气象；三是它传承了江南文化之刚柔并济、崇尚文教、开放包容的品格。

如今，贤文化终于由萌芽发展壮大，并结出累累硕果。时至今日，贤文化进入成熟期，已深刻地融入员工个人的精神世界，对公司转型升级产生潜移默化的影响。未来，贤文化还将经历发展、完善阶段，为公司成就最受尊重的百年基业提供源源不断的智慧和不竭的精神动力。

二、中盐金坛文化落地的具体举措

（一）发布《贤文化纲要》

习近平总书记指出“修身立德是为政之基”，他强调“既猛药去疴、重典治乱，也正心修身、涵养文化，守住为政之本”。习近平总书记讲的“修身立德是为政之基”，“正心修身、涵养文化”是“为政之本”的重要思想，不仅仅可以用来治国理政，也可指导社会治理和企业治理。而对于中盐金坛公司来说，《贤文化纲要》就是他们的治理企业之“本”。《贤文化纲要》的发布，意味着中盐金坛的企业文化发展到了一定的高度，迈向了一个新的阶段。《大学》指出：“自天子以至于庶人，壹是皆以修身为本。”《大学》认为，修身是人生最根本的事，舍本取末，不重视个人修身，是万万不可能达到家齐、国治、天下平的目标的，所以说“本乱而末治者否矣”。所以《贤文化纲要》也试图通过制定行为规范来教人在众多矛盾中抓主要矛盾，在主要矛盾中抓矛盾的主要方面，理清做人做事的思路，找到解决人生问题的关键所在——提高个人素养。

（二）文化培训活动多样

中盐金坛公司将文化培训分为两个阶段，第一个阶段是新员工入职培训阶段，主要分为两个方面，一方面是人文素质培训，采用集中时间、系统学习的方法，基本上是研读经典文本《中庸》《大学》等传统学说；另一方面是岗位技能培训，采用师傅带徒弟的方式。培训内容则分为四个层面，一是综合知识，二是专业知识，三是人文通识，四是实地参学，主要目的是培养出能够“理解和融入盐盆经济共同体文化”、具有综合性素质的人才。从2011年单一的户外拓展，只重视团队建设，促进团体气氛发展成为现在的体系化培训，从精神和体质上双手抓，双手都要硬，其间不乏专家学者指点迷津，避开一些弯路。

第二个阶段为贤文化专题培训，培训内容分“贤文化与中华优秀传统文化智慧，贤文化与西方文明智慧，先贤王阳明及其心学”等主题，同时辅以“诗、书、礼、乐、艺、茶、养、武”之教，修身调心，厚实人文素养，提升职业境界，深化对贤文化的理解，建立“志贤”目标。它的初衷就是期望员工通过学习传统文化、大道文化，从而意识到人之所以为人是因为良心和道德的存在。通过提高个人修养从而提高整个群体的素质，进而带到企业的发展，因为人是企业之本。而在此基础上，中盐金坛开设了多种形式分别为行知班、贤文化研究会、宿沙讲坛、读书会等多种活动，推动形成学习、研究、宣传、践行贤文化的良好环境，营造了一种积极向贤的文化氛围，为贤文化体系的构建和丰富完善提供智力支持，为贤文化的传播积聚力量。

（三）多种媒介传播

“微时代”意味着互联网在当下有着举足轻重的作用，而中盐金坛目前老中青三代汇聚一堂，既有国企初创时的老师傅，也有新引进的年轻人才。在进行企业文化传播时，也十分注重各个群体的需求。公司创办了内部资料《中盐人》《贤文化》，其中《中盐人》做到了每月更新，人手一份，广泛普及企业的新鲜资讯，《贤文化》不仅仅有着企业文化管理方面的文章，还有当今科研最新成果的科普性文章。随着信息技术的发展，新媒体传播方式使传播由单向转向双向，由固定变为移动，更加个性化和实时化。鉴于此，公司也利用了微信传播的便利性、及时性、交互性及趣味性等特点，建立微信公众平台，随时随地进行互动式企业文化传播。这大大提高了传播的有效性，能够随时随地进行信息的更新和方便服务。这样多种渠道的搭建，更加有利于鼓励、宣传中盐金坛贤文化，将传统文化、企业大事件、技术创新研发、管理制度更新跟进效果、员工生活所感所悟而写成的文章等多种信息，进行报道。拉近公司员工之间的距离，团结一心，和谐发展，共创辉煌。

三、中盐金坛贤文化存在的问题

中盐金坛的贤文化在发展过程中也遭遇了阻碍，虽然提出了鲜明的企业文化，但是在采访的过程中，很多一线员工并不太清楚贤文化的真正内涵，解释过于“空洞化”、形式过于“表面化”成了普遍现象，贤文化未能真正落地成了目前要解决的当务之急。

（一）宣传定义的模糊不清

在考察过程中，我们发现对于“贤文化”的理解正如“一千个人有一千个哈姆雷特”般有着多重的解释。对于真正的“贤文化”，大多数基层员工并没有一个明确的认知。虽然，企业文化部的员工十分认真，也一直采取着一种“润物细无声”的方式，试图通过文化浸润的方式去感化他们，但是收效甚微。

（二）考核标准的缺失

对于企业文化落地建设，目前还缺少考核标准。标准化是一个过程。制定、执行和不断完善标准的过程，就是不断提高质量、提高管理水平、提高经济效益的过程，也就是一个可以使企业持续发展的过程。所以对于目前标准缺失的状况，企业文化无法落地也是十分必然的。

四、完善中盐金坛贤文化的对策

依据上文所提出的问题，如何使企业文化由虚转实，从空中楼阁成为广厦高楼，主要应该从宣传、考核、榜样的树立三个方面入手。

（一）宣传长期化和明晰化

企业文化宣传更需要有长期性战斗的准备。首先得明晰企业文化，将企业文化定义清楚，而在弄清楚文化的具体含义之后，就需要长期反复地传播，即通过全媒体平台娓娓道来，潜移默化、塑造态度。对于贤文化，不仅仅是通过宣扬《贤文化纲要》那么简单化，更需要对贤文化进行长期的宣讲，对每个词都有着明确的分析，《中盐人》采取了“讲述身边的贤人贤事”的方法，使得企业文化与个人紧密相连，又因为是身边故事而十分真实有着强烈的认同感也易于传播，但是我们可以发现，它很快变成了一种好人好事的宣传，过于广泛和普遍，反而不利于“贤文化”的明确。因此，针对这点，我们可以通过建立专题，比如“敬天”一栏，我们可以通过只介绍那些符合科学、尊重自然规律的科研创新和科研创新人才们，这样有利于一线员工们对贤文化有个清晰明确的认知。

（二）考核标准化和量化

宣传的明细化是让员工知晓企业文化的具体含义，这是企业文化落地的第一步，接下来是要让这些企业文化内化成为员工自己的行为标准。面对趋利避害的人性，将企业文化纳入考核制度是相对有效的方法。将企业文化在其定义的基础上细化为可量化的行为标准，并设定相应的考核分值。虽然“贤文化”讲求的是人文治企，讲求关爱他人，但是在切实落实文化落地方面，冰冷的数字有着更为强势的影响力。比如说，针对多种多样文化活动，通过统计每个人的出勤率和发言率可以体现出员工对于活动的参与程度。以图书借阅为例，中盐金坛有着自己的图书馆，并且在各个工厂也有着相应的读书角，这些都会有着相应的借阅记录。可以给每种书籍设定一个数值，比如贤文化相关的 10 分、科技创新相关的 20 分、通俗小说的 5 分，并设定一年的阅读标准数额，通过大家的借阅记录整理数据，对于喜爱阅读的人进行奖励，对于没有达到借阅标准的进行惩罚。在进行绩效考核时，员工依次通过出示自己的阅读数值向考核人员做说明。而对于企业文化在绩效考核体系中所应占的权重，则视各企业的情况而定，有一些企业会将其设置占到 50% 的权重，甚至更高。

（三）管理层的范本化和典型化

一方面，管理层的日常行为要体现企业文化，以向其他员工提供范本。我们可以看见，整个办公场所的设计和传统的现代化高楼相比有着截然不同的风格，它采取了中国的传统概念，阴阳相生，和谐相融。公司领导层努力尝试将中华优秀传统文化智慧与现代管理相结合，那么如何使得基层的员工们也融入这个学习氛围中去？要实现这一点，公司领导要深入基层，切实体验，才能想其所想，患其所患，能够加速信息的流动，创造开放和谐兼容并包的氛围。为此公司领导需要多与员工交流，鼓励员工主动思考如何优化工作流程，并询问“目前需要做的是什么”；另一方面，通过定期的仪式性活动将企业文化固化为企业的“习惯”。我们可以看到万达每年一次集团年会，即万达人的“春晚”上王健林的歌曲成了定例，这不仅成了领导和员工共度休闲时光、拉近距离的契机，更树立了一种形象。中盐金坛也有着自己的文化活动，如何抓住机遇，将“贤”贯通全程，在活动的同时也传递企业文化才是工作的重点

中盐金坛公司贤文化从优秀传统文化中汲取养分，融合了现代科技文明，把“尚贤慧物”作为培养人才的主要方向，通过科技创新和人文创新为持续开发产品创新提供动力支持，有利于优化产业结构，延伸产业链，建立“有限资源，无限循环”的发展模式，从而使企业健康发展，在市场上有着自己独特的位置。

金赛盐厂工厂工程师制度探究

李源　卢秋缘*

一、时代背景与自身需要

近年来，在党的号召下，建设与时俱进的学习型组织越来越成为各个企业、组织的奋斗目标。同时，随着知识经济时代的来临，企业间的竞争越来越表现为员工素质的竞争。员工是企业的细胞，只有具有高素质的员工才能组成高素质的企业，而高素质的企业显然能更好地在知识经济时代掌握核心竞争力。素质的培养非一日之功，随着生产技术的更新换代，员工掌握的知识同样需要更新换代。因此，如何建设学习型企业成了生产型企业尤为重视的课题。

在这样的时代背景下，中盐金坛公司同样对建设学习型企业有着自身需要。中盐金坛公司作为盐化生产企业，一方面要维持自身在行业中的领先地位，另一方面又要面对技术的革新和同行的竞争。在这种条件下，中盐金坛公司需要紧跟时代潮流，适应知识经济时代，就必须建设学习型企业。因此，在推动学习型企业建设中，中盐金坛公司的改革不仅适应了时代潮流，也是出于自身企业发展的需要。

二、中盐金坛公司与金赛盐厂

中盐金坛盐化有限责任公司成立于2001年10月，是中国盐业集团有限公司（原中国盐业总公司）所属企业，国家食盐定点生产企业，是经国务院国资委和中国盐业集团有限公司认可的行业标杆，中国优秀井矿盐生产企业之一。

---

* 李源，厦门大学哲学系本科生；卢秋缘，厦门大学哲学系本科生。

中盐金坛公司制盐工艺和技术处于世界先进水平，建立了“盐碱一体化、盐电一体化、盐穴一体化”的产业布局，实现了以较少的投资和能源消耗达到较大产能的目标，为中国制盐业的技术引进与革新做出了积极贡献。

中盐金坛公司位于江苏省常州市金坛区，当地丰富的盐矿资源更为盐化工生产提供了便利，在这样的主观与客观条件下，中盐金坛公司蓬勃发展起来，逐渐成了中国盐化工行业的领先企业。在这样的产业链中，盐的生产无疑是重中之重。因此，在中盐金坛公司的各大生产厂中，金赛盐厂具有重要的地位。金赛盐厂主要由卤水净化、盐硝车间、散盐输送、机械设备、电仪自动化、公用工程等车间及岗位组成，所有岗位的共同努力保证了盐厂生产的稳定、高产、低耗。

三、企业文化与改革基础

制度改革是根植于企业文化的。因此，在调研金赛盐厂时，我们尤为重视对金赛盐厂文化的研究。在《2016年金赛盐厂管理理念》中，有对企业文化的理解：“企业文化实际上是对企业的一种理解和诠释。企业文化表现形式多样，既有思想理论或曰哲学层面的，还有思维方式层面的，也有制度层面的，当然也包括外在表现层面的。它是企业员工通过长期的思想和实践磨合，形成的一些共同的价值理念。就如同成功难以复制一样，企业文化也无法复制。企业文化是一种精神力量，优秀的企业文化一旦形成，就会产生从精神到物质的飞跃。”

可见金赛盐厂对于制度的理解并非孤立的。制度是企业文化在一定层面的体现。工厂工程师制度改革也绝非异想天开，而是与金赛盐厂的企业文化紧密联系在一起的。在上述文献中，我们还找到了对金赛盐厂企业文化的分层叙述。

企业既是一个经济实体，同样也是一个文化实体，它有着自身的价值追求和意义追寻。对于中盐金坛而言，企业的存在价值分为三个层次。

第一层次是尊道贵德。古语云“尊道而行”，才能顺势而为。中盐金坛为何能取得如此辉煌的成绩？就是因为在无形中遵循了企业发展之“道”。这种企业之道源于天地之道，与天地之道贯通，故企业之最高价值在于体道重道，为大道在世间的发用流行而尽责尽力，进而推动全体社会组织敬道、重道，达成天地人和谐共存的理想境界。

第二层次是富民育人。孔子提出过“庶、富、教”的思想，企业作为社会组织，应担当起富民育人的责任，并在富民育人过程中彰显企业的价值。企业就是一个小社会，它天然地担当富民育人之责，由一企之富足安定，推及国家、民族之富足安定；由培育一企之高素质人员，推及培育一国一民族之高素质公民。中盐金坛公司提倡，企业在尽好富企以推动国强、民富的社会责任之同时，应担当起育人即培育高素质员工队伍的责任，为社会的和谐安宁做出贡献。

第三层次是创造财富。谋求利润的最大化——这是关于企业存在价值的一个认同度最高的观点。在中国古代经济思想学说中，这一问题被概括为“义利之辨”。儒墨道法提出了不同的观点，以“重义轻利”和“义利相交”两种观点最具代表性。我们认为，谋求利润的最大化固然是企业的天职，也是企业生存发展的动力之一，但企业存在的价值不能以“利”之一字言之。企业在重利的同时，也不能忽视了“义”字。而这一“义”字，在当今地球村的时代，应当立足于“道”的基点上来理解，有更大的内涵，体现与时代同步发展的胸襟。

尊道贵德、富民育人、创造财富，这不仅是中盐金坛的文化内核，更是传统文化熏陶下金坛人的优秀道德品质，是放之四海而皆准的企业道德。在这样的文化背景下，建设学习型企业、推动工厂工程师制度改革有着充足的精神动力和文化底蕴。

四、工厂工程师制度改革

在上文中，我们已经对工厂工程师制度改革的时代背景、企业背景和文化内核有了初步的了解。在此基础上，金赛盐厂进行了全方位的改革与优化，创立了工厂工程师制度。改革的主要内容分为四个方面。

（一）工厂运作模式

传统的工业生产中，工人在岗位上各司其职，分管不同的生产步骤。金赛盐厂对工人进行全面的培训，使得每个员工都能熟练地掌握整个工厂的机器操作，并将人员集中在中控室，结合电脑监控和定期巡查，实现了用7—9人控制整个工厂的目标。这一改革是从工人到工程师的跨越，大大提高了用人效率。

（二）日常教学培训

为了适应技术更新换代的需求，金赛盐厂结合学习型班组制度，对工程师进行定期培训。工程师分为不同的班组，班组既是共同工作的单位，又是共同培训学习的单位。

（三）多维度考核制度

金赛盐厂对工程师的考核分为理论知识和日常考核两部分，综合考察工程师的技术水平、理论知识、日常工作、工作态度等多个方面。成立评审管理组，从厂长、副厂长到主管、班组长再到工程师，层层打分，确保公平公正。考核分数与工资挂钩，激发员工的积极性。

（四）人员调配调整

从四班三倒改为五班三倒，每个班组的人员从 10 余人减少到 7 人。每个员工的工作时间从每月 23 天减少到每月 18 天，提高用人效率，将多余时间用于员工培训等。员工待遇也随之提高。

五、工程师制度改革的影响与分析

制度改革不仅是企业文化建设和调节盐厂工作环境的需要，更是新时代背景下企业顺应时代良性发展的需要。而改革的影响不仅可作为阶段性的改革成果体现，更可以为后续公司发展提供建议。在对员工的采访中，我们了解到改革影响如下。

一是人员管理方面。厂区同一时间工作人员减少，在人数固定的基础上，由于缩减了同时在厂的员工数量，故员工的工作轮换由四班三倒变为五班三倒，每月工作时长减少，工作效率提升。一方面使得员工休息和学习的时间增加，另一方面提高了员工的生活质量。

二是建立多维度考核制度和多梯度的奖励机制。避免了大型企业人员阶层固化的危险，考核制度的建立使员工自发进行理论学习，间接提升了员工的知识理论水平，同时，考察标准的全面与考察评定的公正科学激励了员工的进步。

三是金赛盐厂为提高员工多方面素质，开展了全方位的日常培训活动，不仅培训相应工作技能，更以企业文化为核心，将中国传统文化结合知识培训，培养了员工持续学习、终身学习的习惯，让员工与企业一同成长。

综上，我们总结出金赛盐厂工厂工程师制度改革的特点是独特、人性化、科学合理、与时俱进。改革解决了盐厂的历史问题，提高了员工待遇，且工作效率显著提高，做到了与新时代工厂制度的融合与突破，也为建设学习型企业打下基础。当然，改革过程中出现的部分老员工难以适应等问题，仍需要调节与包容。

工厂工程师制度不仅是金赛盐厂为适应现代化生产做出的制度调整，更是中盐金坛公司在自身建设学习型企业的历程中迈出的重要一步。它与学习型班组等制度一同构成了学习型企业的制度生态。我们在研究这个制度改革时不应采取孤立、片面的视角，应该将其放在整个盐化行业、整个国有企业中，分析其带来的意义和影响，从而为其他企业的制度建设提供经验。

六、建设学习型企业

当今企业已不再是前工业时代依靠规模和剥削剩余价值发展壮大的资金资源型企业，而是后工业时代工业技术日益专业化、核心科技日新月异的背景下建立起的科技型企业。科学技术知识是第一生产力的现代化企业，应如何不断取得进步与突破，保持着强大的生命力？只有建设学习型企业。

（一）建设学习型企业的重要性和必要性

建设学习型企业是一项复杂而宏大的工程。在知识快速更新、科技不断发展的当下，企业与个人唯一能持续的优势就是不断进步，即具有优秀的学习能力、不断增长的创新力与对新知识的求索兴趣。面对新时代更加激烈的多方面竞争，企业及个人都应学习与发展，都必须不断汲取新知识、掌握新技能、开拓新视野，才能与时俱进，在新时代的竞争中脱颖而出。

首先，是适应科技时代下形势发展变化的需要。在复杂速变的新形势下，企业为求生存和发展必须以变应变，而应变的根本之道是学习，谁不好好学习，谁就无法很好地立足于形式多变的现代社会。学习是企业和员工个人发展的动力之源、培训是企业和员工的希望工程等应当成为全体员工的共识。

第二，是适应新时期企业管理变革与发展的需要。在建立现代企业制度、机器更新换代、人员制度变更调节之后，员工的理解与执行则成为企业发展的一大关卡。事实证明，盐厂的培训与学习制度不仅促进了员工个人工作能力的提高，也促进了员工对新体制和新知识的接受和执行，这体现出学习型企业的进步性和适应力。唯有学习，才能更好地适应新时期企业管理变革与发展的需要。

第三，是提高企业员工队伍整体素质的需要。学习型企业所期望的不仅是业绩、竞争力与适应力，而是更注重企业员工生活的质量和对自身的反思、感悟与升华。培养全面发展的高素质的企业员工队伍，既是盐厂全面发展的要求，也是盐厂承担的社会使命。同时，只有造就全面发展的高素质员工队伍，才能使企业具有更加强大的综合发展能力。

最后，是适应新时期企业文化建设的需要。金赛盐厂企业文化理论为“敬天尊道，尚贤慧物”，这依托了当地浓厚的文化历史积淀而生。而学习型企业的特质则提升、丰富和推动了现代企业文化建设。理论和实践都表明，构建学习型企业是推进企业文化建设和企业可持续发展的必然要求。

（二）建设学习型企业的措施

建设学习型企业的目的是实现员工个人和企业的共同发展，为此须建设科学完善的培训体系，激发员工智慧。通过建设学习型企业和培育企业文化，使每个员工建立对企业的归属感，将个人奋斗目标融入企业的整体发展目标，才能不断提高企业的创新能力与活力，打好企业稳定持续发展的基础。

在学习过程中，个人要去除对工厂固有的理解认识，以开放的心态兼收并蓄各种有价值的新理论。凡是有利于企业及个人发展的就应积极学习，凡是不利于企业及个人发展的就要坚决摒弃，对知识要先学先试，如此才能保持学习活动的时效性和时代性。同时，要鼓励员工抛弃旧有的制度，勇敢而有效地表达自己的想法与学习成果，形成企业内部上下级之间、同事之间沟通无碍、上行下效的良好局面。

面对建设学习型企业的重要任务，企业不仅要集中精力认真抓好各项企业生产经营工作，还要不断完善企业管理体制，理顺企业内部关系，加大学习培训的力度，规范管理考核制度与监督制度，保证学习行为的普及与创新精神的传播，为企业与个人由工作型向学习型转型奠定制度基础。

要在优秀的企业文化指导下，建立起企业与个人的共同追求、总发展目标——创新创收、成功成才，并采取必要的激励措施，持续鼓励个人的学习行为，建立完备的激励制度和考核制度，最大限度地激发广大员工的学习热情和创造力，为企业可持续发展与学习型企业的建设提供不绝的动力。当然，为确保学习活动的稳定性和有效性，要利用现代教育手段，坚持开展宣传引导活动，形成榜样机制，比如评定学习优秀个人等措施，由此营造浓厚的学习氛围。领导干部作为培训活动的带头人，也应发挥带动效应，使时代观念、进步观念、科技观念深入人心，在员工中形成积极进取、乐观向上、良性竞争的良好学风，促使企业个人的技术素质和文化素质不断提高。

要突出学习内容的针对性，找准提高学习实效性的着力点。本着缺什么补什么的思维，加强对考核结果的反思与个性化考核，考核结果可以反映个人知识的缺漏，在后续的考核中应有重点、有针对性地制定个性化考卷以完成查缺补漏的作用。为激励学习活动，积极创新学习方式也是很好的选择，以观看纪录片、举办演讲竞赛等形式在企业中深入开展“论时代、话发展”等形式灵活的有关学习与创新的活动，激发广大员工学习知识技术掌握时代潮流的积极性。要建立团队学习与研讨机制，以班组为基础，开展多样的团队交流活动，并以此为基础，逐渐形成探索思考学习型企业的风气。

总之，创建学习型企业是一项任重道远的任务，在广泛深入地开展学习活动中，不仅要强调企业的行业特性及历史文化，而且要结合时代形势和科技发展要求，不断解放思想、与时俱进，抓重点搞创新，坚持不懈地进行学习实践，才能取得显著的成果，从而开创企业健康和谐、可持续发展的新局面，让企业在新时代下，在变化的潮流中保持磅礴的生命力。制度改革作为企业发展战略的重要一环，从多方面支撑着企业的进步。就金赛盐厂的工程师制度改革内容与结果看，不仅从制度上建立了建设创新型企业、学习型企业的良性循环，而且留给工程师更多的学习时间，促进了个人发展，顺应了时代要求和自身发展要求，为企业与时俱进的发展打下了良好基础。

加怡热电厂学习型班组建设

杨枝净水　籍蕾*

随着信息化时代的快速发展，电力企业的智能化、互动化、精简化水平要求越来越高。只有在公司内部加强员工学习的力度，才能跟上时代发展的脚步，才能更好地为企业服务、为社会服务。班组，是企业组织结构中最基层的单位，是支撑企业生产经营活动的基本因素，是创建学习型企业的基础，是培育企业学习力和竞争力最基本的土壤。学习型班组强调把学习的过程融入工作全过程之中，达到学习工作化、工作学习化的理想境界，也是企业不断创新和进步的过程，是企业的“细胞”。加强电力企业学习型班组的建设，不断提高班组成员的理论水平和实践能力，对于提高企业生产力意义重大。

加怡热电厂始建于 1996 年，2012 年开始学习型班组的改革建设。学习型班组，即由班组长牵头，通过班前会、班后会、事故分析会等途径，反复进行理论培训与现场劳动，不断提高员工的学习能力和专业技能。

多年来，加怡热电厂的班组改革卓有成效，员工的素质有了大幅提高。总结分析加怡热电厂班组改革与建设的经验，对于相关企业的发展具有重要的参考价值与借鉴意义。

一、何谓学习

学，许慎《说文解字》曰：“觉悟也，本作敩，篆作學。”朱子曰：“学之为言效也。”习，《说文解字》曰：“数飞也。”《秦始皇本纪》曰：“士则学习法令辟禁。”由此，学习即为通过不断实践、研究等获得知识或者技能的过程。

对于加怡热电厂而言，学习就是通过长期的理论培训与实践演练，不断提高员工的素质与能力，提高生产效率。

---

* 杨枝净水，厦门大学哲学系本科生；籍蕾，北京大学法律系硕士研究生。

二、如何学习

加怡热电厂始建于 1996 年，2012 年开始进行学习型班组建设与改革。六年的时间，该企业不断发展，取得了突出的成就。加怡热电厂始终坚持“安全第一，效率次之”的发展理念，并将其渗透到学习型班组建设的全过程，通过班组长牵头，反复进行安全教育与技能培训，以提高班组成员的能力和工作效率。

（一）安全教育

安全是发展的前提，体现了对人最基本的道德情感关怀、对人生存权利的尊重。经济发展再快，没有安全生产，便不能长足稳定发展。加怡热电厂的安全教育既包括理论学习，又涵盖实践演练，体现了企业“以人为本”的文化。

1. 三级安全教育

三级安全教育是针对新入职的员工所开设的特色教育课程，将安全教育分为公司、厂部、班组三个级别，由浅入深，通过公司 24 学时、厂部和企业各 72 学时的培训，逐渐加强新员工的安全意识。

2. 6 月安全月

加怡热电厂将每年 6 月定为安全学习月，针对特定的安全主题，通过观看视频与学习强化安全意识，提高风险防范能力。观看视频能更加直观地展现各种安全问题与应对方法，更易于员工感受到安全的重要性，相较于理论学习，更加生动而富有成效。

3. 安全演练

“纸上得来终觉浅，绝知此事要躬行。”上述两种方法将安全教育放在理论层面上，而安全演练则是将安全理论应用于实践，通过反反复复的实战练习增强员工应对安全问题的能力，进一步地检验了员工对于理论知识的把握与理解，并增强了员工的应用能力，对于提高安全意识与风险防范能力更加重要。

（二）应知应会

1. 理论与实践的区别

工作经验在书本上是学不到的。首先，书本上的理论知识不足以应对现实中出现的问题；其次，只有经过现实的操作与应对现实问题才能有效调动已经学习的理论知识，并且使学到的知识融会贯通。因此从理论到实践需要经过一个漫长的学习过程。对于电厂的工作人员来说，实践的技巧就如同中医看病，需要做到望、闻、问、切。“望”即仔细观察，“闻”即用耳朵听现场的细微声音，“切”即用手背去摸。这些经验都只有在实践中才会遇到，在实践中才能积累。

在实践经验中，最为重要也是最难掌握的便是对事故与危险的经验。其一，事故出现是偶然的，在某种程度上说是不被人为掌握的，因为如果事故已经被人掌握了，那么人就可以解决了；其二，事故出现较为危急，而且可能会造成财产损失，因此考验人的快速反应能力与应急能力，我们不能在现场从容地、细致缓慢地思考问题。但对于电厂的工作人员而言，正是这些偶然的事故提供了学习的机会，学习实践经验中最重要的经验——面对事故、解决事故的经验。

因此加怡电厂强调，在掌握理论知识的基础之上要多学习实践经验，做到应知和应会，这样才能解决现实问题。“知”是理论知识，“会”是“能”，使理论知识在现实中得到良好应用，能够解决现实问题。为了帮助员工顺利完成从理论到实践的学习过程，加怡热电厂采取了以下几种有效的学习途径。

2. 学习途径

首先是岗位学习，新员工进厂要实习 2—3 个月，跟着较为优秀的老员工进行实践操作，在实践过程中老员工传授相应的实践经验。在实习期过后经过考核，才可以正式上岗。

其次是事故预想，在学习与日常工作中这都是一种重要有效的学习与检验方式。由于事故的发生是偶然的、难以掌握的，因此只能通过预想将会发生什么事故，思考过去发生过什么事故可能将来仍会发生，并且针对这种预设的事故现象，思考其背后的原理，抓住根本问题来寻求解决方案。这是一种学习的基本方式，在培训、岗位见习与工作中都普遍存在。班组长还提出可以在上班期间的某个时间，出一两道事故预想题给大家，每个人完成后集中讨论，这样能够在工作期间相互交流实践经验，为未来可能出现的问题与事故做好准备。

第三是班组的专业技能培训课程。目前采用的学习模式是优秀老员工（专业领域中水平最高的人）对该专业其他员工授课与培训，一次培训只安排一门专业。但有另一种学习模式目前仍然在探索之中还没有投入实践，即让每一名员工都站上讲台。这种学习模式的优点是，如果每一名员工都要站上讲台，那么他自己就需要好好备课，自主学习，查漏补缺，以使自身达到可以讲课的水平。但具体操作起来这种学习模式比第一种模式稍显困难，因为每位员工都能够达到讲课水平只是一种理想状态，而现实是有部分人达不到讲课水平，其所掌握的并没有超出其他人的能力范围，那么这种授课与培训则效率较低，也耽误了他人的学习与时间。

第四是自主学习。厂内组织的培训、有经验的老员工的教导、书本知识，这些都是外在的学习环境，起决定性作用的仍然是自己的学习主动性。如果自己不主动去学习这些知识与经验，填鸭式的学习只能达到事倍功半的效果。一位班组长曾经带过的一届员工中有两个人十分积极主动，如果工作中出现了问题，不需要班组长组织，自己就会努力探索出问题的根本原因，由于不同的人有不同的思路，两人甚至因此争辩，并且还会在问题处理结束之后再反思这个解决方法对不对，是否有效。自主学习首先要有一份责任心，工作中出了问题要意识到解决这个问题在我的责任范围内，其次要有打破砂锅问到底的怀疑与坚持，不找到最符合现实的答案则不罢休，也不会被外物阻拦。如果一个团队中有多个人有这样的精神，那么就会有讨论与争辩，这样有助于拓宽个体的思路，提高每个人的能力，也有助于问题的解决。

以上归纳了电厂内主要的四种学习方法，一种基本的学习方法——事故预想，两种主要的学习安排——岗位学习与专业技能课程培训，一种重要的学习方法，也是一种学习态度——自主学习。

3. 检验学习成果

在日常工作与学习中，加怡热电厂还需要检查员工的学习进度，考察员工的学习成果。唯有这样才能促进员工的学习激情，有效评估当前学习模式的学习效率，掌握员工的真实水平。加怡热电厂的一位班组长说，他评估一个人的真实水平的方式分为三种：其一，有适当的任务，先要员工自己回答能不能完成，如果能完成，则让他独立去完成，完成后检查成果，并进行评估；其二，如果员工犹豫不定，回答得含含糊糊，那么也让员工去实际操作，但旁边就跟着一个老师傅检查。从而让员工完成任务时更有底气，避免因为紧张与不自信而无法完成任务，不能完全展现他的真实能力；其三，新员工刚刚上岗的时候，以及其他工作时间，班组长会认真观察员工的操作过程，然后让其自我评价，并最终做出评估。

（三）全能值班员

作为一名企业员工，必须有过硬的技术，方可称为优秀的员工。加怡热电厂十分强调员工的能力与素质，力求培养出技术水平高、团队意识强的员工，以达到“一专多会”的目标，提高企业的生产效率。

相较于其他企业而言，电厂的专业跨度大，涵盖电气、汽轮机、锅炉、化水、环保五个方面，同时这五个方面的学习时间也相对较长。随着班组精简化建设的推进，企业便对员工的能力和素质提出了更高的要求。因此，加怡热电厂自 2012 年起便开始培养全能值班员。企业于年初时针对各个员工制定年度学习计划，挑选各个专业学习能力强、技术水平高的员工先行学习其他专业，逐步加快轮速，并在年末进行理论考核。

经过了六年的学习，加怡热电厂的员工普遍掌握了两个专业，部分优秀员工目前已经掌握了三个专业，正在朝着距离“全能”的目标跨进。

（四）班组建设

1. 团队精神

班组建设，建设的是一个团队，培养的是团队精神。一个班组如果像一家人一样，那么许多事情就会很容易完成。班组成员相互关爱，专业操作之外的小事，例如丢垃圾这种必做的小事，主动顺手把它完成，而不相互推诿。如果有成员生病或有事，成员之间还可以相互照应，营造一个友爱和睦的工作环境。除此之外，团队精神有助于提高工人的集体荣誉感，这样班组间的优秀班组评比才算是落到了实处。有了集体荣誉感，才会将这种评比放在心上，落实到行动中。集体荣誉感则使责任不再是个人的责任，一件事做不做得到，关乎的不仅仅是自己的利益，还有他人与团体的利益，这样则使工人形成一种双重的自我监督。

2. 班组长的重要作用

在班组之中，有一个特殊的角色——班组长。班组长是“兵头将尾”，是领导层与工人层之间的连接点，起着沟通上下、组织协调的重要作用。不仅要按照厂级、部级领导的要求管理好班组成员，同时也要为班组成员着想，从工人的角度思考问题，为工人争取利益。班组长不仅需要组织协调能力，在实际生产过程中，班组长还需要足够的能力与技术水平。由于全能值班员才实施了 6 年左右，而熟练掌握一门技术至少需要 2 年，因此到目前为止，员工最多只掌握了三门技术，而一个完整的班组涉及四个专业技术。因此，目前班组长首先要做到精通自己原本的专业技术，将自己的专业做到班组甚至其他员工中的第一。除此之外，班组长还要全面了解班组内其他的专业技术，要清晰地知道系统节点与顺序，以合理地安排人员分工与任务。

班组长在安排人员分工与任务的时候，需要对班组成员的真实水平有足够了解。这里便涉及对成员能力水平的考核问题，虽然厂内每年有能力考核，即使以实际问题出题，但仍然只能以书面的形式考察到员工的部分能力。因此班组长需要密切关注员工平时的工作状态，在日常工作中对员工的能力水平与工作态度进行评估，例如填写工作完成情况，有的员工上班之前会翻看上一个班组留下来的完成情况表，这种认真负责而又细心的品格是不可多得的。班组长要在日常工作中慧眼识人，对员工做出全面评价。

3. 纪律规范

我们在调研过程中了解到，20 世纪 80 年代及以前，电厂实行军事化管理，纪律规范像军队一样要求严格，迟到等行为是绝对不允许的。因此电厂员工在精神面貌上更为严谨。如今虽然不再强调军事化管理的形式，但电厂的日常工作仍然需要这种一丝不苟的严谨作风，这样才能最大可能地杜绝事故与危险的发生。

三、评价

六年的改革建设，六年的学习发展，加怡热电厂学习型班组的发展卓有成效，既有一定的积极意义，也存在着一些需改进的地方。

就其积极意义而言，学习型班组要求员工不断学习技能知识，其长期学习、不断进步的精神值得我们学习。正所谓活到老、学到老，一位工厂的员工都能在工作之余学习技术，作为学生，我们又有什么理由荒废学业呢？不管是员工还是学生，唯有不断学习，才能实现发展进步。此外，热电厂强调“应知”“应会”并重，理论与实践相结合，这对于我们大学生而言也有着十分重要的借鉴意义。当代大学生，不能将自己束缚在象牙塔之内，而应该走进社会，将自己所学知识应用于实践之中，方能有所得。

就其存在的问题而言，最重要的一点是，年末全能值班员的考核方式为理论考核，而我们也清楚，电厂操作的问题，光有理论还不够，更重要的是实践。那么，实践如何考核呢？仅仅凭理论知识来评选优秀值班员，是否能够选拔出真正优秀的员工呢？因此，加怡热电厂的考核方式仍需改进。另外，加怡热电厂员工的文化水平有限，尤其是老员工，他们的学历往往比较低，加之年龄较大，相较于年轻员工而言，其学习能力自然较差，那么全能值班员是否给他们带来了较大的压力呢？此外，真正全能的员工真的可以培养出来吗？

四、结语

加怡热电厂学习型班组的建设，提高了员工的专业技能，增强了班组内部的团结合作精神，构成了独特的班组文化，体现了深厚而悠久的金坛文化。人生之路漫漫，自当砥砺前行。作为当代大学生，我们应该秉承自强不息的精神，学习中盐人的贤文化，不断砥砺自我，发展进步。

构建特种盐厂质量信得过班组

吴俣林　程潇*

一、特种盐厂发展历程

特种盐厂始建于2005年，主要负责食品用盐、生活用盐、水处理用盐、饲料用盐、道路用盐及工业用盐六个品种盐的包装生产，有400g、500g、25kg、50kg、1000kg及海包（27t）等多种规格。产品远销日本、新加坡、澳大利亚、巴西等20多个国家，出口比例约占我国出口盐总量的50%。车间配置也由最初的大包装车间发展到现在的大包装车间、小包装车间、出口盐车间、FFS车间及造粒盐工艺区、筛分楼工艺区等四车间、四工艺区的格局。

通过近三年特种盐厂班组的工作，特种盐的年产量由45万吨增至75万吨，顾客年投诉次数减少了很多。

近年来，爆出了多起食品安全问题，从比较恶劣的三鹿奶粉事件，到后来的毒大米、毒豆芽、苏丹红鸭蛋等等，接连不断的恶性食品安全事故引发了人们对食品质量和食品安全的高度关注。所以，特种盐厂作为一个食品工厂，有责任不断构建起质量信得过班组。现有的特种盐厂班组男女比例平均，本科以上学历占比70%，班组人员平均年龄33岁，具有很强的责任感和担当精神。

特种盐厂班组文化中认为盐是大自然给予人类的馈赠。如今，盐的应用延伸至生活的方方面面。中盐金坛致力于让盐回归生活，为民众的需求服务，为社会的发展服务，让盐在其本质的用途上发挥出“贤”味。因此，特种盐厂秉持着用最优质的金坛盐盆生产最高品质盐的理念，实现金坛盐的价值，实现企业强大、员工富足，为中国盐业树立标杆。

---

* 吴俣林，台湾中央大学哲学研究所硕士研究生；程潇，厦门大学哲学系硕士研究生。

二、班组质量建设成果举要

班组的质量管理按 5M1E 要素进行管理，即人（Man）、机 (Machine)、料 (Material)、法 (Method)、环 (Environment)、测（Measurement）五个要素。

我们在特种盐厂调研的时候发现，特种盐厂的生产模式属于劳动密集型，工厂内的外包人员有 230 余人，其中与生产相关的人员有 146 人，大都是初高中文化。可见，劳务管理是该厂管理的一个难点和重点。从特种盐厂三年规划甘特图也可以看出：80% 的车间建设计划都与人才管理与培养相关。

通过我们的调研，特种盐厂班组的人员管理涉及劳务管理的三大板块：培养与开发、绩效管理及薪酬福利管理。

首先是人才的培养与开发。班组根据六个车间系统不同的生产特点，从性别、年龄、学历、背景等方面设岗分配。如大包装车间的生产需要劳动力较强的中年男性，小包装车间的生产需要细心的女性，核心工艺区的生产工作需要责任感强、性格沉稳的员工，所以在入职之前会对人员进行背景调查，从人员管理层面也可以看出班组对保证食品安全的重视。

人才开发模块的管理主要通过日常和年度培训体现出来。班组对劳务人员的培训主要包括入职培训、每月培训、班后会、新机器技能培训，以安全和技能方面的固定培训来不断提高员工的食品安全意识、质量意识和相关技能，保证了生产的质量。

在员工技能考核过关的同时，对其安排轮岗制，提高其综合素质。并在新项目和新岗位中选拔优秀人才，开发潜能，激励其他员工。

特种盐厂工人的绩效管理与薪酬福利管理是 2016 年 3 月开始试行的，主要采用卓越绩效管理模式，并在实际生产中不断创新，引入产量、质量、成本三项 KPI 指标。提高了班组间的竞争力、班组内的凝聚力。

在每个车间内均采用公开透明的绩效分制，每位成员都能通过车间内的公示白板了解并核实自己的任务完成量，确认无误后再由办公室确定绩效工资。哪怕班组多生产一吨盐、少出一件小事故，都能多得到一分收获，公开透明的考核机制不断激励能者多劳、多劳多得。

当然，除了绩效工资以外，工人们还有许多特殊时段或情况的福利补贴，比如夜班补贴、教育津贴、工龄工资、口罩耳塞手套等防护物品、夏日防暑降温用品、节日福利、优秀员工和班组表彰等，这些福利都与工人最后的工资所得相关，也都体现在薪酬福利管理中。

在人的管理之外，设备的管理主要由其他公司提供服务，小组的管理方针是配合其做好 TPM 管理，注重三分修七分养的日常维护。在新机器引进时，先让班组精英学习使用、维护保养的方法，然后标准化，全员培训学习并考核。

特种盐厂的原辅料主要有干盐、各种材质的袋子、托盘、纸箱、膜片、各类添加剂等。每种原辅料对存储条件和食品安全防护等级都不相同。重要物品要专门一个房间上锁存放，专人支配钥匙，使用要有相关记录。特种盐班组质量工作所采用的方法是对标管理。基于风险的思维，按照 PDCA 循环，采用过程方法要贯穿在持续改进的各个层面，相关负责人每周都会将体系标准与各车间负责人、班长沟通、共同学习。当然，除了对标管理外就是改进与创新。

除了引用恒温恒湿和除尘系统改善厂内空气质量外，特种盐厂班组一直推行“坚持—习惯—素养”的现场管理理念，每周投影放映违规照片，结合绩效考核。特种盐厂改进工作主要通过四种方式：一是每日各车间负责人检查；二是每周五全体管理人员检查；三是每月公司检查；四是每年参与内审和外审。据统计每年客户验厂审核 20 余次，整改项 100 多个。哪怕涉及基建的不符合项，如所有窗户底槽有缝隙超过 0.3mm，也都需要一一整改。

特种盐厂创新类工作主要有两大类：一是参与企标、行标的制定；二是组织各新品种盐的调试，参与智能化排产、食盐追随体系等部分信息化工作。

三、改进建议

经过此次调研，我们对特种盐厂的生产模式和管理模式都有了一定的了解，在项目负责人的帮助下我们对特种盐厂的管理有以下的建议。

第一，特种盐厂的外包工人数非常多，但在每个车间的分布不同，劳务依赖型生产向自动化水平更高的生产模式转化，可以避免人工操作过程中的失误，也可以节省更多人力管理的资源。比如自动化较高的 FFS 车间的人力要求就更低，但这也需要引进更多自动化、智能化的机器，打造智能食品工厂。

第二，特种盐厂的信息公开工作非常到位，厂内不同车间的生产目标、工人的绩效以及各岗位机器的使用或保养都是以表格的形式公开，在每个车间或系统都有公示的白板，每个岗位都有交接班的登记表，每一个厂内的行为都可以追溯到个人，这样有哪一部分出错可以得到最高效率的改正。但我们注意到车间的白板有一部分是手写，有一部分是打印表格，这种数据可视化都有较大损坏的风险，并且从整理资料到公示有一段时间，拉低了效率。我们认为可以将车间内的公示白板换成电子板终端，和办公室内的数据保持同步，这样提高了效率，也可以利用电子版做出更直观、更易懂的操作示意图，更有利于不同教育水平的工人理解机器工作方法。

第三，对于车间环境 5S 的管理方法可以升级到 7S，加入安全、成本的维度，特种盐厂也有每月一次的安全培训以提升工人的安全意识，但对于质量信得过班组的建设，还可以在提升产品质量安全的方面做出改进，比如为了环保和控制成本而重复利用的吨袋要设置使用期限，到期更换，也要和新吨袋分开储存放置以避免污染。

四、“信得过”的哲学反思

“树无根不活，企业无根不立。”企业文化不可能凭空产生，除了有效吸取社会文化外，中华民族历史和民族文化也是企业文化建设中应该重点考虑的因素。其中，最具代表性的就是儒释道三家。中国人一直用这种传统文化来规范自己的言行，用以勉励自己做人做事。马云说，我从道家悟出了领导力，从儒家明白了什么叫管理，从佛家学到了人怎么回归平凡，这些思想融会贯通，刚柔相济就是太极。经过此次调研，我们发现特种盐厂的企业文化可以浓缩为“信得过”，而这个企业文化与中国传统哲学有着深厚的关联。

“信得过”的内涵主要体现的是诚信。立身诚为本，处事信为基，古往今来，诚信是做人行商的一个永恒话题，是和谐社会的道德基石。诚信是企业伦理最重要的内容，企业的诚信要借助中国的传统文化，就是要使人们真正理解古人所讲“君子信而后劳其民，未信则以为厉己也”。

所谓诚信就是诚实守信，它是一个社会人与人之间互相信任的前提。孔子有一句话说得好，“人无信不立”，诚信对个人来讲是一个立事的准则，是一个与人相处的前提。对于企业来讲更是各种各样经营管理活动的主要前提。如果一个企业失去了诚信，企业与企业、人与人之间产生了严重的信任危机，而变得不再信任对方的时候，大部分需要人们通力合作才能完成的事情将会停滞，整个社会发展将会受到相当大的影响，那后果将会是非常严重的。

在中国传统文化中，诚非常接近道德信仰。孟子说：“诚者天之道也，思诚者人之道也。至诚而不动者，未之有也，不诚未有能动者也。”作为人道的根本要求，诚与信渗透在生活中的方方面面。做人要诚实，不讲假话，不欺骗，不作弊，不掩盖错误缺点；与人交往要讲诚信，言必有信，说到做到，不折不扣地履行合同承诺；对国家、对事业、对工作，要忠诚，尽心竭力，不弄虚作假，不欺上瞒下；对友情、爱情，也要忠诚，要全心全意，不三心二意，虚情假意。荀子也重视诚，认为诚是所有德行的基础，他说："君子养心莫善于诚，致诚则无它事矣。"把诚当作最重要的道德观念的是《中庸》，《中庸》记载："诚者，天之道也；诚之者，人之道也。诚者，不勉而中，不思而得，从容中道，圣人也。诚之者，择善而固执之者也。"可见，至诚是一种尽性知天并达到天人合一的崇高境界。这是中国特色的道德信仰，它不依靠宗教，不通过神学，而从人性与天性、人道与天道的合一，从相信人性善并通过尽性知天的途径，达到天人合一的理想的人生境界。

中盐金坛公司作为国企，不仅要思考伦理天平的平衡问题，更要思考企业追求利益的行为方式。在追求和解决利益的平衡过程中，企业的管理者采取的行为往往可以分为"道"和"术"两种。时下，在很多企业片面追求利润，采用一种"术"的方式，暴露出很多弊病，在经营上见利忘义导致欺骗欺诈事件屡禁不止。这种道德失范、诚信缺失的企业虽然可能在个别项目上获利，但却是无法走远的。中盐金坛的经营应是一种"道"的方式，以"信得过"的经营哲学，走"大道"而非谋"小利"。

以上就是我们课题调研的成果，由于时间紧促，我们小组也没有在管理或制盐方面的知识基础，调研结果很可能存在不足，但希望我们的调研可以为中盐金坛公司特种盐厂班组的建设尽到一份力。

中盐金坛公司贤文化主题活动建设研究

张行津 *

一、企业文化建设需要遵循的原则

首先，企业文化建设要遵循系统性原则。企业文化本身是一个复杂的系统，企业的精神文化是企业文化的核心，它是激励企业员工奋发工作的动力源，也是凝聚企业员工团结奋斗的思想纽带。企业的物质文化、制度文化、行为文化和品牌文化是企业精神文化不可缺少的载体，是企业精神文化真正产生实效的各种途径。这五个子系统相互联系、相互作用、相互转化，共同构成了企业文化这个复杂系统运行和发展的基本模式。因此，在企业文化建设的过程中，必须抓好这五个子系统方面的工作，以系统的思维方式和工作计划处理好这五个子系统之间的关系。

其次，企业文化建设要遵循战略性原则。企业文化是企业制定和实施发展战略的指导性文化理念和价值取向，它是企业的一种重要的战略性资源。企业文化建设本身也就成为一种涉及企业长远发展的战略性实践活动。因此，在进行企业文化建设时要以企业整体的发展战略为导向，使文化建设为整个企业的良性发展服务。

第三，企业文化建设要遵循动力性原则。推动企业文化建设的动力是由企业家和全体员工形成的一种合力。企业文化建设离不开企业家的物力、财力和脑力支持，但是仅凭企业家是不能创造一种合乎企业整体利益的文化的。只有员工全员参与才是企业文化建设取得成功的根本保证。

第四，企业文化建设要遵循创造性原则。这条原则的根本依据在于企业

* 张行津，厦门大学人文学院哲学系博士研究生，日本立教大学心理艺术人文学院研究所研究员（2019.9—2020.8）。

文化本身的内生性和个性。世界上绝没有两个企业的企业文化一模一样。企业在建构自己的企业文化体系时必须依据自己的内在要素、内在结构和经营管理活动的内在要求进行创造，而不能照搬照抄别的企业的文化体系。只有这样才能形成独一无二的本企业的文化价值体系，使员工有强烈的认同感和归属感。

企业文化建设的这四个原则相互联系、融会贯通，是确立企业文化建设的体系、目标、动力和方法的重要理论依据，坚持这些原则相统一，才能推动企业文化建设沿着正确的方向和道路前进。

二、企业文化建设的具体措施

首先，要坚持以人为本，激发员工参与企业文化建设的积极性。人是生产力中最重要的因素，同样的，也是企业文化建设中的最重要因素。如果一个企业能够把人这一最为宝贵的资源充分利用和发展起来，把企业每一个员工的积极性都调动起来，那么企业也就具有了不断向前发展的动力源泉。具体说来，一方面企业领导要为员工树立榜样，以身作则地贯彻企业的价值观和理念；另一方面，在培育企业职工整体价值观的同时必须建立、健全、完善必要的规章制度，使员工既有价值观的导向，又有制度化的规范。

其次，要完善企业道德环境。企业文化同时又是道德文化，人无信则不立，企业无信则不长。要完善道德环境，一要加强职业道德建设，创造灌输企业道德意识的外部环境；二要强化职工的自我约束能力，创造内化企业道德意识的内部环境；三要提升企业的外部形象。良好的企业形象，对内部能够产生强大的凝聚力、吸引力和向心力，对外能够获得良好的企业信誉，使企业的整体素质得到提升。提升形象可以通过公益活动、广告宣传等途径得以实现。

最后，要以文化融合为手段逐步形成企业无可复制的价值体系。市场经济条件下，企业文化的形成不是一朝一夕就可以完成的，需要做大量艰苦细致的工作。要注重宣传教育，通过各种宣传教育手段，运用党政工团宣传教育渠道，形成一种大力宣传企业文化的强烈氛围，使企业文化逐渐做到入耳入脑入心；让职工在潜移默化中培养成良好的心态、群体意识和主人翁精神，使企业的价值观体系最终形成，企业文化最终形成。

三、文化主题活动助推贤文化建设的现有成果

（一）人文培训

1. 新员工的培训

中盐金坛公司将新员工入职培训分为两个方面，一方面是人文素质培训，采用集中时间、系统学习的方法；另一方面是岗位技能培训，采用师傅带徒弟的方式。培训内容则分为四个层面，一是综合知识、二是专业知识、三是人文通识、四是实地参学。入职培训的主要目的是"理解和融入盐盆经济共同体文化——贤文化的人文综合素质培训"。

2. 贤文化专题培训

中盐金坛公司总经理、党委副书记管国兴指出，培训的初衷就是期望员工通过学习传统文化达到文化觉醒，意识到人之所以为人是因为良心和道德的存在，从而确立一种正确的价值取向，让自己的内心变强大，进而以良好的德行影响和带动周边的人。如是，企业也会随之发展，外在的经济指标也就"随心所欲不逾矩"了。

公司期望通过贤文化专题培训，开启员工慧性，将贤文化的思想融入事业、家庭、生活之中，使身心和悦、家庭和谐、工作和顺、生活美满、企业和乐，使中盐金坛人的共同事业在"敬天尊道，尚贤慧物"的路上走向更高境界，走得更加久远。要言之，中盐金坛贤文化培训的宗旨是"博学厚德，修心养身，知行合一，成贤合道"。

贤文化的专题培训内容分"贤文化与中华优秀传统文化智慧，贤文化与西方文明智慧，先贤王阳明及其心学"等主题，同时辅以"诗、书、礼、乐、艺、茶、养、武"之教，修身调心，厚实人文素养，提升职业境界，深化对贤文化的理解，建立"志贤"的目标。

（二）媒介传播

公司现有《中盐人》《贤文化》和微信公众号等多种渠道鼓励、宣传中盐金坛贤文化，将传统文化、企业大事件、技术创新研发、管理制度更新跟进效果、员工生活所感所悟而写成的文章等多种信息进行报道。拉近公司员工之间的距离，团结一心，和谐发展，共创辉煌。

（三）行知班

中盐金坛为推进公司学习型组织建设，践行“知行合一”的贤文化精神，使贤文化真正成为员工的价值观、思维方式和生活方式，从 2014 年起，在全公司开展“行知班”建设活动。其建设的重点是员工如何应知应会的业务知识、岗位技能、管理能力、职业道德等事项逐一落实到行动上，使“行”为真行，“知”为真知。从寻找存在的具体问题入手，通过研讨性学习提出解决问题方案并一一落实到行为中，使工作中的短板得以不断改善；发现“知”的不足，发现对贤文化“知”与“行”的不足，按照“知行合一”的要求做到“日日新”；在“行知班”建设过程中，结合具体工作、具体问题、具体案例学习、理解贤文化。

（四）贤文化研究会

贤文化研究会的宗旨是在金坛盐盆经济共同体中推动形成学习、研究、宣传、践行贤文化的良好环境，为贤文化体系的构建和丰富完善提供智力支持，为贤文化的传播积聚力量。简而言之，可概括为“培育道德资本”。道德是一种无形价值，道德也是企业的资本。作为学习、研究中国盐文化和传统文化的人文高地，贤文化研究会要秉承传统文化之独立研究精神，以成就贤德贤才为价值取向，把中国传统文化的义利之辨落实到个人实践中。

研究会开展贤文化传播的主要活动形式是成立读书会，组织和指导员工阅读经典。研究会在《中盐人》发布的《读经典倡议书》中说道：“阅读经典，就是与经典对话，在对话中理解先贤的人生，理解先贤的思想和感情，从而反观自身，体味自我的生命状态，反思自我的生命历程，回归自我生命的本质。一句话，在经典中重新发现自己。贤文化研究会乐于搭建平台，零距离地亲近中外文化经典，吸取经典的智慧，成就智慧人生。”读书活动分为平时自主阅读和集体研讨两种形式。贤文化的首批阅读书目为十二部中外经典，《论语》《孟子》《道德经》《庄子》《易经》《传习录》《圣经故事》《古希腊神话与传说》《古罗马神话》《全球通史》等。

四、企业文化落地的模式探析

有效的企业文化落地往往使员工经历知晓企业文化、认同企业文化和践行企业文化三个阶段，这三个阶段相辅相成、缺一不可，特别是将各阶段工作与人力资源管理有效结合，更能有效解决企业文化落地问题。据此笔者将其归纳为企业文化落地的“知—信—行”模式，即在研究人生观、世界观、价值观以及行为特点形成过程的基础上，通过文化传播、强化认可、行为遵循等相关方式方法，使员工由知晓、了解到熟悉、相信企业文化，最终自觉践行企业文化，按照企业价值观体系要求进行行为改进的企业文化落地有效方式。这种方式通常要经历三个阶段。

（一）“知”的阶段

企业文化之所以成为文化，首先在于其为企业多数员工知晓并充分认同。没有认知就没有认同，没有认同就没有形同（或行同），所以说认知是影响行动的先导，使员工充分认知企业文化，尤其是对价值观体系和行为指引的认知，是企业倡导的各种理念和行为标准能够真正落地的基础。

（二）“信”的阶段

践行企业倡导的各种价值观念，仅仅知道是不够的，还必须让全体员工认同，就是要使他们相信企业文化中的各种价值理念不仅独特和符合企业实际，而且是企业正在坚定不移地加以倡导和推行的，坚信只有这样做才能符合企业的价值标准和行为要求，才能推动企业的健康发展。

（三）“行”的阶段

如果知是基础、信是关键，行就是最终目标。只有当全体员工的行为都能够自发按照企业核心价值理念规定的基本思维模式和行为模式去践行，企业文化落地才真正有效。当然，企业文化落地并不是一劳永逸的，在员工认知和践行的过程中，还需要进行不断地评估和检验，并不断地加以升华和完善，只有这样才能使企业文化真正与人力资源管理相融合。

五、利用“知—信—行”模式落地企业文化的措施

（一）植入思想，让员工认知企业文化

了解是通往认同的基础，首先要通过多种有效措施在全体员工中传播企业文化，使全体员工知其然和所以然，这是企业文化落地前提和基础，主要通过正式教育和非正式教育两种形式进行。

1. 正式教育

多采用培训研讨、案例讲授、故事演绎、对标法、头脑风暴法等方式，

使员工建立对企业文化的直观印象与认识，并形成符合企业文化理念的思维方式、处理工作的方法论及价值观。其培训内容要与企业文化的价值导向相一致，通常结合企业真实案例，将先进事迹和反面典型纳入案例讲授，适合长期执行、定期培训，通过建立培训计划，形成企业文化认知的长效机制。较为常用和有效方式有两种：一是企业文化研讨营。主要适用于企业中高层管理者，通常在相对封闭的环境中进行，主要采取授课、研讨、自我诊断、团队游戏、分组竞赛、成果分享等方式，最终达到统一领导班子和管理层对企业文化认识的目标；二是企业文化大讨论。主要针对企业全体员工，将行动学习、企业教练、群策群力、无边界协作等多种模式贯穿于全过程，通过大讨论，使员工就本公司的文化形成共识，深刻理解价值观指引下的行为特征，并在思想上达成一致，实现思维模式的转换。

2. 非正式教育

指区别于正式教育形式，有企业自身特色、灵活多样的教育形式，具有针对性、灵活性和亲和性的特点，多采取较灵活的方式将企业价值理念融于其中传导给员工，潜移默化地影响员工的行为。较为典型的代表是日本丰田公司针对不同人群、不同目的创造各类特色活动，如内部团体活动、个人接触活动、故乡通信活动等，称之为“人与人之间关系的各种活动”。通过这些方式，能够有效提升员工的团队精神和归属感，也有助于其认知企业所倡导的价值理念。

（二）塑造思想，让员工认同企业文化

企业文化的认同不是自觉的过程，需要通过强化管理使员工对企业文化所倡导的价值理念予以认同，在这一过程中，人力资源管理部门可以通过制度文化、榜样激励、领导垂范和焦点问题解决等手段来帮助企业员工相信和认同企业的价值理念。

1. 制度文化法

要把企业文化渗透到企业管理过程变成人们的自觉行为，制度是最好的载体之一，制度规定给人以约束力，更给人以动力，实际上反映了企业的价值取向，也为员工自我管理奠定了基础。企业文化落地特别要做好：一是补偿和奖励制度，这是价值理念最为直接的体现，它告诉员工什么是对的和被鼓励的，什么是错的和不允许的，潜在体现了企业的价值导向以及企业倡导的理念和行为准则；二是考核和评估制度，要使企业文化真正发挥作用，必

须客观评价企业文化核心因素被遵循和执行的情况，这就要求在企业内形成有效的考核评估制度，将企业文化核心因素融入员工考核与评价中，使企业价值理念成为考核体系中多元化考核指标的一部分。当制度涉及的内容被员工心理接受并自觉遵守时，这些制度就变成了一种文化，进而形成共同的价值观与工作合力，并将企业文化的作用发挥出来，这也是人力资源管理在文化认同教育中必须做的工作之一。

2. 榜样激励法

企业榜样是指企业经营活动中涌现出来的具有较高思想境界、业务技术能力和经营管理业绩的，具有示范引领作用的优秀员工的总称，包括劳动模范、先进骨干、英雄人物和优秀管理者等。企业榜样集中体现了企业的主流文化，是企业完美化、内在化的价值观的代表，他们的观念、品格、气质与行为特征都是特定价值观的具体体现。人力资源管理部门要把树立本企业的英雄人物、传奇人物作为企业文化认同的有效手段，因为榜样的力量是直观的、感性的，榜样使生硬的价值观变得更具体与易于实现，使成功成为可能并且合乎人情，并且能在建立促进发展核心竞争力的行为标准的同时，调动员工的积极性。具体方式有：一是在企业文化落地的过程中，高层领导率先垂范，查找不足，自觉提升领导素养和能力，在员工中形成学习的榜样；二是针对企业文化建设不同阶段出现的先进人物与事迹进行集中表彰和奖励，利用仪式的形式扩大宣传效果；三是设立企业文化标兵、服务品牌形象大使、服务品牌服务标兵等荣誉，开展品牌形象代言人的评选活动以及其他社会公益活动等。

3. 焦点事件法

日常工作中，员工对于企业文化的判断和感知是通过具体的行为（即使是微不足道的小事）来实现的，因此，在企业文化认同教育中，还可通过具体的行为、事例来表达文化内涵以强化员工的感知，这种方式就是焦点事件法，焦点事件反映了企业倡导的价值取向，能让员工在体验中认同，长期坚持能够产生润物细无声的作用，会对文化形成深层次的影响力。具体做法有奖惩公示、晋升公示等。

（三）改变行为，让员工践行企业文化

企业文化要对企业经营管理产生积极作用，需要员工真正践行企业核心价值理念，使之真正影响员工的思维和行为模式，并确保这种思维和行为模

式在新老员工交替中具有一致性和延续性，这需要人力资源管理部门在人员招聘、晋升和行为改进中的持续导入和推动。

1. 招聘导入

人力资源部门要通过有目的公关活动和广告宣传让潜在的员工了解企业文化，特别是企业的基本价值观念、基本的原则和宗旨，用合理的手段分析判定应聘者的价值取向与企业的价值观体系是否一致，并通过面试选择对本企业文化认同度较高的人员。同时，要对新招聘员工进行企业文化培训，通过规章制度、奖惩纪律、企业发展史、企业传统等内容培训，使新进员工对企业文化有全面、系统的认识。

2. 晋升导入

企业的晋升机制反映着企业的价值理念，企业的人才价值理念决定了什么样的人才是企业所需的，人力资源管理部门必须将企业文化融入企业识人和用人标准，创造具有本企业特色的员工晋升机制，使员工自觉按照企业文化及其价值理念的需求提升自身相关能力。

3. 行为改进

企业文化落地最重要的标志是企业文化理念落实到员工的行为中，并通过员工日常行为体现出来，可以说，员工行为改进是企业文化践行的必由之路。人力资源管理部门要按照价值观要求，采取各种形式，对于企业倡导的行为进行奖励，并增强对不符合企业倡导的行为进行负向激励，强化员工对价值观与行为相匹配的理解和认同，逐步内化为员工的理念，改进员工行为。特别是要分层级制定阶段性的行为改进目标和要求，确保按预期完成。

综上所述，企业文化落地是一项系统工程，其实质是企业内部的一场深刻变革。其中，人力资源管理部门充当着设计者、引导者、推动者和评判者等角色。企业文化落地不仅仅限于上述几种方法，各企业都应结合自身特点创新性地开展文化落地建设。企业文化落地成功的关键在于企业高层的重视和推动、在于员工对企业文化的认同和践行，但不可否认的是人力资源管理是企业文化落地的有力抓手。

六、未来的跟进与完善

在以贤文化为核心的企业文化中，早期理论与规则的建设是十分重要的，但后期也可根据具体的行动实践效果来加以改进和完善。每一种贤文化载体的活动方式，每一次贤文化的践行是否真的行之有效，是否需要调整早期建设的贤文化理论，是我们后期需要跟进和完善的地方。

现就目前所掌握的资料，以读书会为例，可根据企业员工个人的兴趣爱好，受教育层次的不同，分别收集大家喜爱哪些经典读物，设立不同书目的研读班，与此同时，在书目选择上降低门槛，如可将中国古代四大名著《三国演义》《西游记》《水浒传》和《红楼梦》列入经典研读中来，这样一来可以提高读书会的受众的兴趣度，二来所读经典本身不难却又兼并故事性与人生哲理，可以达到更高的普及度。此外，在传统经典四书五经的选择上亦可以由浅入深，由白话文逐渐过渡到文言文（此种设想可根据受教育程度的不同来进行调整）。在每次研读会后，给予大家一定的时间，书写读书报告，对提供作品优佳者给予一定的物质奖励。

贤文化落地方法论

郑蔚*

在对中盐金坛公司企业文化落地的调研的基础之上，本文分别从主要成果和原则概括两方面出发，探讨贤文化之落地方式的多样性和影响，旨在从该公司的文化主题活动等文化落地方式中，寻找概括出助推企业文化落地的可复制的一般模式，并尝试提出建设性的建议。

一、贤文化的内涵

不言而喻的是，任何有效的探讨，必须基于对所使用的概念的清晰定义。本文首先要明确两个概念：什么是企业文化，以及什么是贤文化。

企业文化本质上是企业趋向目标时所表现出来的每个成员行为取向的趋同性。每个企业都必有其企业文化，从企业的组织方式、品牌形象、考核等制度，到员工的衣着、谈吐，都表现出企业文化的影响。只有能使企业以更高效率地达成目标的企业文化，我们才说它是一个好的企业文化。企业文化能从根本上解决这一问题，即对本企业来说，什么样的行为是正确、值得鼓励的，以何种方式来鼓励？因此，企业文化的落地就在于，首先根据企业的总的使命、目标，建构一套文化体系，并通过文化主题活动等活动形式，最终助推企业更高效地完成自身的使命、目标。

贤文化是中盐金坛公司的企业文化。公司《中盐人》于 2013 年秋季刊发了《贤文化纲要》修改稿，将贤文化的内涵概括为 8 个词：敬天，尊道，明本，顺性，尚贤，慧物，贵和，致远。这 8 个词，每一个词都有丰富的含义，是对“什么是尚贤行为”这一问题的解答，也是在为员工的行为风格指明方向。这一方向具有富强、和谐、友爱、可持续等精神，体现出一种有中国特

* 郑蔚，厦门大学哲学系本科生。

色社会主义特征的企业使命，相当有“方向感”。因此，贤文化在内涵上是一优秀、进步的文化。

二、中盐金坛贤文化落地的基本原则

下面将根据调研资料，总结贤文化落地的原则，尝试整理企业文化落地的一般方法论。

首先，企业文化建设要遵循系统性原则。

我们知道，企业文化，是一个复杂的系统，包含精神文化、物质文化、制度文化、行为文化和品牌文化等部分。这些部分之间相互联系、相互作用、相互转化，共同构成了企业文化这个复杂系统运行和发展的基本模式。因此，在企业文化建设的过程中，必须抓好这五个子系统方面的工作，以系统的思维方式和工作计划处理好这五个子系统之间的关系。

其中，企业的精神文化是企业文化的核心，是激励企业员工奋发工作的动力源，也是凝聚企业员工团结奋斗的思想纽带。企业的物质文化、制度文化、行为文化和品牌文化是企业精神文化不可缺少的载体，是企业精神文化真正产生实效的各种途径。可以看到，中盐金坛企业文化的各个方面在贤文化中皆有体现。如，物质文化表现在：敬天，珍惜资源，爱护万物。精神文化表现在：尊道，尊道在进德，进德在修身；尚贤，博学厚德，修己安人。行为文化表现在：明本，以人为本；致远，诚信修睦。制度文化表现在：贵和，以礼治企，以乐和人；慧物，集体优先于个人，利万物而不争。其中，精神文化统摄其他部分的企业文化，修身进德是习得其他文化内容的基本。因此，我们在进行文化主题活动的时候，重点是要抓住精神文化的建设。

第二，企业文化建设要遵循战略性原则。

中盐金坛每年都举办新员工培训，培训中间还有仔细划分，包括技术培训、文化培训等不同层面的培训。企业文化既然是一种行为取向，是企业制定和实施发展战略的指导性文化理念和价值取向，因此可以认为，企业文化是企业的一种重要的战略性资源。而企业文化建设本身也就成为一种涉及企业长远发展的战略性实践活动。因此，在进行企业文化建设时要以企业整体的发展战略为导向，使文化建设为整个企业的良性发展服务。

企业在设计文化主题活动的时候，必须用上一种战略性、长远的眼光。这种战略性的眼光就是说，企业文化建设不是一次两次活动就能搞定的，不是零零散散的几个活动就可以搞定的，而要有一个更长远的策划。每次活动之后，企业要得到适当的反馈，要了解文化活动的参与情况如何、效果如何等。反馈需要一套标准化的测量体系，需要设计量表。一种可能的方式是，在活动过程中，建一个由参与者组成的QQ群，通过群内发放和收集问卷的方式来取得相应的反馈。有了反馈，才知道文化主题活动举办收效如何，是不再办还是坚持办，是否需要做适当的调整，调整的方向大致如何，等等。通过收集反馈来解决问题，便能逐渐完善文化活动的形式，使活动能以更高的效率完成其建设任务。这便是一种长远的、发展的战略眼光，是企业文化落地的战略性原则的体现。

第三，企业文化建设要遵循动力性原则。

从中盐金坛的文化活动我们看到企业文化部在努力使员工们尽可能多地参与到活动中来。推动企业文化建设的动力是由企业家和全体员工形成的一种合力。企业文化建设离不开企业家的物力、财力和脑力支持，但是仅凭企业家是不能创造一种合乎企业整体利益的文化的。只有员工全员参与才是企业文化建设取得成功的根本保证。

第四，企业文化建设要遵循创造性原则。

我们在中盐金坛的企业文化落地中，看到了这样一种有趣的创造性：中盐金坛生产盐，盐是咸的，而中盐金坛的企业文化就叫作“贤文化”。盐有一些特质，而这些特质刚好能代表人身上的一些美好的德行。比如，盐是广泛地存在于生命体的体内，盐是生命之根本，而这刚好呼应着贤文化中的“明本”，公司以员工为根本；再比如，盐通过溶解在水里来发挥它的价值，所以贤文化里就有“贵和”，员工在一起，以礼治企，以乐和人，以和为贵，其乐融融。

创造性原则的根本依据在于企业文化本身的内生性和个性。世界上没有两个企业的企业文化一模一样。企业在建构自己的企业文化体系时，要依据自己的内在要素、内在结构和经营管理活动的内在要求进行创造，而不是照搬照抄别的企业的文化体系。这样就能形成独一无二的本企业的文化价值体系，使员工有强烈的认同感和归属感。

在企业文化建设中，将这几个原则相互联系、融会贯通是确立企业文化建设的体系、目标、动力和方法的重要理论依据，坚持这些原则相统一，才能推动企业文化建设沿着正确的方向和道路前进。

三、中盐金坛完善企业文化落地模式的若干建议

（一）提高活动的参与积极性

我们在访谈中发现，举办文化主题活动最大的阻碍之一在于公司员工的参与度。如果公司员工都不来参与文化主题活动，那么活动策划得再周全、再有创意，也不能达到活动举办的初衷。因此，如何提高公司员工对于文化活动的参与度，是一个首先要解决的问题。

一种可能奏效的方法是：公司员工们作为社会人，大都是比较现实的人，所以应先以奖励或者把是否参与和绩效挂钩，吸引一部分人参与活动。当公司成员的习惯变为主动参与时，再把奖励的幅度慢慢降下来，运用认知失调使员工们将自己参与活动归因为"活动有意思"或者"活动有意义"而不再是"活动有奖励"。另外，在活动中加入比赛，设置一些奖项，把气氛活跃起来，使这些活动变成员工茶余饭后谈论的热点话题。这样便会形成一种集体感染力，感染更多的人加入进来。

当然了，活动本身得具有吸引力。可什么样的活动是有吸引力的呢？可以设想一下，什么样的形式、内容是那种参与者禁不住发朋友圈的，什么样的形式、内容就是有吸引力的。

（二）通过问卷调查等反馈手段，改进与完善贤文化纲要

在以贤文化为核心的企业文化中，早期理论与规则的建设是十分重要的，但后期也可根据具体的行动实践效果来加以改进和完善。文化建设是一个比较长期的过程，相对于生产力建设来说，见效可能没有那么快。因此，要不断完善文化纲要，更精准地概括之，使其越来越贴近企业的最终使命、目标。改进和完善依据于反馈。每一种贤文化载体的活动方式，每一次贤文化的践行是否真的行之有效，是否需要调整早期建设的贤文化理论，是我们后期需要跟进和完善的地方。

怎么取得反馈呢？主观的办法是问卷调查。像之前所提到的，可以在活动参与的 QQ 群中发放问卷，可以在活动过程中、结束后发放问卷，可以在活动过程中以采访的形式取得反馈。客观的办法则是观察法。想办法将员工的活动参与度与员工所受的影响度分别量化，进行统计学分析，研究两者之间的相关性。

（三）调整读书会推荐阅读书目

就目前所掌握的资料来看，读书会所设置的书目更多的是文言文经典。可由于现代汉语和古代汉语两者之间的使用习惯非常不同，所以会存在读古文难懂、枯燥的问题。

建议不如推荐一些更为通俗的书籍，或者分层次推荐书籍。以读书会为例，可根据员工不同的受教育层次和兴趣爱好，分别推荐大家更易于接受的经典读物，可以设立不同书目的研读班。与此同时，可对某些经典的选择上降低门槛，如，可以选取经典中比较好懂的、脍炙人口的片段拿出来选读；又如，可将《西游记》等通俗小说也列入经典研读中来。这样一来可以提高读书会的受众的兴趣度，二来所读经典本身不难却又兼并故事性与人生哲理，可以达到更高的普及度。此外，在传统经典四书五经的选择上亦可以由浅入深，由白话文逐渐过渡到文言文。在每次研读会后，给予大家一定的时间，书写读书报告，对提供作品优佳者给予一定的物质奖励。

由于时间有限，本调研组没能对文化主题活动举办的实地实况进行调研。本文若有不符合事实、逻辑之处，恳请读者批评指正。

强化国有企业监督的对策和建议

金文卓*

国有企业是国民经济的支柱和命脉，是中国经济健康稳定发展的助推器。自改革开放以来，随着国有企业内部管理制度的改革，国有企业进入世界500强企业的数量逐步增多，产生了巨大的经济效益。然而，尽管国有企业在发展中取得了不小的成绩，但是在管理水平和生产效率上依然与欧美一流企业有着一定的差距。而形成差距的最主要的一部分因素在于我国国有企业的监督体系需进一步完善，需要进一步建立健全有效的、全面的监督体系。在这一方面，近十几年来的学者们进行了深入且细致的研究。然而，事实上，在经过了几十年国有企业管理模式的摸爬滚打，积累了许多宝贵的经验，问题已经不在于去如何建立一个全面的、有效的监督体系，而在于如何强化对国有企业的监督，去更好地发挥这些监督制度的作用，因此对这一问题的研究也同样是十分重要的。本文以新制度学派的理论为切入点，分析监督制度的组成部分，进而得出强化国有企业监督的关键在于强化实施机制，并通过对实施机制的成本收益考察，有针对性地提出相应的对策和建议。

一、制度绩效分析

美国著名经济学家诺斯认为：“制度包括人类用来决定人们相互关系的任何形式的制约。制度是正规的还是非正规的？二者兼而有之。”他将制度分为正规制约和非正规制约。所谓的正规制约即是在特定的领域制定的约束人们行为的一组规则和行为规范，包括一些规定、道德伦理等方面。而非正规制约则是指人们在长期交往中自发形成并在无意识接受的行为规范。诸如观念、传统习俗、文化经济等。这两者共同构造了制度的相关规则，而另一方面，

* 金文卓，厦门大学哲学系硕士研究生。

实施机制则衡量了制度的整体效果。因此事实上，制度的绩效由三方面组成：正规制约、非正规制约和实施机制。正规制约表达出了顶层设计者的期待与目标，而非正规制约以及实施机制则是这一目标达成的障碍。因此，制度绩效实际上就是制度得到正式实施的程度与所要达到预期效果之间的差异，差异越大，则意味着制度绩效越低、越没有效率。由此，要想达到一个良好的效率水平，那么至少可以从增加正规制约、消除非正规制约以及强化实施机制。然而，消除非正规制约是不可能达到的，个体一定会受到一定的传统观念和习俗的影响而使得自身对制度的理解有所偏差。增加正规制约则是一项治标不治本的举措，通过增加正规制约约束人们的行为，不但会使得制度越加烦琐，同时还会引起个体对制度规则的反抗与不满。因此，提高制度的效率水平不能通过消除非正规制约来实现，这既是不可行的，也是不可能的，也不能通过增加正规制约来实现，那么通过强化实施机制是否可以达到制度效率水平的提高呢？“制度在发挥其功能中的一个实质性部分就是确定犯规和惩罚严厉性的成本”①，而所谓的实施机制正是指对违反正规制度的人做出相应的惩罚或者对遵守制度的人做出激励。可见，实施机制所要达成的目标正是制度的功能所要实现的。因此，提高制度的效率水平，最佳的途径就是通过强化实施机制来缩小与预期效果之间的差异。

监督制度作为国有企业制度建设中的重要一环，当然也适用于这样的分析。强化国有企业的监督实际上也就是提高监督制度的效率水平。因此，强化国有企业的监督，不能通过增加监督制度来实现，而是强化监督制度的实施机制。但需要强调的是，这并不意味着监督制度设计不重要，设立一个好的监督体系的确能够使得效益最大化。但是，在一个既定的预期目标下，在已有的监督体系下，重新设计一个监督制度所需要的成本是十分巨大的，因此通过强化实施机制来达到预期效果，是一种相对来说成本比较小的方案。

二、实施机制的成本分析

“就国有企业监督制度来说，它是一种供给主导型的强制性制度安排，通常，这种制度不会得到自动实施，需要建立专门的实施机制”②，它通过改变

---

① ［美］道格拉斯 · C. 诺斯：《制度、制度变迁与经济绩效》，刘守英译，上海：上海三联出版社，1994 年。

② 郑石桥、李曼、郑卓如：《国有企业监督制度“稻草人”现象——一个制度协调理论架构》，《北京师范大学学报》（社会科学版）2013 年第 5 期。

制度相关主体的成本收益来实现作用。在一个实施机制中，有两大主体：监督者和被监督者。对于被监督者而言，他们的成本最主要的是个人成本，譬如违反规则而受到惩罚等，相对地，其收益就是不受到惩罚或者以出色的工作获得激励。对于监督者而言，他们不但需要考虑个人的成本，也需要考虑社会成本，诸如资源利用问题、环境污染问题等，其收益主要来源于这份工作带来的薪水以及奖金等。由于各个主体同时也是由个体组成的，因此在执行过程中也会受到自身好恶等非正规因素的干扰。对于国有企业而言，要想最大化监督制度带来的收益，那么就必须尽可能地降低监督成本，因此就有必要分析当前国有企业监督体系的一些现状。

一是企业员工监督意识有待加强，缺乏自主监督、自我监督的意识。对企业员工的监督多半是依靠制度监督，依赖于监督人员对监督制度的执行程度。因此，国有企业的监督体系在某些情况下是一种强制性的监督或者说是被迫监督，需要进一步充分发挥企业员工自我管理、自我监督的积极性。因此，对于员工而言，只要犯错误没被抓到便可逃过一劫；而对于监督人员而言，反正没人监督我，我可以适当地凭着自己的好恶来进行监督，因此不能做到公正、一视同仁。尤其是对一些企业领导人的监督，“据调查，一些企业领导人一是不愿接受监督，他们把来自上级的监督和监事会的监督看作对自己的不信任，把来自同级的监督看作和自己过不去，把来自下级和股东的监督看作找碴”[①]。

二是政策、法律法规的频繁更迭，也同样给企业带来巨大的成本。“国有企业改革以来，为了填补其监督上的漏洞，中央和地方先后出台了大量的政策、法律和法规，耗费了巨大的制度成本；这些政策、法律和法规的实施，全国各种机构的扩大、人员的扩编、设备的增添……”[②]，都耗费巨大的直接成本。

三是企业盲目发展带来的资源浪费现象、环境破坏问题等造成社会效益严重下降，监管人员的不作为甚至是贪污腐败更加使得这种现象严重起来，极大地损害了社会经济的健康发展、危害社会稳定、打击员工的生产积极性。

针对以上这些现状，我们可以将实施机制的成本分为四类。

---

① 罗玉彬、唐光贵、黄正宏：《加强对国有企业监督的调查报告》，《四川监察》1999 年第 10 期。

② 刘志奇、卜金超、史慧敏：《降低我国国有企业监督成本的途径分析》，《党史博采》（理论）2013 年第 6 期。

一是直接成本，指监督制度在执行过程中所需要消耗的资源，它包括以下几种：人工成本，对监督主体发放工资、奖金以及对员工进行管理培训所需要耗费的资金数量；运营成本，监督人员在执行过程中所需要的一些办公费用、业务费用等等；执行成本，对监督人员履职情况或者业绩检验所耗费的资源数量。

二是间接成本，指监督人员贪污腐败和不良行为给公司带来损失，以及员工、领导等对监督人员的不信任、抵触所造成的效率低下而产生的成本等。

三是社会成本，指监督人员未能履行自己的职责而造成的资源浪费、环境破坏等问题，造成负的社会效益。

四是其他成本，指一些非正规因素的影响而造成监督制度执行的困难所产生的损失等。

三、对策和建议

针对以上在监督制度执行过程中所产生的成本，我们仍然可以提出一些有效的对策来降低这些成本。

（一）加强信息化建设

伴随着知识经济、信息化时代的到来，信息化工作在各个领域都大展身手，成为当今社会的一种主流趋势。推动信息化建设、引进高科技技术、使用自动化设备等都将是现代国有企业发展所要面临的新举措。加强国有企业信息化建设，可以精准地对生产进行监督，减少直接成本，并有效地提高了企业管理水平和生产效率。因此，国有企业在建设信息化过程中，可以做到以下几点。

1. 建立并完善数据库，数据是信息化建设的核心，要加强对数据的管理和建设，及时录入新数据，加强对信息化的认识能力和甄别能力，“从数据的格式、数据录入、存储、交换、备份以及管理等方面，制定相应的标准和制度，对其进行全面的管理，为了方便数据共享，尽量考虑数据库的一致性”[①]，建立不同区块的数据中心，并形成共享、互备。同时，也要注重对数据进行分析，加强数据的预测和准确性，使之能够更为精确地反映企业的生产运行状况。

---

① 杨荣军：《国有企业信息化建设浅析》，《中国高新技术企业》2007 年第 6 期。

2. 加强人才队伍建设，引进高技术人才。信息科技人才是信息化建设的智力支持，加强对这类专业人才的培养与引进，而不是在许多信息技术部门中使用兼职或者是临时人员，强化对国有企业各单位员工的信息化知识培训，使得信息化建设深入到企业发展的各个角落。

3. 健全数据信息安全体系，对于信息系统的各项设备、网络、软件、数据等方面建立不同层次的安全防卫体系。形成常态化、完整化的安全记录机制，定时定期对数据的存储、传输的安全进行检测。

4. 建立信息化建设的相关配套措施，诸如报告会制度、考评制度等等。“报告会制度是指定期组织相关部门进行信息统计分析报告会，而考评制度就是把信息化建设工作归入相关部门和人员的考核内容当中”①，通过建立这些配套措施，能够更加提高对数据信息的利用效率，从而完善信息建设体系。

5. 将企业信息化建设与“互联网 +”融合起来，“互联网 +”有着信息功效、超越时空、实时交互性等优势，能够促使企业走向“智能化、定制化”方向发展，“国有企业应结合自身行业特点的同时，依靠互联网技术的深度发掘，做到直面消费者，了解真实需求、合理调整迎合需求、进而创新的需求”，促进企业管理效率的提升。

（二）加强企业文化建设，提高企业员工的思想道德修养

要积极弘扬优秀的传统文化，践行先进文化，构建出企业自己的文化内核，“企业精神文化作为企业文化的核心层，源于企业长期生产经营活动和文化的学习与传承，是企业文化精华的集中体现，具有较强的渗透力和影响力”②。党风建设与反腐败工作既要堵，又要疏，堵治标，疏治本。党风建设与反腐败工作的最高境界是不想腐，是实现党员领导干部的自我管理，而不是严刑峻法。在国有企业中探索人文管理，利用企业文化培育人才，将廉洁文化融入企业文化，这样可以提升员工道德素养、政治素养，实现员工的自我管理，有效解决党风建设与反腐败工作难题。企业文化建设营造一种和谐的、友好的企业氛围，并将之内化成员工的品质和人格魅力，提高了他们的思想道德修养和文化境界，并且在员工内部形成友好、和谐的氛围，增强了

① 孟秀莲：《国有企业信息化建设的现状及措施探讨》，《中国管理信息化》2015 年第 10 期。

② 张莉：《国有企业思想政治工作的创新载体研究——基于企业文化建设的视角》，《西南石油大学学报》（社会科学版）2016 年第 1 期。

对企业的认同感，提高他们的责任感和自信心，同时这也可以从根本上杜绝腐败、失职等不良现象的出现，避免造成无谓的损失，降低企业监督的间接成本和社会成本。

（三）建立完善的制度绩效评价机制

制度本身在一定时期内是固定的，而企业是在不断地发展。当企业的监督制度无法满足企业的发展需求时，就需要对制度进行再更新、再设计，因此需要建立起一个完善的制度绩效评价机制，对现行的监督体制的效果、设计以及运行进行定期的考察，不断对监督制度进行补充，使之适应于企业的快速发展。一个良好的制度设计不仅能够提升监督效率，也能促使监督成本的下降。而一个落后于企业发展的监督制度，不但对企业的日常运行以及快速发展起不到促进作用，甚至还会阻碍企业的发展。在评价的过程中还要加强对各个监督机制的考察，尤其是对实施机制的评价，通过这种方式，来强化监督的执行力度。

（四）完善监督标准，明确奖惩办法

监督就是对被监督者的行为或业绩进行考核与评价，考核与评价必须依据一定的标准来进行。标准的制定必须遵循可行性原则，能够切合实际情况，并能够得到贯彻执行。制定明确的奖惩办法能够增强被监督者的自我约束能力，激发他们的生产积极性。一些企业的考核虽然制定了严格的标准，并且能够贯彻执行，然而却是以一次性考核的办法来确定员工的业绩。这种方式在很大程度上并没有真正体现出员工在生产、工作过程中的实际情况，尤其是在对待新老员工上，就会出现不平衡的现象。对于老员工而言，他们在接受新知识、运用新技术等方面虽然存在一些困难，但他们相比于新员工具有更丰富的工作经验，对一些突发事件的处理也要比新员工干练得多，因此，以一次性考核的方式很大程度上没有表现出老员工的熟练作用，同时以一个标准去考核也会产生这种不平衡的现象。因此，考核的标准需要考虑一些突出因素，制定不同的比重。同时，还要将考核的方式渗透到员工的每日工作的行为和业绩当中去，形成员工考核日记，这样就能全方面地对员工进行考察，从而比较公正地进行奖惩。

（五）建立“四位一体”的监督体系

将纪检、监察、法律、审计整合起来，提高监督效率。在企业实际操作过程中，如果将四大监督内容各自独立起来，那么将会降低监督力度，造成各个部门相互掣肘的情况，因此，“纪检、监察、法律、审计同属于一个部分，有利于工作调配、运行协调、业务交流、文化培育”[①]，能够整合监督资源，加大监督力度，提高监督威力。这种“四位一体”的监督体系的特点就是人员少、精准度高、监督效果显著，因此，建立“四位一体”的监督体系必须要在加大信息化建设，利用强大的网络体系进行精准控制，同时加强对人员的培训力度与思想教育程度，同时它还要求企业能够积极与外部机构合作，善于利用市场的资源和智力库来协助监督的执行。中国化工从成立初期就十分重视监管和防控，坚持将“四位一体”的监督体系融合进公司的实践和发展当中，并不断进行完善，产生的成效明显，是中国化工能够快速健康发展的保障，这也同时为国有企业完善监督体系，强化监督实施机制提供了一条新颖的、操作性强的道路。

四、结语

强化对国有企业的监督、完善国有企业的监督体系、科学设置机构、加强执行力度等都是国有企业实现快速发展必须面对的问题。不同的企业由于不同的实践经验和生产情况，其所面临的难题千差万别。在现行的监督体系下，在不断地进行完善的同时，我们也可以从另一个角度，亦即强化实施机制来促成监督效果的提升。而如何进行强化、如何加强监督力度、如何进行精准防控等都需要结合企业自身的生产实际采取有针对性的解决方案。但无论如何，在当今信息化时代，国有企业的监督模式必须与时俱进，紧跟时代潮流，这样才能为企业注入新活力，促进国有企业的健康快速发展。

---

① 中国化工集团公司课题组：《“四位一体”监督体系的实践与思考》，《现代国企研究》2014年第9期。

四、贤之思

现代管理理论是传统智慧的当代发展

赖永海 *

就中国传统智慧而言，它的载体应该表现在儒释道三家。儒释道三家可以归结为心学。大而言之，心学可以分两个层次：一个是心境，一个是心智，也就是境界和智慧。境界和智慧又是一而二，二而一的，不管是境界还是智慧都与管理息息相关。

从某种意义上说，儒家是一种仁学，是道德哲学，更偏重境界。儒家的最高境界是以修齐治平为目标的内圣外王之道，以天人合一为追求的天地境界，二者都统一于心。修齐治平是以正心诚意为心，而天人合一是借助于尽心知性知天这种思维方式来实现的。

道家讲道法自然，重无为而治，似乎不是很关注心。其实不然，道家所讲的自然，绝非是自然现象，而更像马祖道一讲的本自天然不加造作的平常心，与孔子所讲的七十从心所欲不逾矩是一致的。无为不是无所不为，而是随心所欲都不逾矩。

现在的管理思想从某种意义上应该说逐渐从物的管理、制度的管理，转向人的管理、心的管理，在这一点上应该说中国传统智慧可借鉴的很多。目前比较容易达成共识的一点是：管理的最高追求应该是境界。而境界管理的实现，在中国传统智慧中可以说有很多的资源可以发掘，值得我们去深入探讨。

对于中国传统智慧与现代管理相互关系的问题，现代管理理论实际上是传统的管理思想、管理智慧在现当代条件下的延续与发展，这点已从管理思想的历史发展中充分体现出来。比较成熟的现代管理理论时间不长，只有近百年历史。但就人类的管理思想来讲，有人类社会就有管理活动，有了生产

---

* 赖永海，南京大学人文社会科学资深教授，中华文化研究院院长。

经营活动，就有生产经营的理念和管理思想。现代的很多管理思想是古代的、历史的、传统的管理思想在现当代的发展和表现形式。比如在农耕时代，在小作坊、手工工场阶段，当时的第一生产力是劳动者，那时相应的管理思想都集中到人。到了工业革命，发生了变化，有了大机器的使用，几十倍的效益把机器的作用突显出来，管理理论的落点是效率的最大化，推动生产力的发展，这时的管理理论很自然从原来注重对人的管理，逐渐转向对机器、对物、对制度、对流程的管理。

到了现代，从西方的人际关系理论、XYZ 理论，以及东方以日本的一些企业家为代表，比如松下幸之助的具有人本主义倾向的管理理论，还有稻盛和夫，强调心智和思维方式在管理中的作用。他们都有个共同点，开始从机器、制度转向对人的重视。当注重机器的管理，在实际经营中，其发展出现了瓶颈和障碍，为了效率的最大化，进一步推动生产力的发展，就需要寻找新的突破口，重新关注人的主观能动性、人的思维方式、人际关系的作用，这也是管理思想史上一次否定之否定。到了这个时候，很自然会想到要从传统文化、传统管理智慧中寻找思想资源。中国传统文化，不管是儒释道还是其他各家，如兵家、墨家等，都比较注重人，对人的管理方面有许多非常富有哲理且十分有效的管理思想和管理智慧，因此企业界乃至社会各界都希望从传统文化中寻找管理智慧，应该说这是一个非常自然，而且合理的现象。

现代管理理论对于人的关注，有一点是值得注意的，这个时候所重新引起关注的“人”，不能仅仅是过去管理思想中的那个人、那种人，也不能把传统文化中关于人的理论，照搬过来，而应该在现当代条件下，从新的高度上去吸收传统的管理思想和管理智慧；最好是从包括中西文化相互比较的角度，来谈传统智慧对现代管理理论的价值。

我认为作为一个社会性的人，普遍存在“四种约定”：人与人的约定、人与自我的约定、人与群体（家国天下）的约定、人与神的约定。现代管理，普遍会遇到这四种约定。对人的管理也可以从这四个角度来看中国传统文化，哪些是具有优势的，哪些是存在短板的。

第一，人与人的约定。从人与人的关系讲，作为中国古代主流意识形态的儒家思想，是有得有失的：得在伦理，失在缺乏契约精神。这点如果把中国传统文化，特别是儒家思想同西方文化相比较，表现得非常明显。而如果进一步去看儒家的伦理思想，也不是铁板一块，同样是有得有失的，比如孔子所讲的“一以贯之”的“忠恕之道”，就具有超时代的价值。何谓“忠恕”？“尽己之谓忠”“推己及人之谓恕”，如“已欲立而立人，己欲达而达人”“己所不欲，勿施于人”，这个原则，不论哪一个时代、哪一个民族，在处理人际关系问题上，都具有普遍的价值和意义。而如果就儒家的“仁爱”思想说，则既有“仁者爱人”的普世意义，又有“亲亲为大”的时代局限。在这一点上，西方在商品经济基础上发展起来的以平等人权为基石的契约精神，就非常值得借鉴。

第二，人和自我的约定。儒家注重道德，在这一点上，儒学最具优势，特别是作为儒学主流的思孟学派。思孟学派主张“性善”，强调“为仁由己”，注重扩充“善端”，走的是内向型的路线。而儒家的另一个学派是荀子学派，主“性恶”说，强调“化性起伪”，所谓“圣人化性而起伪，伪起而生礼义，礼义生而制法度”。荀子学派比较重注外在环境和后天的教化。实际上，就道德的培育说，为仁由己、内省自求，固然重要，但后天的环境和礼仪、制度的约束和教化，从某种意义上说，也十分重要。在现实生活中，人的道德既要注重“为仁由己”“扩充善端”的一面，也应该重视礼仪教化和制度管理的重要性。从这个角度说，儒家主流学派由“性善”说发展出来的“为仁由己”思想固然重要，但作为非主流的荀子学派基于“性恶”说，所提倡的“化性起伪”的思想，同样十分值得重视——确实，人的欲望有时是需要有礼仪的化导和用“制度的笼子”加以约束和管制的。

第三，人和群体的约定。强调人的群体和社会性，这是中国传统文化中的“人”的一个重要特点和优点，这同西方思想中比较强调人的个性化和绝对自由是有区别的。中国传统文化中的人的群体性特点，决定了它对群体的依赖性很强，由此产生了“家国天下”的观念。这种“家国天下”的观念，能培养人对群体的忠诚度、担当精神和社会责任感。这方面儒家有很多思想至今仍具有重要的现实价值，值得进一步弘扬，如忧患意识，“先天下之忧而忧，后天下之乐而乐”；如担当精神，“天下兴亡，匹夫有责”。中华民族几千年的文明史，五十六个民族至今能融合成一个民族共同体，在这一点上，儒家思想确实“功不可没”。深受儒家思想影响的日本，在现代管理理论方面颇有建树的日本企业和企业家，其所提倡的把企业当成“家”，也可以说是吸收、发扬儒家人的群体思想的一个重要体现。

第四，人与神的约定。人与神的关系从某种意义上说，是一种信仰，是一种宗教。但信仰和宗教从某种意义上又可以把它归结为敬畏心。成功的企业家都非常注重敬畏心。而敬畏心对每一个人、每一个企业都是十分重要的。

“人在做，天在看”“头顶三尺有神明”，这是人们经常在讲的两句话。说实在话，有敬畏心，总比那种“无法无天”要好得多！敬畏因果，多种善因，守住底线，这对于任何一个人，任何一个企业，都是至关重要的。

总之，传统文化、传统智慧，对于现代管理理论来说，无疑是一个十分重要的思想资源，如何去发掘、吸收和融汇传统文化中优秀的、至今仍然具有重要价值的思想和智慧，对于构建科学的现代管理理论，应该说确实具有十分重要的意义。

（原载《贤文化管理》2017 年第 3 期）

从管理好自我做起

张新民*

一、修养是一种自我管理

中国文化讲人文修养，其中最基本的思想是什么呢？就是修身。修身实际上就是个人的自我管理。自我管理是最重要的一门学问。有的人可以打天下，但是未必能够管理好自己。很多位高权重的干部因为贪污而落马，他们管理别人却管理不好自己。贪污是什么？就是人性异化的贪婪，习气积累的膨胀，利欲计算的扩张，就是不善于自我管理。做人就需要善于管理，上自天子下至百姓都需要管理，管理好自己，管理好家庭，管理好工作，管理好企业，管理好社会，管理好国家，管理好人类。这在传统中国就叫“修己治人”，要先“修”好自己，然后才能去“治”别人。

现代社会存在的问题很多，往往与人不能管理好自己有关。贪婪、放纵、骄淫，消费上毫无节制，权力面前只知进不知退，生命完全为欲望所牵引，人性光明的一面长期受到遮蔽，最后的结果必然是身败名裂。管理的起点是从自己的心念开始做起——用儒家的话来讲就是“正心”“诚意”。自己先走进自己的内心世界，真诚地面对自己和认知自己。只有从心源深处认知自己，人才能更好地了解自己，了解自己即意味着把握好自己，把握好自己才能管理好自己，管理好自己才能管理好家庭、社会。

任何一个社会都有管理，包括对正面的伦理行为、道德风尚的管理，对负面的贪污腐败、堕落滋事的管理。合理的管理即意味着合理的秩序。一个

---

* 张新民，字止善，号迂叟。任贵州大学中国文化书院荣誉院长、国际儒学联合会理事、中国明史学会王阳明研究会副会长、中国孔子学会理事、中国孔子基金委员会学术委员、中华儒学会副会长、贵州省儒学研究会会长。

完全没有伦理制约的社会只能是野兽的社会，缺乏基本秩序的国家也只能是一片混乱的国家。

更重要的是，由人人认同的管理引发的自动自发的秩序，永远都为生活世界所必需。人是各种社会关系交叉重叠的主体性存在，人与人之间一定会有交往，交往就会出现某些临时或长久的共同体，构成生活世界多种多样的面相。当然，我们也可将共同体称为集体或团体，集体或团体构成的方式很多，有临时聚集起来的“乌合之众”，有为了共同利益组织起来的商业行会，有为了共同理想凝聚起来的宗教团体。举一个简单的例子，譬如我们上公共汽车，你也上车，他也上车，每一个人的目的地不一样，互相都是不需要打招呼的陌生人，到了不同的站台便各自下车，没有共同的利益诉求，也没有共同的价值理想，只能是临时聚合起来的“乌合之众”。但这个临时的共同体，在一定的条件下也会发生变化，例如突然遭遇恐怖分子的袭击，他们要炸毁公共汽车，车上的人出于自身安全的考虑，开始团结起来进行抵制或反抗，于是一盘散沙的“乌合之众”变成了有共同利益诉求的利益共同体。但他们仍然是出于生命安全需要临时组成的共同体，一旦目的实现通常就会自动解散。但也有可能发生另一种情况，即他们从此认识到暴力恐怖活动对人类生存安全的威胁，深刻地反省到人类社会生活相亲相爱的重要性，于是开始建立永久的反恐和平组织，并扩大规模形成有共同理想和管理结构的组织，由“乌合之众”变为利益共同体，再由利益共同体变为意义共同体。意义共同体除了利益的连接外，更重要的是道义的连接，精神的连接，共同的价值理想将他们紧密地团结起来，甚至愿意牺牲“小我”的利益而成全人类“大我”的利益，一盘散沙式的陌生个体最终变成了不分彼此的互敬互爱的兄弟。可见无论个人的修身或社会公众的团结，最高的管理都必须有源自心性的真诚认同与精神情感的价值滋润。

根据上面的想法，我认为中盐金坛公司应该是一个长久的意义共同体。当然，公司是不能不追求利润的，因为成本的投入是必须有回报的，但这种回报却是一种我为人人、人人为我的回报，是一种凭借市场互通有无的回报，公司通过必要的合理的管理实现利润的最大化，尽可能地谋求公司自身的发展和上下各级员工福利的提高，从而与社会经济生活的整体进步契合一致。公司的发展显然也是关涉千家万户整体经济结构不可或缺的一环，具有不可置疑的正当性与合法性。从根本上说，在为国家上缴大量税收的同时，公司的利润低，员工的福利就少；公司的利润高，员工的福利就好；公司垮掉了，员工的生路也就堵塞了。所以，无论任何一个公司，员工在其中首先都是利益共同体的成员。

但是，企业不应该仅仅是一个利益共同体，员工也并非是纯粹的利益人。如果公司给你多少钱，你就给公司干多少活，多余的工作就以为没有义务，大家都同机器人一样毫无集体情感，公司也将具有理性与情感完整生命需求的员工化约为单向度的利益人，前者多干一点工作就来索取报酬，后者利益之外别无其他意义许诺，这样公司就变成了一个赤裸裸的利益团体，完全陷入功利境界之中，情况的糟糕当然就比公共汽车上临时的“乌合之众”好不了多少。

因此，我认为企业完全可以再向上提升一层，在利益共同体之上再架构一个生命所必需的意义共同体。意义就像水中之盐一样融入企业生活之中去，不知不觉，但却有滋有味，企业成为文化企业，凝聚每个员工的价值理想，成为每个员工寄托情感的具体对象，就像公共汽车上的“乌合之众”变成了意义共同体、理想共同体一样。企业必不可少的经济生活之外，更有丰富的文化生活——无论情感的交流、价值的传递、意义的表达，都有畅通的渠道可以展开或进行，都是企业组织结构的具体生活内容。如果说经济管理是硬管理，它的指涉对象主要是看得见可计算的企业产值与指标，那么文化管理就是软管理，它的关注对象则是可感觉不可计算的企业精神和气象。只有价值理性的太阳从每个人的心中冉冉升起，才能将工具理性一脉偏大造成的雾霾转化为万里无云的晴朗天空。

员工为企业服务，企业关心员工，员工与企业融合为亲密无间的一体，形成相互依赖的共在性关系，企业才是员工的家园，员工才是企业的主体。而家园的范围还可以扩大：不仅仅企业是员工的家，社会也应是员工的家，国家也是员工的家——我们共同拥有人类物质与精神财富合为一体的诗意般的家园。

二、超越自我是管理的高境界

中国先秦诸子百家中有一个学派叫墨家。墨家是讲兼爱的，讲平等的，他们认为对待每一个陌生人都要像对待自己的父母一样，如同爱自己的父母、爱自己的子女一样去爱一切陌生的人。试想父亲落水了不先去救，却跑到南美洲去救一个同样落水的陌生人，我们能做到吗？

中国古代另有一个学派叫杨朱学派，他们认为每一个人从头到尾都是自私的，因而主张彻底的自私自利主义，强调“拔一毛以利天下而不为”——拔一根毫毛对天下人有利，能够帮助天下人都不干。试想假如每个社会都完全自私自利，社会是不是会完全封闭，我们的存在又有什么意义呢？

彻底的大公无私做不到，彻底的自私自利更不行，而社会又决定了人不可能不交往，请问大家怎么办？于是儒家主张走一个中间路线。这个路线怎么走？首先就是提倡“为己之学”。“为己之学”是从孔子开始就一再为儒家学者所强调。“为己之学”不是为了你的父母，也不是为了你的国家，而是为了实现你自己的价值，充分地发挥或发展自己的生命潜能。例如我读书、求知是为了实现我的价值，但每一个人的价值实现有大有小，施展自己才能的范围也有大有小，我为家庭做出了贡献，就是在家庭实现了自己的价值；为企业做出了贡献，就是在企业实现了自己的价值；为一省人民做了贡献，就是在一省人民之中实现了自己的价值；为国家民族做出了贡献，就是在国家民族之中实现了自己的价值；为全人类的进步事业做出了贡献，就是在人类的进步事业之中实现自己的价值。这是一条由个人的善通往人类的善的蜿蜒曲折的道路，最终的理想则是“天下一家”“四海之内皆兄弟”。

因此，儒家主张首先要实现人的价值，但实现自己的价值绝不可能只是封闭在狭小的自我之中，彻头彻尾的利己主义根本就不可能实现自己的价值，要实现自己的价值就必须超越自我。“推己及人”是人人都能做到的方法，“老吾老以及人之老，幼吾幼以及人之幼”，由己及人，由近至远，最后依然可以实现墨家所强调的遍及一切的大爱，但不同的却是有了一个切己或在身的立足点和出发点。而以实现自己的价值为立足点和出发点，首先就应该管理好自己。自己都不能管理好自己，又怎么能要求他人。譬如自己首先不乱扔垃圾，然后才能要求别人不乱扔垃圾。一个对自己的进步成长都毫无热情的冷漠人，怎么能要求他关爱自己的父母和家庭，然后又由自己的父母和家庭超拔出来，去关爱别人的父母和家庭呢？超越意识的升起就是生命价值实现的开始，只要层层提升发展，一步一步展开落实，最终是可以实现儒家所强调的万物一体之仁的。

人生最不能缺少的就是关爱，关爱是道德的璀璨光芒，能够化解人间的仇恨，可以温暖他人的心灵。员工当然应该爱企业，将企业构筑成关爱的家园。但仅仅关爱企业还不够，如同爱家乡又超越爱家乡、爱金坛又超越爱金坛一样，我们还应该爱具有更大时空范围的历史性的国家和民族。但即使民族主义或国家主义也是狭隘的，民族与国家之上还有天下与人类，马克思曾经说他是世界的公民，无论走到哪里都在为人类工作。可见企业精神的立足点在每一个员工，但关爱精神却可以扩大至一切生命存在。缺少了关爱精神滋润的企业管理，当然就只能是冷冰冰的异化的管理。

现在，地球已经是百孔千疮了，人类在开采地球资源的同时，也在破坏地球固有的生态秩序结构。地球是一个有生命的机体，一旦破坏超过了自然所能承受的极限，最终的结果就是自然的报复与惩罚，人类必然随同自然一起毁灭。因此，对自然也是要尊重的，自然和人一样值得尊重。自然不仅先于人的存在而存在，而且本身就有存在的权利。所以，面对无限广袤的宇宙，观察无私无我的天地，体会生化不已的自然，领悟参赞化育的意义，即使人类自我中心的立场与观点也显得狭隘，关爱人类本身也值得翻转向上再超越，最后就是浩浩然与天地同流，“民吾同胞，物吾与也”。如同人与人的连接应成为意义与价值的连接一样，人与自然的连接也应成为意义与价值的连接。这就是中国文化一贯强调的“天人合一”的思想。人与天地精神相往来，人与天地万物为一体，宇宙的存在就是人的存在，人的存在就是宇宙的存在。人是自然的目的，自然是人的归宿。人尽管已从自然宇宙中分化出来，但仍在自然宇宙之中而非在自然宇宙之外，自然宇宙的目的和人的目的完全可以统一，如同宋儒朱熹所说:“天即人，人即天，人之始生得之于天，既生此人，则天又在人矣。”自然可以不依附于人而独立存在，人则必须依附自然才有可能存在，即人的生命也是自然的产物，而非人工的机器的制成品。当然，人与天地宇宙合二为一以后，民族、国家、人类依然都是我们关爱的对象，只是多了一重天地宇宙的眼光，我们的管理会更符合宇宙自然的秩序大法，而非一味的人工造作的强硬施加。如同自然法高于成文法一样，自然秩序也优于人为秩序。符合自然的秩序管理会更有生机与活力，当然也就最切合人的自然天性，自然天性是企业文化的内在面，企业文化则是人的自然天性的外在面。中盐金坛公司在鼓励每一个人按照自己的天性发展的同时，又发展出了一套企业文化，不能不说是内外兼顾，虽两面而终归一体，我觉得这是中国最好的企业之一，是最有天道人性管理眼光的企业之一。不仅能感受自身贡献所产生的价值，而且可分享他人关心所涌现的友情。在物质生命或心理生命之上，又多了一重文化生命和道德生命，生命层层提升，无论物质活动的我，心灵活动的我，政治活动的我，文化活动的我，艺术活动的我，都自有其价值在其中落实或彰显，可见最高的管理乃是让人充分自由发展的管理，每一个人都能“随心所欲不逾矩”的管理，自由意志与普遍立法合为一体的管理，为每一个体开拓层层超越广阔空间的管理。

严格地说，中国式的企业管理精神必须建立在中国经验之上。现代性的发展未必就意味着中国经验的丢失，也不一定就要走欧美等西方大国的道路。我希望中盐金坛公司今后能更上层楼，走出一条有中国经验特色的企业管理道路，成为在国家治理体系中最有示范或模仿意义的义利结合的精神凝聚共同体。

三、文化是管理的艺术形式

企业既然需要管理，当然也可创造文化——企业文化。概括地说，文化就是我们存在的方式，文化就是我们的生活。没有一个人，没有一个民族，可以自立于文化之外而存在，因为文化世界与生活世界本质上是一体的。请问谁能脱离生活世界而存在？当然，动物可以在文化世界之外而存在，因为动物只有自然生命而无文化生命，人却能够将自然生命提升为文化生命。所以动物只有自然演化史，人则有自己的文明史或文化史。动物只有自然世界，人却创造了文化世界。

企业除了追求利润之外，必须建构必要的责任伦理。日本大地震时，一切秩序井然，这跟日本受益于中国文化及相应的伦理精神有关。文化可以交流传播，相互之间也有共性，不是可以随意关起门来，主观人为地加以封闭的。文化不像自然资源，开采利用之后就匮乏了。文化可以在人人受用的同时，不断地积累扩大或发展。日本长期受中国文化的影响，但在现代化的过程中，却创造了独特的企业文化，成为东亚儒学现代性转型的一个闪光点。

中盐金坛公司是高度现代化的企业，每个员工都必须具备一套工作知识。企业的运作离不开知识的运用，知识运用的背后一定有一套知识体系。知识体系后面是什么呢？我想，知识体系的背后一定是人的理性精神，是理性精神凭借知识体系进行管理，而管理本身也自成一套系统。这套系统就是管理系统，它和知识系统可以相互重叠。但管理系统的后面又是什么呢？当然就是具有主体能动性的人，是活生生的人在进行管理，是活生生的人在运用知识体系，是活生生的人在操作或支配机器，是活生生的人通过操作或支配机器来获得物质产品，最后才是产品通过流通进入市场，以市场交换的方式来获取利润。

人靠理性进行管理——无论管理系统或知识系统，都是理性的产物。因此，也可说从机器生产到市场出售，每一个环节都是管理者在进行操作。就人与机器的关系而言，每一个员工都是管理者。人的高度理性化即意味着企业管理水平的高度理性化，因而提高管理水平当然就可以提高机器的生产效率，同时也就意味着在社会竞争过程中实现了利益的最大化。

但是，仅有理性似乎还不够，如同机器是冷冰冰的一样，理性也是冷冰冰的。重要的是，人不仅是理性的存在，同时也是情感的存在。如同理性需要沟通一样，情感也需要交流。所以创造企业文化的目的，就是在理性世界之外，再开拓出一个情感的世界——不仅人的性情能够自由交流发抒，而且形成情理交融的企业精神。可见我们不但要高扬理性精神，而且也要创造性情文化。

任何人都有自己私密的情感世界，但真性情的展露也为人生所必需。性情怎么表达，怎么交流？人为什么需要爱，爱为什么那么重要？情和爱能满足人类最微妙的心灵世界的需要，无情无义即意味着灵性生命的枯萎或凋谢。人可以不是一个政治家，不是一个科学家，但不能不是一个生活者，不能不在生活世界中参与各种人文活动。生活是什么？生活就是存在本身，生活世界也是现象世界，热爱一切美好的事物也是人的本能，是有意义的存在的诗学化开显。譬如我们女同志喜欢打扮，但是最好的打扮不是外在的打扮，而是内在心灵的打扮，高贵的心灵与美丽的人生是一体的。我们要用高贵的心灵来统领和管理美好的人生——灵魂美好，气质美好，人生美好。而由美好的人组成美好的共同体，也就会花簇似锦般地形成更美好的世界。

因此，我们可以把管理艺术化，把企业精神艺术化，艺术化是理性管理精神的再提高和再升华，是对人的尊严和庄重的诗意化彰显与维护。也就是说，即使是企业，只要有人与人的交往活动存在，我们就可以营造文化氛围，开展艺术活动，进行美的欣赏，从事诗的创造——就如只要有人存在的地方，就一定有生命的歌唱一样。

中国古代特别是唐朝，可说是一个艺术胜国，一个诗人的世界，一个充满生命劲气的国度。唐朝的诗人可以成千上万计，甚至唐玄宗那样的皇帝也是诗人。皇帝也有审美的价值诉求，走进艺术王国的精神向往，抒发情感的心理需要。权力可以决定他为皇帝，但权力不能决定他成为诗人。是诗使人成为诗人，而非权力使人成为诗人，如同权力使人成为权力者，但权力并不就意味着高尚的情操一样。与权力世界往往只是少数人的世界不同，美的世界和道德的世界具有无限的开放性，乃是人人都能参与的世界。因此，企业管理精神一方面要有艺术的升华，成为美的欣赏的训练场域，一方面也要有道德精神的建构，成为情操感染的培育基地。也就是说，企业管理不能缺少人文的向度，企业精神也必须依靠伦理来维系，否则人就可能异化为机器，企业也就会物化为一堆生产工具。

四、建构具有中国特色的企业管理模式

今天我们都共同面对道德危机、信仰危机、意义迷失危机，它们都在心灵深处伤害着纯洁的人性，实际也是涉及人的安身立命问题的根源性存在危机。不仅人与人之间相互欺骗，甚至国家与国家之间也彼此讹诈，大国欺负小国，小国报复大国，国际社会政治秩序并不稳定，根本的问题仍在人心的贪婪。

更重要的是，全球一体化已是客观的事实。全球一体化即意味着地球变成地球村了，以往十分遥远的国家也变成相互依赖的邻居了。是邻居就一定有交往，有交往就难免不产生问题，当然也就需要寻找相互认同的伦理。从20世纪90年代开始，世界的宗教家就开始对话，以后则有不少哲学家、思想家、政治家的配合参与，甚至每年都有联合国教科文组织的专门机构来召开世界性的会议，形成世界各大文明体系主动沟通对话的时代新态势。对话的目的之一就是寻找全球伦理。全球伦理找来找去仍不能不以孔子讲的八个字——“己所不欲，勿施于人”为金律。这是人类共同的基本信条，代表了人际关系的根本原则，既然适用于全人类，当然也可运用于企业。而与之相应，“推己及人”作为相互沟通的艺术，也为不少异国学者所接受，我想企业管理不能不关心员工的互助和团结，当然也可将其奉为基本的伦理原则。

生命是复杂的，也是可以层层提升的：从生理活动的我，到心理活动的我、政治关怀的我、文化生命的我，一步一步提升，再到知性探求的我、道德主体的我、艺术生命的我、终极关怀的我，生命每向前跨一步，都意味着自我的完善。而由自我管理通往企业管理，再由企业管理通往国家天下管理，也意味着由个人的善通向社会的善，再由社会的善通向天下国家的善。其中人的自我选择是最重要的，选择植根于自由意志，选择决定存在方式，选择象征着主体性的获得。无论东西方文化，都有大量的例证，说明选择对人生的重要。缺少选择就缺少了人生的自我设计。即使合为一个共同体的企业，做与不做什么，在管理决策设计上，也不能不有面向未来的选择。

西方历史文化演绎出来的工具理性至上的企业精神并不具有普遍的必然性，西方单子式的个人主义及工具主义决不适合中国文化的具体语境。如何

从西方真理的幻象牢笼中走出来，重建包括管理在内的合理合情的国家社会秩序，是我们这一代人必须做的重要工作。我们完全可以将价值理性也引入企业精神，并将其转为工作伦理原则或人生态度方法。中国不能重走西方“人是机器”的企业发展道路，不能以赤裸裸的利害关系来处理企业事务。中国不仅要找到一套成熟的符合自身国情的企业管理模式，而且更要以人文或人道主义取向的方法治理好自己正在朝着现代性方向发展的悠久文明国家。

因此，我希望中国未来的发展不仅仅是经济的发展，更重要的是在文化上也一派生机活泼。经济发展固然非常重要，我们需要最大化地改善物质生活条件，希望国民的财富逐年增加，企业的收入逐年翻番。但是仅仅是经济生活一脉偏大地发展，恐怕并不意味就取得了最大化的国家成就。中国应该是一个经济发达的国家，一个享有礼仪之邦美誉的国家，一个艺术的诗化的国家，一个能为人类提供充沛的安身立命价值资源的国家，一个能在思想和精神上帮助人类发展步入正轨的国家。如同选择企业我们会首选中盐金坛公司一样，如果有条件选择国籍的话，人们也乐意首选在中国生活。这就真的是有德来远、天下归心了。我们把自己的事情搞好了，经济上有吸引力，政治上有号召力，道德上有影响力，精神上有凝聚力，文化上有摄受力，我想台湾一定会回归的。中国文化的影响力当然不能局限于海峡两岸，它也应该以和平交流的方式影响整个亚洲，辐射整个世界。让我们都参与其中，把自己管理好，把企业管理好，把我们的家乡建设好，把我们的国家建设好，把人必须生活于其中的世界建设得更美好。

（原载《贤文化管理》2015 年第 1 期）

管理是一门艺术

管国兴

管理既是一门科学，更是一门艺术。自从有了科学的管理，企业发展步入快车道。因此，我们首先要承认管理是一门科学，有它的内在科学性；同时管理中有很多微妙的东西，更需要提升管理者自身素养，使管理成为一种艺术。

中盐金坛成立以来，已经从原有的粗放式经营进入转型升级阶段。近年来，公司在计划管理、品质管理、设备管理、信息化管理等方面取得了明显的进步，企业管控能力和执行力不断提升，科技和人文建设快速向前推进，同时，也进一步提升了公司员工的凝聚力和企业形象。

但是必须看到，随着企业做大做强，企业内部管理也出现了一系列新问题，面临着一系列新挑战：品质管理停留在产品检验阶段，距离国际优秀企业所执行的从原料、源头到生产过程的管理还存在较大距离；物资采购管理着眼于经销商之间的价格权衡，未能专注于产品品质并与源头生产商取得联系；信息化建设还处于起步阶段，对于构建“就源输入”的信息化网络还有一大段路要走；设备管理的管理思路和持续维养还未能形成有效的制度……

凡此种种，表明公司在管理提升和制度落实方面依然存在不可低估的风险和隐患。要消除管理中的短板，必须顺应时代变化，尊重发展规律，总结实践经验，向优秀者学习，在改革发展中寻求新突破。

首先，要“向内找问题”。从经营层面来说，管理的持续力度是不够的。在某些管理上，虽然看到了问题所在，但是没有抓落实，缺乏检查，最终形成漏洞，甚至企业为此付出代价。在管理中，切不能因取得的成功而放松自身，要知道管理是没有终点的，管理提升是一个持续改进的过程。所以保持管理的适度压力，可以产生工作动力，也能提升工作效率。

其次，要善于学习。不仅学习先进企业的管理经验，还要向自然、社会学习。台湾台塑集团的成功经验可以为我们借鉴。台塑以中国传统文化为基石，在“勤劳朴实、止于至善、永续经营、奉献社会”的价值观指导下，借助现代科技，形成了有自身特色的管理理论。在台塑，现代科技手段是管理现代化必不可少的“工具”。在借助“工具理性”的同时，更应注重“人文情怀”的关照，将“工具”的使用达到“出神入化”的程度，同时也将管理升级到“艺术”境界。此外，还需要向自然学习，将我们的关注范围扩大到自然界，使我们的胸怀开阔起来，境界也提高一个层次。北宋大儒张载提出的“为天地立心，为生民立命，为往圣继绝学，为万世开太平”的价值追求，应当成为我们向往的境界，具备这种高尚的人生追求，才能真正有益于企业发展，有益于社会，有益于人生。

第三，要培育优良的文化土壤。十年树木，百年树人，文化土壤的形成得益于一批人才的成长。从我们企业的实践来看，“四条跑道”的人才成长模式，独具特色的入职培训、文化培训等，已经在人才成长的过程中发挥积极作用，并产生力量。我们积极倡导的贤文化是实实在在的。贤文化始终不放弃对人文的追求，通过贤文化的熏陶使员工从内心生发出成贤成圣的愿望。这种文化是管理提升的优良土壤，应该在企业发展中薪火相传。

我们有人才，有优秀的中国传统文化作思想资源，对建设中国管理学，把管理提升为一门艺术，我们充满自信。

（原载《中盐人》2013 年第 11 期）

坚持以社会主义核心价值观引领中盐金坛企业文化建设

董爱民

十年磨一剑。我们要及时总结近几年的工作，谋划未来的工作，知道要坚持、发扬、完善、发展的内容。时代在发展，我们也要发展，想做好企业宣传和企业文化这两项工作，要着眼大局、联系实际，不忘初心、履行使命。

第一，要结合党和国家对文化发展的大政方针。“居高声自远，非是藉秋风。”做好企业文化工作，需要学习党和国家对文化发展的方针，顺势而为，站在大局上谋划工作，做正确的事情。

我想和大家一起共同学习、共同理解、共同提高、共同践行关于党对坚持和完善繁荣发展社会主义先进文化的制度，巩固全体人民团结奋斗的共同思想基础的主要内容，这是文化建设者要深刻把握的内容。

发展社会主义先进文化、广泛凝聚人民精神力量，是国家治理体系和治理能力现代化的深厚支撑。文化是很重要的生产力，如果从广义的文化来讲，它可能是第一生产力，是根本的生产力。我们必须坚定文化自信，牢牢把握社会主义先进文化前进方向，围绕举旗帜、聚民心、育新人、兴文化、展形象的使命任务，坚持为人民服务、为社会主义服务。

关于“举旗帜”。自古以来的文化有神文化，有人性的文化，有理论来解释理论的本本主义文化。马克思主义第一次回答了所有的思想源于实践，那就是历史唯物主义，所以马克思主义至今仍然是我们先进文化建设的指导思想，特别是习近平总书记把马克思主义思想当代化、中国化，它便成为我们的根本指导思想。“举旗帜”中，这个旗帜就是习近平新时代中国特色社会主义思想。现在每个国家都有文化，都有市场经济，市场经济必然造成两极分化，必然存在剥削，我们要用社会主义去克服市场经济的副作用。

关于“聚民心”。对企业而言，要凝心聚力，让500余名员工团结一心，合理配置并运用人力资源、矿产资源、土地资源、资金资源、技术资源等，共同把企业做优做强，完成党交给我们的任务、社会赋予我们的使命，为国家创造价值，实现价值增值。

关于“育新人”。企业提倡以人为本，企业的事业需要贤才传承。

坚持“二为”方向，即为人民服务和为社会主义服务。“为人民服务”具体到企业就是为员工服务，而中盐金坛是社会主义事业的一部分，“为社会主义服务”就是为企业服务，这是我们的目标和方向。

落实双百方针，就是百花齐放、百家争鸣。

坚持两个转化，即创造性转化、创新性发展。我们去阐释优秀传统文化、传承红色文化、弘扬当代先进文化，都要转化为员工的思想觉悟和执行力，这样贤文化才能落地。这两个转化是习总书记多次强调的，我觉得我们重视不够，我们经历了28年中国革命，70年的社会主义建设取得了巨大成就，在百年之内我们成为世界第二，我们有波澜壮阔的中国革命和中国建设，我们要回答时代之问、回答人民之问，对于我们企业来讲，就是回应职工关切，回应职工思想的焦点、难点、疑点、热点，不能自说自话，缺乏互动，要接地气、冒热气、添生气。文化要有活力，要形成企业精神、企业价值，最后变成企业力量。这一点是我们需要长期努力的。

这一部分有五个具体要求。

一是坚持马克思主义在意识形态领域指导地位的根本制度。我们要全面贯彻落实习近平新时代中国特色社会主义思想，健全用党的创新理论武装全党、教育人民工作体系，完善党委理论学习中心组等各层级学习制度，用好网络学习平台。

二是坚持以社会主义核心价值观引领文化建设制度。社会主义核心价值观是中华民族需要共同形成的价值观，用这个价值观引领文化建设制度，这是一个重要制度，也是个基本制度，这里提到要加强党史、新中国史、改革开放史教育，加强爱国主义、集体主义、社会主义教育，实施公民道德建设工程，推进新时代文明实践中心建设，推进中华优秀传统文化传承发展工程。

三是健全人民文化权益保障制度。人民群众对精神文化的需求日益增长，随着物质水平的提高，人们对精神生活的追求也提高了，这为文化工作提供了广阔的舞台和艰巨的任务，这既是机遇也是挑战。思想源于实践，实践呼唤思想；思想成于实践总结，作用于实践创作，它们是相辅相成的。企业的深化改革、结构调整，这也是我们要思考的。我们宣传意识形态工作，要引领企业发展和进步。

四是完善坚持正确导向的舆论引导工作机制。坚持党管媒体原则，坚持团结稳定鼓劲、正面宣传为主，唱响主旋律、弘扬正能量。构建网上网下一体、内宣外宣联动的主流舆论格局，建立以内容建设为根本、先进技术为支撑、创新管理为保障的全媒体传播体系。改进和创新正面宣传，完善舆论监督制度，健全重大舆情和突发事件舆论引导机制。

五是建立健全把社会效益放在首位、社会效益和经济效益相统一的文化创作生产体制机制。深化文化体制改革，加快完善遵循社会主义先进文化发展规律、体现社会主义市场经济要求、有利于激发文化创新创造活力的文化管理体制和生产经营机制。健全现代文化产业体系和市场体系，完善以高质量发展为导向的文化经济政策。加强文艺创作引导，完善倡导讲品位讲格调讲责任、抵制低俗庸俗媚俗的工作机制。

以上这五个方面是文化工作者要学习的重要精神，它对于我们思考、谋划今后企业文化工作的方向、目标、具体任务，都有重要的指导意义。它的每一句话都有丰富的内涵，它里面还提到了文娱产品。文创是一个很新兴的产业，盐文化旅游也是文创。

第二，要结合中盐金坛公司的生产经营实际。中盐金坛正处于加强党的建设，深化结构调整，加快产业转型，不断发展壮大的过程中，也处在集团公司深化国有企业改革，以及推进盐改这样一个大背景下，我们要考虑怎么在结合上下功夫。

第三，要结合企业员工的思想实际。企业文化部的同志一定要深入基层，广泛和员工谈心交朋友。很多经典作品都是经过千锤百炼才创作出来的。文化一旦离开生活、离开生产实际、离开职工思想实际就会没有源头活水，就会失去生命力、影响力、感召力、号召力和凝聚力。

第四，要坚持文化自信。国家治理讲求德治和法治，对于企业来讲，制度治理和文化治理是双轮驱动，仅仅靠制度的强制性是不够的，制度也有漏洞，它无法做到全面涵盖，在执行上，也会上有政策、下有对策。因此，我们要进行文化治理，文化治理就是德治，文化治理是在制度的前提下，使大家的行动变为自觉，从被动变为主动，使制度执行得以巩固。

我们可以从提高觉悟、增强执行力来增加自信。所以企业文化是虚功实做，公司党政领导班子都要充分认识到这一点，要坚定不移地支持党委宣传部、企业文化部的工作。企业越发展，越要加强意识形态和宣传思想文化工作，强化责任担当。

第五，加强队伍建设，增强业务能力，要把每个人都锻炼成金刚钻。知识不等于能力，企业文化部要改进工作作风，提高工作能力，提升工作实效。一是处理好多和精的关系，两方面都要兼顾。单一的文化形式不可能满足各方面的文化需求，但有时过多的形式又没有实际效果。我们策划一个文化活动要久久为功、不断总结，需要坚持的要长期坚持，树立“功成不必在我，功成必定有我”的境界和担当。二是处理虚和实的问题，结合务虚和务实，在虚功实做上下功夫。

第六，要坚定不移地把贤文化建设落地生根，形成广大职工的行为规范和习惯。我们不能只满足于知，要知行合一，让知转化为行，每年培养几条行为习惯。企业文化部可以编印漫画绘本的行为规范手册，使贤文化具体化、形象化，落实到日常行为习惯上，让每一个中盐金坛人都自觉做到不闯红灯、在厂区戴好安全帽等。中国传统文化讲对生命的珍惜，体现为每个人都能自觉树立安全意识、提高安全防范能力。一个企业安全生产，如果能做到 10 年不出事，是管理得好，能做到 20 年不出事，是安全变成了文化。

党委宣传部和企业文化部成员不能满足于每年的年终总结会，要集思广益，形成今后 10 年的贤文化行动纲要，要真正做到以文化人、春风化雨、净化心灵、化育品行、立德树人，不驰于空想、不骛于虚声，对照初心使命，敏于内省、勤于修身、时时洗心、日日掸尘、严于律己、见贤思齐，回答好时代之问、职工之问，始终坚持以社会主义核心价值观引领企业文化建设，把企业文化建设得既红红火火、生动活泼又扎实高效，为中盐金坛建成世界一流企业做出应有的贡献。这样，大家也会在奋斗的过程中，分享快乐和成果，大家也能在奋斗中成长成才。

等到下一个 10 年，我们回头看一看，企业文化建设在与习近平新时代中国特色社会主义思想结合、与企业生产经营实际结合、与员工生活思想结合方面做得怎么样。如果这三个结合都做得很好，都能落地生根，我想必然会推动企业文化建设百尺竿头、更进一步。

（原载《贤文化》2020 年第 1 期，标题有改动）

贤文化建设要持之以恒

冯良华*

企业注重贤文化建设，一是重视人作为精神存在的价值，二是体现企业对员工的人文关怀。公司之所以将“以人为本”作为核心理念，是因为我们一直强调对“人”的价值的尊重。在企业发展过程中充分重视人的因素，以人的全面发展为核心，通过创造和谐的环境条件（包括物质环境、文化环境等），创设合理的管理制度并运用人文管理的理念来充分发掘人的潜能，这是我们企业发展的最终目的。但是，实现人的全面发展，需要积累深厚的人文基础。而要在全公司形成一种人文的力量，并将这种力量反映到工作生活中来，需要有像“江南雨”那样浸润心田的功夫，才能建构起企业的人文大厦。

一、贤文化建设需要坚实的物质基础

没有深厚的物质基础，企业这一拟人化的社会组织将毫无生命力。从唯物主义角度而言，物质是第一性，精神是第二性，物质决定了精神。人文建设属于精神层面，因此也就离不开企业的发展。马斯洛的人本主义也认为，社交需求、尊重需求、自我实现需求等高级需求的满足是以满足生理和安全两个低级需求为基础的，而满足低级需求就在于企业的物质基础。

对于企业而言，物质基础的建立，首要任务是发展，而只有依靠科技进步，才能实现突破。就我们公司来说，从一期 60 万吨真空制盐项目，二期 100 万吨热泵制盐项目，再到现在进行的三期项目；从一次盐水的研发、市场开拓到规模化生产，到现在两碱工业的普遍接受；对电厂进行现代化改造，奠定其金坛区域能源中心的地位。这些工作，既是基于公司对现代技术的充分认识和需求，更在于引领我们这个行业的技术换代升级，这是我们所做的

---

* 冯良华，中级经济师，中盐金坛盐化有限责任公司副总经理、党委委员。

对行业、对国家有所贡献的事情。从国家层面上来说，这些都是盐行业的高标准。所以我们以一种做事业的心态在工作，而不仅仅是做“企业”。这是科技的，又是人文的。依靠技术支撑企业的进步，为企业赢得效益，为员工创造富足的生活，给员工一个舒服的工作环境，这是员工产生归属感的基础，没有这个基础，其余都是空中楼阁。

二、贤文化建设是一个没有终点的过程

企业如果安于现状，或者仅仅停留于对利润和金钱的追求上，那么这样的企业就不会有更大的发展空间，最终摆脱不了被抛弃的结局。安于现状者，员工的工作会停留在机械的状态，不会有任何的压力和挑战，也不会有任何的创新和奋斗，人的发展停滞不前，企业也就走到了尽头。只为利润者，员工工作的目的也就是为了获取金钱，唯利是图和不择手段的企业不可能得到客户的信任，企业的发展只能是昙花一现。

所以要成就百年企业，要成就人，就要有精神动力，这个动力来自企业的人文培养。人文精神能在物质的基础上，促进人的全面发展。此外，人文追求还包含一种人文关怀。人文关怀是人在企业存在的必要条件，在人的基本需求满足时，他将追求自身存在的价值，这是对自身精神层面的一个更高的追求。在一个企业，员工作为劳动者，以工作来换取回报，这是一种正常的行为，但如果员工能把企业的发展和自身的成长紧密结合在一起，或者把自己的理想和抱负的实现安放在企业这个平台上，那么，员工就在精神层面与企业达成了紧密的关系，进而产生认同感和归属感。人文建设的落脚点就在于把员工与拟人化的企业有机融合在一起，形成一个同呼吸、共命运的生命体。

我们企业要做同行业最受尊敬的企业，这既是物质力量的彰显，更是精神的追求，它离不开人文建设的努力。如不把人文建设作为一项重要工作，我们最终很难实现这个目标。而且这一目标也仅仅是一个平台，将来在我们达到了这个目标的时候，也仍然要继续向前，因为人文建设是没有终点的。

三、贤文化建设要持之以恒地开展

贤文化建设不是一蹴而就的事情，需要不断加以推进和丰满。

从一个模糊的概念到形成一个完整的形态，需要时间的积淀和不断的实践。这就如作画，先要有一个轮廓，然后填涂色彩，最后创作出内容与形式完美、有神有韵的作品，企业文化建设道理同此。

一般情况下，在企业的成长阶段，会较少关注企业的文化建设，因为那个时期，更多的是关注企业的发展，是打好物质与人才基础的阶段。对于公司而言，我们的起步和每一次发展选择都定位非常高，目标也非常明确。在价值取向上，我们要做世界同行最受尊敬的企业，这个目标足以让所有员工持之以恒地努力奋斗。

企业人文建设不能急于求成，出现迷茫和困难都属于正常。因为前期属于培养期，大家从慢慢接受到成为行为准则，肯定需要一个过程。而且这种自然状态不光是被企业自身员工普遍认同，也需被社会基本了解。只要有新人进入到这个企业，他就很自然地认同企业的一些标准、规范。公司被员工认同的首先就是文化，就是我们所倡导的人文精神。我们中盐金坛不但要做国内一面旗帜，更要在国际上体现中国盐业的风貌，都需要我们在强化物质基础的同时，人文建设要跟上企业发展的步伐，要有民族的气象，更要有世界的气象。因此，我们的人文建设还有很长的路要走，要持之以恒地做下去。

（原载《人文管理》2012 年第 1 期，标题有改动）

营销人员的价值观是理解市场的关键

江一舟*

何为理解市场?

先讲一个故事。拥有“足坛第一哨”的意大利足球裁判科里纳以他的光头为广大球迷熟识，与他的光头同样为人津津乐道的是他被认为是最理解足球运动的人。

为什么科里纳会被认为是最理解足球运动的人?

我认为在于科里纳对足球运动有独到的理解。大家知道，做足球裁判不仅要执法严明，还要能控制球场局面，对比赛节奏有相当的把握，让足球比赛更流畅，更有看头。而作为裁判，何时激发双方球员，何时控制比赛情绪，这些都取决于裁判对足球的理解，这种理解不是机械地理解规则，而是站在观众、球员、组委会等多个角度来考量、判断，从而在执法中让足球运动热情发挥得更加淋漓尽致。

理解市场，亦同此理。

营销人员首先要有学习能力，先学习营销理论。但专业理论毕竟是教条的，犹如一块未经雕琢的璞玉，需要在市场过程中逐渐打磨，需要经历“知—行—知”的反复过程。

营销人员要具有判断市场的能力。这个判断，从企业自身、客户、竞争者、市场政策、国际市场动态等多个角度考量，才能是独到的，才能是适合的。对于如何判断，则需要有价值观基础，即营销人员具有什么样的价值观将能左右市场判断的对与错。

营销人员的价值观是理解市场的核心。很多营销业务人员认为营销技巧很重要，而我认为最重要的其实是“德”，也就是我们贤文化提倡的“贤”，

---

* 江一舟，中盐金坛盐化有限责任公司原副总经理。

所以我在市场人员中提倡做“贤商”。

对于价值观的培养，我们已经做了好几年的工作，也逐步取得了一些成效。最起码在企业内部，形成了贤文化的主流价值观。当主流价值观形成，就能形成一种“盈科而进”的气势，在这种文化的引领下，大家也能感同身受。而我提倡的“贤商”，正是从贤文化的角度出发，希望市场工作人员能在市场工作中能够有种“条件反射”的思维，即贤文化指导下的市场思维方式。

此外，我们的价值观中还包含了发展的眼光和发展的理念。我们做企业是动态的，要建立的是百年品牌，因此观察市场时，要有长远发展的思维。同样，我们提倡做最受尊重的企业，这是一种发展中的精神追求，怎样才能达到，需要有贤文化在营销人员的心里种下贤的种子，萌生出“创造共同价值”的思维，与客户耦合，为民众生活服务，实现企业之为企业，或者说“企业安身立命”的理想。

以上是“道”的层面，还需要有“术”的层面，如市场架构、布局和管理。

比如要在销售半径内，如何形成示范效应。我们曾把某上海企业作为重点，纳入我们的客户范围。有了这个大订单，就有了一定的示范效应。

比如进行经销商管理模式。我们企业定位为大的原料盐生产商，所以需要经营好一大批经销商。而如此多的经销商如何管理，则是摆在我们面前的一个大课题。目前，我们先进行了经销商分类，分组进行管理，然后对每组的营销工作的张力进行数字化模拟分析，再进行重点营销管理。

我们始终认为，没有饱和的市场，只有饱和的产品。所以近年来，我们努力在进行产品结构调整，目的就在于在供大于求的市场里有自己的一席之地。

另外，营销人员在与客户交流时要重视文化的交流，要将企业的文化、发展趋势及构想等传达出来，以此与客户找到彼此的契合点。

还有一点，西方社会的管理理念基于的是成熟的市场，而中国则不是，中国处于发展阶段，是发展的市场。所以坚持自身的价值观，以可持续发展的眼光进行市场营销，当是中盐金坛该走的市场之路。

（原载《贤文化管理》2015 年第 4 期）

人性化管人，制度化管事，拟人化管物

——中盐金坛公司工厂工程师管理的三大理念

周国敏 *

中盐金坛公司工厂工程师管理模式的灵魂就在于“人性化管人、制度化管事、拟人化管物”。

关于“人性化管人”。这种模式首先突出了人的地位和作用，其核心是人本管理。2003年确定的“招生不找工”政策，确保了人才引进的质量，同时也从制度上确立了管理和培养的方向。我们的理念是：坚持“以人为本”，推动员工的全面发展。具体言之，尊重员工的需求、尊重员工的劳动成果，为员工的成长发展创造一个平台，使其在增长收入的同时，将员工的关注点引导到不断提升自身价值上，加强班组和团队建设，实现员工自身价值的增值。

关于制度化管事。工厂工程师的评定过程，无时无刻不涉及考核制度和评价体系，这就无形中使岗位工作按标准化执行。我们对于一线员工的定位，不再是简单的操作工，而是要从劳动型操作过渡到管理型操作。即不再是机械式的作业，而是要实现从单岗位操作到全系统联动的转变，从单兵作战到团队联合行动的转变，从着眼局部到着眼全局的转变，从事后处理到事先控制的转变，从简单操作工向系统的指挥控制驾驭者转变，从单纯完成生产任务到控制安全、质量、环境、成本的转变，从传统劳动者向现代工厂管理者的转变。

关于拟人化管物。设备、装置、系统都是有生命力的，它们犹如农民的土地，战士手中的枪，是盐厂员工吃饭的根本。人误设备一时，设备误人一

* 周国敏，高级工程师，中盐金坛盐化有限责任公司副总经理。

年，用好设备是我们的职责。要把它们作为“人”看待，达到人机合一，人事合一。更应灌输人与资源的辩证关系，实践公司“有限资源，无限循环”的环保生产理念。与国内制盐行业动辄数百乃至上千人的生产模式相比，金赛盐厂早在建厂初期就确立了精简、高效的用人原则，融入了工厂设计的理念。虽然一期项目投产时，盐厂也采用定岗制，但一个大岗位一人，人员总共不足 80 人。特别是二期项目上马时，更是提出了两套装置一套人员，增产不增人的要求，最终由于巡岗制的成功推行，为此奠定了扎实的基础，创造了盐行业的生产奇迹。

工程师管理是一种民主化管理、制度化管理，这也是适应知识型团队的管理要求。首先，工程师的评定是一个自下而上的民主过程，是根据多方面的要素进行考量，而非凭个人主观臆断，唯学历、职称、资历、身份、年龄，等等。在实际工作中，更加大胆地让员工参与管理，放手让员工去锻炼，给予员工充分的话语权，营造出民主化、自由化、公平化的工作环境。一系列考核制度、评价体系，特别是创新优秀员工技术等级和职称评定制度，保证了工厂工程师模式管理的科学运行，树立尊重劳动，崇尚技能，鼓励创造的良好风尚，为公司管理、技术、市场输送优秀人才创造条件，使企业在事业的传承上，不光靠人选人，还用制度选人，做得好的让人知道，做得不好的有人提醒，让业绩来证明人，让价值观来凝聚人，让事业来激励人。

管理思想：以人为本

所谓“以人为本”，从字面上理解，就是管理者在管理企业的过程中应坚持以人为中心，反对只见物不见人的错误倾向。然而，真正的“以人为本”，还应包含不能仅仅将人作为提高企业效益的手段，而应当将人的全面发展与人生价值的实现作为管理的主要目的。

管理的目标：尊重

尊重是人性化管理的必然要求，也是人性化管理的最终目标。我们企业立志要成为世界同行最受尊敬企业，如果不尊重员工，不充分唤醒员工的主人翁意识，不最大限度挖掘和调动员工的潜能，又谈何让企业受人尊重？

公司一直倡导，企业的发展是员工发展的自然结果。当员工个人成长了，企业也会随之前行。因此，工厂工程师的推行，打破了传统管理者与被管理者的界限，让员工自我管理，尽情发挥个人的创造性思维，实现人生更大的价值，从而推动企业同步成长，最终实现受人尊敬的宏伟目标。

行为准则：厚德载物，德才兼备

中国历代圣贤皆极为重视和强调人的品德修养为建功立业的根本，这是实现企业愿景的思想动力和智慧源泉。我们公司对于个人修养和成就事功的理解是“贤于内，王于外”，即要先修其德，再立其功，富而有德，众望所归，就能赢得社会的尊重，真正做到“王于外”。我们要求员工博学厚德，对于工厂工程师，更是如此。博学，即通过积累专业知识和磨炼岗位技能，提升专业素养和职业境界；厚德，即要求思想品行如大地般厚重起来，勇于担当企业的社会责任。

工作精神：犹如江南雨般持续改进，止于至善

工厂工程师管理是对“江南雨”精神的一种倡导，它鼓励员工立足一线岗位，低调、善于挤、善于钻，以锲而不舍的韧劲做好每一项工作。

基本方法：学习、培训、沟通、交流

从定岗、轮岗、巡岗再到工厂工程师，学习、培训、沟通、交流一直贯穿于整个过程。全体员工一起在工作中学习工艺、操作、原理知识，又在学习中不断提升工作能力，而且这种学习是持续不断、螺旋式上升的。要适应工厂工程师管理，员工必须不断学习，善于分析思考，创造性地开展工作，这样才能跟上中盐金坛正在向高新技术企业转型的发展态势。

动力和压力：做得好的让人知道，做得不好的有人提醒

做得好的，如何让人知道？做得差的，又如何有人提醒？工厂工程师管理通过不断完善考核制度和评价体系，让做得好的，得到充分的肯定和奖励，包括物质和精神的；对做得不好的，重点关注，加强沟通交流，并给予相应的惩罚，使其产生一定的压力，激励其积极上进。如此，使工厂工程师管理体系持续改进，螺旋式上升。

（原载《人文管理》2012 年第 1 期）

企业文化是管理的心法

钟海连

关于企业文化，我讲两点个人的思考。

第一点，企业文化以何为关注和研究对象。

我认为，如果把企业的管理分为工具（如制度、规章、程序、评价、反馈等）和哲学（或思想）两个层面，那么，管理的哲学（或思想）层面，就如同武侠小说中所提到的“心法”，它是将管理工具的功效提升至设计的最高境界的关键，故企业文化关注和研究的对象应当是管理的“心法”。

金庸所写的武侠小说，达到最高境界的武林高手是掌握了武术之心法者，此类武林高手可以称之为武侠或武术家——学练武功的最高层次，所以，掌握了管理的“心法”者，则是管理学家或管理哲学家。这也是古希腊哲学家柏拉图在《理想国》中提出“哲学家执政治国”，即所谓“哲学王”的原因。只有知晓心法、掌握心法的人，才能把与之相应的工具发挥到极致，也就是管理的效率最高、效果最佳，管理的境界也远在他人之上。

所以，企业文化关注和研究的对象不是管理的具体方法，也不是具体的管理工具，这些是管理的外在部分、外部因素，企业文化应当关注和研究管理的内在部分、内部因素。换言之，企业文化应当研究管理的主体——人，而不是管理的客体——方法或工具。

第二点，企业文化的核心是价值观和思维方式。

如果企业文化以人这一管理主体为关注和研究对象，那么，价值观和思维方式就顺理成章地成为企业文化的核心内容。转换成管理话语——人的自我管理是企业文化的核心。

人的自我管理，用明代思想家、政治家、军事家王阳明的话说，应以“成圣作贤”为第一等事——自我管理的最高追求，那么，企业文化也应当围绕

“做第一等事”来思考和探索管理之道，通过选择“做什么样的人，做什么样的事”，确立管理的价值取向。对此，贤文化的时代回应是：以“尚贤慧物”为价值观，以“反求诸己”为思维方式。

具体言之，如何才能“尚贤慧物”——做第一等事、成就第一等人？贤文化的路径是“反求诸己”。企业在发展过程中会遇到很多的难题，而人们习惯性的思维方式和解决路径是从外部找原因，但找到原因和解决方案后，就会有另一个问题出现，像环一样，层层相连，无法解扣，永远套在矛盾当中。而“反求诸己”则是破此“相寻无穷”难题的钥匙——类似庄子讲的“环中”。《道德经》也讲过类似的道理：“圣人后其身而身先，外其身而身存”。遇事薄己厚人则天下敬之。其实人自身就是一个丰富的世界，只有先把内在的世界管理好，外部的世界才会平和。

当然，人自身是复杂的，外部世界也是复杂的，知此理如何行？这就是知行合一的问题了。企业文化并不是针对具体问题提供解决工具或方法，企业文化立足于更高层次，是从安身立命的角度来讲的，所以企业文化是管理的“心法”。

中盐金坛公司贤文化以“敬天尊道，尚贤慧物”为核心理念，所揭示的正是中盐金坛人的管理“心法”。

（原载《贤文化管理》2015 年第 4 期）

科技管理需要顶层设计

陈留平*

科技管理需要顶层设计。顶层设计需要新的理念，而理念的提出，依赖于哲学思想和理性思考。

企业实际工作中，科技管理是平台建设与人才队伍建设的结合。

从现有平台来看，我们目前有国家级博士后工作站、江苏省博士后创新实践基地、江苏省井矿盐综合利用工程技术研究中心、中盐盐业技术转化与应用中心、企业研究生工作站（与南京大学合建）等一批科研平台。

人才引进方面，从2003年开始，每年都引进20多名本科以上学历的大学生，近年来高层次人才引进在加强。随着博士人员的不断引进，科研团队建设也在加快。人才引进后，会分到各个领域进行研究，安排到技术中心，组成学科组、博士团队等，在实际工作中进一步培养，实行在工程技术中心、博士后工作站等平台下的各学科一体化管理。

我们科研的方向，一是围绕市场，二是关注民生，三是承担社会责任，这些内容都将在我们各项具体科技活动中得到体现。在制盐方面，公司2004年投产的年产60万吨真空制盐装置，当时已经是国内最大。2010年，我们根据企业发展需要，又投产了年产100万吨的热泵制盐设备。两套设备采用工艺不同，前者可充分利用电厂的热蒸汽。而后者则更节能，达到了国际先进水平，也符合国际制盐发展的潮流。同样，金坛盐的质量也是最好的。既能满足国内消费者，也出口国外，并且得到了国际大客户的认可。特种盐的开发应用也在步入正轨。因此，到目前为止，制盐领域培养的人才相对较多，依靠人才优势，下一步我们还将围绕节能减排、提高生产效能等方面进一步发展一系列综合技术，在传统产业上进一步扩大我们的领先优势。矿山开采

---

* 陈留平，研究员级高级工程师，中盐金坛盐化有限责任公司总工程师、纪委委员。

被公司确立为要重点突破的技术研究方向，矿区的功能不是简单地采卤，而要发展以盐穴利用为主导方向的造腔技术研究，盐腔的价值巨大，因此生产的卤水相对来说只是副产品。目前我们已与中石油、中石化合作建成盐穴储气库，形成了自己的人才队伍，具备了一系列地下盐穴造腔技术，并且与德国搜空公司合作，连续召开了三届盐穴综合利用国际研讨会，已经在行业内、国际上有了一定的影响力，公司在盐穴利用领域已步入良性发展通道，为国内盐行业确立了盐穴利用的方向。在热电技术，加怡热电厂虽然只是个小型电厂，但是我们也依靠人才培养和科技创新做出了自己的特色，其主要功能已不仅限于发电，而是以生产热蒸汽、压缩空气、纯水等主产品的区域内的公共事业型企业，并在2015年成功申报了高新技术企业。依靠公司不断壮大的人才队伍及不断提升的技术平台，近年来电厂与矿区共同进行产学研合作，正着力建设国内首创并具有国际先进水平的压气蓄能电站示范项目，在此过程中公司的人才将进一步集聚，科技实力也必然会上一个新的台阶。

经过几年努力，我们平台建设和人才培养都有了一定成绩，目前申报了多项专利，也承担了省级最大的科技项目，液体盐产品等也通过了高级别科技鉴定，达到了国际先进水平。同时，我们与清华大学、南京大学、武汉大学、南京理工大学、南京工业大学合作进行技术研发合作，还与国内外的一些著名大公司开展交流，科研团队每年参加欧盐、美盐协会年会，使技术发展方向与国际潮流同步，也使人才水平得到提升，多方位国际合作也是我们坚持的一个方向。

下一步，作为顶层设计，公司领导提出了是建立国家级企业研究院的目标，实现这一目标是一项系统性的科技工作，需要完成一系列的具体任务，人才队伍和创新能力都必须提升到新的层次。我们技术团队将按公司领导要求以建设国家级工程技术研究中心平台为起点，通过5到10年的努力建成国内一流、具有国际先进水平的企业研究院。

（原载《贤文化管理》2015年第4期）

积累道德资本，为百年企业奠基

郑明阳

古人云：德者，才之帅也。

《贤文化纲要》指出：尊道之要在于进德，进德之要在于修身。

可见，道德在人的生命与生活中起着根本性的作用。然而，社会的发展给予人们更多道德选择的同时，有些人却因为过分强调自我而忽略了道德律己，甚至混淆是非、善恶、美丑等基本的道德界限。而有些企业，为更多地追逐利益，不惜耗竭资源、破坏环境，甚至危害人们的健康，这些都为我们敲响了道德危机的警钟。

中盐金坛倡导贤文化，是应对道德危机的顺势而为。须知企业的发展，在于人的发展；企业之长久，需要积累深厚的道德资本。因此，我们把“德”放在第一位，先立德再立功。一个企业没有振奋的精神和高尚的品格，不可能屹立于现代企业之林。我们至今仍记得往昔为中盐金坛披荆斩棘、筚路蓝缕、不辞辛劳的员工，我们至今还在感怀当初选择走循环发展、绿色发展道路的壮举。贤文化精神在中盐金坛初创期和发展期都发挥了重要的作用，在今后的日子里也必将需要彰显它更大的力量。

积累道德资本，就是要把贤文化精神贯穿于企业行为的全过程、各方面，使我们的事功奠基于厚实的“德”之上，进而合乎天地之“道”，因此，这是一个道德智慧实践的过程。

为此，我们要把“敬天尊道，尚贤慧物”的贤文化理念付诸行为。我们启用25公斤全自动的套膜包装，走资源节约型的道路；我们在技术研发大楼省去了很多会议设备，目的在于节俭，而不追求光鲜和奢华。如果有这样的认识，诸如采购等环节上的重复和浪费就可以避免。

同时，我们要存贤者之本心，致贤者之良知，把贤文化精神落实于百姓日用之中，使“理”与“事”圆融无碍地结合成一体。职工既是贤文化精神的创造者，又是贤文化精神的传播者，更是贤文化精神的实践者，我们要立足盐业改革的大环境，坚持“以人为本，科技兴盐”的发展战略，聚焦民生用盐的开发和推广，只有和民生关联在一起，我们的事业才能具备长久的活力之源。

欲求木之长者，必固其根本；欲流之远者，必浚其泉源。

积累道德资本，为百年企业奠基，应当成为我们知与行的目标与方向。

（原载《中盐人》2014 年第 20 期）

贤文化管理：现代企业“立德立功立言”之道

孙鹏

贤文化管理植根于现代企业生产经营的实践，从积淀深厚的中国传统文化中汲取养分，融合了对生命意义、人与自然之关系、企业长久之道等诸多问题的思考，凝聚着对天地的敬畏之情和社会责任的担当精神，诞生于践行“以人为本，科技兴盐”的中盐金坛公司，志在探索现代企业“立德、立功、立言”的管理之道。

何谓管理？

在中国文化中，“管”的原意是四周堵塞、中央空而通达之物。气在“管”中运行，堵之使其闭塞，疏之使其通行。“管”字即为有堵有疏、堵疏结合之意。“管”字“竹”形“官”声，“竹”代表笛、箫、笙之类的乐器，可以吹奏出动听的声音，使人在心悦诚服中倾听。“管”字蕴含着通过适当疏通、引导、促进、限制、规避、堵塞，以奏出和谐声音之意。

“理”的本意是“顺玉之纹理”。玉之纹理乃天然形成，顺玉之纹理，体现遵循事物规律的思想，意为用符合自然之道的方式实现合理的目的。

作为文化符号的“管”“理”二字，蕴涵着“管理”之本意，彰显出中国式管理的文化内涵：顺应事物本来的道理，在恰当的疏通和堵塞中奏出和谐的篇章。

气流在乐器中疏堵有序才能奏出美丽的乐章，玉石在顺应其纹理的打磨后才成为美玉。在中国文化中，管理不是给被管理者增加累赘，而是以合理的方式保障被管理者的发展，在疏堵有序中奏出和谐的乐章。以“敬天尊道，尚贤慧物”为核心的“贤文化”结合现代管理实际，对中国管理思想做出了具体阐发，体现出中国管理思想的特色。

贤文化是以感恩自然、回报社会之胸怀和宿沙煮海之精神培育贤者的思想体系，这种培育是以润物细无声的方式进行引导和规避，是中国式的管理艺术。

贤文化提倡敬天尊道，以顺应的方式和敬畏的心态顺天生物，应地运行，助人进德修身、成圣成贤，达自然天成之功效。此乃无为而治之管理。

贤文化引导人守清静之本，顺至诚之性，达成人之用。人成则事成，事成则业兴，开物成务，功业可定，此乃明本顺性的中国式管理之道。

贤文化教育人内修其身，博学厚德；外建其功，修己安人；知则真切笃实，行则明觉精察。在正心诚意克己修身中铸就圣贤，这是中国式管理艺术的体现。

贤文化倡导和而不同、随方就圆、亲密和悦、厚德慧物。这正体现出汉字“管”“理”之本义，是利万物而不争、谦下而容众的中国式管理。

贤文化主张以礼治企，以乐和人，使秩序可辨，其乐融融。这种管理之道，约己以礼，文之以乐，礼乐兼备，赏罚有制，诚如以“管”为器，疏堵有序，和谐的旋律油然而生，管理的神韵跃然纸上。

贤文化指出信为企业兴盛之源，睦乃人和事齐之象，讲信修睦使贤者如有源之水，盈科后进而致远，如“管”中之音，悠扬绵远，如玉之纹理，浑然天成。

贤文化体现出中国式管理思维，构成中国管理思想的特有体系，是中国传统智慧与现代企业管理的结合，是中盐金坛四百名员工，积二十五年之力，对中国管理学“知”与“行”的结晶。

贤文化是中盐金坛人对传统和现代管理思想的继承和发扬，是中国管理学建设中一支生机勃勃的思想力量。贤文化管理突出敬天、尊道、明本、顺性、尚贤、慧物、贵和、致远的贤文化理念，力争在对中国传统智慧和现代管理经验吸收总结的基础上，建立现代企业育贤成人的管理模式，推动中国管理学的成熟与发展，为世界走向“良知”发用流行的和谐之境，贡献中国企业人的心智成果。

（原载《贤文化管理》2014 年第 1 期）

人人皆可尚贤慧物

《中盐人》评论员

2013年，面对全国性的经济“寒流”，我们以平常心处之，一以贯之地按照既定的“调结构、促转型”之道，实践着“尚贤慧物”之志，因此，我们的生产经营既没有大起，也没有大落，发展的态势健康平稳，与“中庸”之道相契。

2014年，仍将是平常的一年，我们依然以平常心处之，在深化对公司“调整结构”这一发展方略之“知”的同时，像外贸科的同事们那样，从一事一物的细节入手，把所“知”落实到“行”中，使知为“真知”，行为“真行”，如此持久用力，则“尚贤慧物”之志成矣，员工和公司的良性发展亦在自然而然之中。

细言之，在平常的2014年，需要我们持有如下的平常心态来做好各项具体工作。

一是敬畏之心。历史和现实的诸多事例告诉我们，做人做事若无所敬畏，必将尝到苦果，今天愈演愈烈的空气污染是最好的例证。企业作为天地中的一事物，有其生存发展的规律——道，企业的行为合道则壮，背道则老。因此，我们要如敬畏我们自身的生命一样，敬畏我们的立足之本——金坛岩盐资源，要以敬畏生命的态度，做好“安全、环保、质量”三大日常工作，确保岩盐资源的可持续开发利用。

二是知行合一。凭实而论，我们的中长期发展战略已明，年度发展目标已定，各种管理规章制度皆备，员工队伍的知识水平和整体素质也非昔日可比，我们向百年基业梦想靠近的条件日益完备。我们所需要用力修行的，还是“知行合一”这一既简易却又最不易的基础功夫。今年公司部署开展“行知班”建设活动，目的是要解决我们在“知行合一”方面存在的诸多不足，培育知多少、行多少的贤者素养。

三是完善自我。世事复杂，形势多变，我们改变大自然和市场的能力是极其有限的，但我们改变自身，不断向贤者的目标提升，却是可以自主并力行的。与其抱怨或等待，不如从完善自身做起。古语云“诚者，自成也”。市场部外贸科的同事们成功开拓国际市场并无绝招，靠的就是从自身每一个细节的完善做起，以百分之分的诚意获得客户的信任。贤文化倡导在困难面前首先找出自我的不足，先弥补好自己的缺漏，如此方可既成就自己，同时也成就万事万物。

一年之计在于春。只要我们按照公司既定的思路和计划，知行合一，则人人皆可“尚贤慧物”，在成就贤德贤才的同时，开出传统盐业的新天地。

（原载《中盐人》2014 年第 4 期，标题有改动）

明辨义利，回归本质

《中盐人》评论员

公司领导总结表彰大会上阐述2014年的工作主题和具体要求时指出，研发和生产特种盐，调整产品结构，推动企业转型升级，这是我们当前的目标任务，实现这一目标，必须走创新发展的路子。

但我们的创新发展不是“任性”，而是立足于“明辨义利，回归本质”的发展之道，这是理解好公司领导讲话精神的关键，是交出优异的成绩单的思想保障。

先说“明辨义利”。道义为先，还是利益为先，是每一个企业或行业在改革过程中将面对的选择，我们探索调结构促转型之路，选择的是道义为先。中国盐业有着两千多年的专营历史，这一制度在给盐行业和历代封建王朝财政经济带来丰厚收益的同时，也导致盐行业长期局限在产品结构单一的圈中，缺乏改革与创新的动力，成为既传统又落后的产业，至今在世界盐业同行中依然是大而不强，振兴中国盐业成为当代盐业人应担的道义。而要担当起这份道义和历史责任，就必须顺应国际盐业发展大势，借助改革之力，走出依赖专营的模式，调整盐产品的结构，打破小圈子，融入大市场，为古老的盐行业找到新出路。

次言“回归本质”。我们是井矿盐生产企业，与海盐相比，我们认为井矿盐是盐中的“贵族”，它和大自然赐予人类的其他矿产资源一样，其定位在于服务民生，提高百姓的生活品质，而食盐只是其中的一种，生活中的诸多领域如交通、医药、畜牧、水处理等，都有盐的用武之地，欧美盐业同行在生活用盐领域先后开发出成百上千的品种，在这方面走在了我们的前面。因此，研发特种盐，取之于大自然，用之于改善民生，这是传承盐宗宿沙之精神，回归盐的日用常行之本质的应有之义。

要言之，通过研发生产特种盐以调结构促转型，是基于“明辨义利，回归本质”的选择，也是贤文化“明本顺性”的应然之举；这个选择也是以修贤成贤为志向的金盐人的必然选择。

（原载《中盐人》2015年第4期）

让我们的“放心盐”惠及世界民生

《中盐人》评论员

近日，印尼 MUI 对中盐金坛生产现场进行认证审核。在此之前，公司已获得多项国际级别的认证，如犹太认证、世标认证以及欧洲食盐标准的认可，相继通过了国际大型跨国企业诸如卡夫、亨氏、联合利华、恒天然等公司的质量审核。可以说，在进军国际市场的道路上，中盐金坛的“放心盐”得到了高度的认同。

众所周知，国际食品认证大都相对苛刻。我们之所以能顺利过关，源于这些年我们对贤文化的坚守，和持之以恒地践行为民生做好盐的承诺。

为民生做好盐，首先要有“明本顺性”的诚意。盐是我们的立足之本，盐本洁白无瑕，因此生产无瑕疵的盐产品，提升大众生活的品质，这是我们盐业从业者的天职，换言之这就是我们的“本”与“性”。通过多年的努力，公司建立了全过程、全方位的质量管理体系。建立这些体系，一方面离不开与国内、国际先进企业的对标交流，另一方面也是“明本顺性”者应当有的职业自觉。

为民生做好盐，其次要有“尚贤慧物”的胸怀。一个有志于奠定百年基业的企业，必定要有国际视野，有服务全球民生的境界。从另一角度讲，企业只有进入国际市场大循环，才能真正在国际同行中占据一席之地。我们面对的服务对象，不但地域不同，其民族、宗教、文化、习俗等亦各不同，因此我们在向“尚贤慧物”的目标努力时，尊重客户的需要和其民族文化、宗教信仰等，既是国际通行的准则，也是修贤者家国天下胸襟的体现。

为民生做好盐，还要有“知行不二”的愿力。在时下恨不得一朝功成名就的浮躁年代，我们坚持做放心盐面临的最大考验是名利私欲，它考验着我们是否能始终做到“知行不二”，在志贤修贤的道路上生产有贤文化品位的

“放心盐”。在这方面，有的知名企业如上海福喜食品有限公司因被曝光使用过期劣质肉而一失足成千古恨，现实的教训需要我们时刻警醒和反思。只有时时彰显我们纯净无染的“良知”，才能确保生产出品质高贵的放心盐。

让我们的放心盐带着特有的“贤”味走向全球，惠及世界民生。

（原载《中盐人》2014 年第 17 期）

怀大志者，事竟成

《中盐人》评论员

2011 年 6 月 20 日，中盐金坛公司迎来了盐厂投产运行七周年庆祝日。回顾七年来走过的风雨历程，我们感慨万分，人人都有许多的话想说。在众多的话题中，最值得我们来讨论和思考的，莫过于这样一个问题：我们中盐金坛人事业取得成功，靠的是什么？我们的回答是：大志于怀，勇担重任。

让我们先简要回顾一下历史吧。在盐厂一期立项上马之前，中盐金坛只是一个专卖卤水的地方小公司，年销售收入不过 2000 多万。但尽管如此，那时的盐化人，日子过得还是比上不足，比下有余的，照正常的思路走下去，亦是一种无可厚非的选择。但以管国兴为核心的企业领导班子并没有选择这条不需动多少脑子、也不用费多大精力的发展路子，而是在思考着：金坛盐盆的资源是一流的，这么好的资源，仅仅满足于粗放式开采和销售卤水，有负于大自然的恩赐，更有愧于金坛人民的厚望。创业者立下了更远大的志向：一定要把金坛盐盆资源开发利用到极致，不负金坛人民的期望，为中国盐行业的发展闯出一条新路。

正是怀着这样一种志向，中盐金坛人抓住了国家西气东输工程建储气库这难得的历史机遇，下决心建设一期年产 60 万吨真空制盐项目。对于当时只是地方小企业的中盐金坛建设当时国内尚无先例的宏大项目，银行戏称是“小马拉大车”。可想而知，创业的路是多么艰辛。历经诸多磨难，一期项目得到了国家的批准，且于 2004 年 6 月 20 日顺利投产，至 2005 年，时隔不足一年，公司的利润就实现了 7000 多万，这样的奇迹，令关注我们的同行惊叹，令支持我们的银行折服！更令中盐金坛人值得自豪的是，我们进入了国家队，跨入了盐行业主流，视野一下子就拓展到全国乃至世界范围。一期项目投产建成后，无论是人均产盐量，还是效益，各方面都走在全国盐行业前列。以前专卖卤水的小企业，从此脱胎换骨了！这一切的成功，不就是当初立志做大事的宏伟志向促成的吗？古语曰“有大志者事竟成”，诚哉，斯言！

怀大志者还要勇担重任。凡欲成大事者必经磨炼，要经受住磨炼就需要有担当重任的勇气和毅力。一期项目在申报过程中，遇到的困难和挫折难以尽数，但我们凭着一股“没有努力到最后一分钟，就不轻言放弃”的毅力，秉承一定要做成大事的责任感，克服了困难，说服了专家，感动了审批者，最终得到了国家的批准。如今，我们金盐人立下了做世界同行最受尊重企业的高远目标，立志为中国盐行业在世界同行中建立与作为产盐大国相称的影响和地位。为此，我们确立了走国际化的发展战略。目标明确了，条件也比以前好多了，平台也建起来了，更不需要大家去边嚼菜根边做事了，期望有志者把握机遇，经受考验，注重个人的品行修养，在工作中磨炼和提升境界，朝“贤于内，王于外”的方向持续努力。要相信这样一个朴实的道理：有付出，就会有收获。

怀大志者事竟成，这个道理已为我们自己所实践和验证。有理想、有抱负的青年员工们，盐厂一期走过的七年成功之路，你们是作何感想的呢？

（原载《中盐人》2011 年第 6 期）

阴阳相济是贤文化管理的要义

《中盐人》评论员

中西管理的不同与中国特色管理模式的建构，对于正在探索“贤文化管理模式”的中盐金坛公司来说，专家学者的观点启发我们：阴阳相济是贤文化管理的要义。

管理之道，一阴一阳。企业的运行要遵循《周易》指出的“一阴一阳之谓道”的原则。既要厚德载物，安顿人的生命和理想，又要自强不息，积极有为。一阴一阳，相资相生。管理既有形而上的道的层面——哲学基础，也有形而下的器的层面——管理方法，器从道生，故管理方法要依从于价值观层次的管理哲学。

管理之要，从心开始。当今之势，管理正逐渐从专注物和制度的管理，转向关注人心的管理。有学者指出，中国传统文化的核心内容是心学，而心学分为心境和心智两个层面，故心的管理为管理之最高境界。明代先贤王阳明，以一人之力在短时间内迅速召集人马平定宁王叛乱，是心学管理的成功范例。所以说，管理要关乎人心，要从人的内心深处寻找问题所在；管理还要将心比心，只有管理者与员工达到心灵的沟通，才能实现工作的契合。贤文化管理要将文化建设与开启员工心智、提升员工心境结合起来，引导员工主动修养身心，实现自我管理。

道术相彰，珠联璧合。有学者指出，西方管理学重管理之术，而中国管理智慧更重管理之道。虽然“道”统领“术”，是对问题更深层的诠释；但是没有“术”的支撑，“道”也只是一个悬空的概念。只有将管理之道与管理之术有机结合，才能让中国管理智慧助力“百年老店”的建设。因此，建构贤文化管理模式，必须将贤文化作为管理制度设计的思想根基，使制度的设立关乎天理、关乎生产又同时关乎人心，使我们的制度和决策不但与社会需求形成耦合，更要实现管理者与被管理者的耦合。

历史中蕴藏宝贵的资源，我们应以一颗求道的诚敬之心，在中华传统文化的宝库中发掘破解新常态下发展困境的智慧，为我们的贤文化管理注入生生不息的活力。

（原载《中盐人》2015 年第 19 期）

五、贤之韵

江南雨

管国兴

题记：一方水土养育一方人，江南雨滋养了江南的才子佳人，也滋生了江南的企业文化。

细细斜斜的江南雨晶晶透透，纯净而脱俗。她洗去盛世的铅华，洗去了日子的喧嚷，洗出了青山绿水，洗出了冲和恬淡。晶莹剔透的江南雨荡涤着天空中的污垢和尘埃，将江南洗刷得分外明亮，湖面烟波浩渺，山色由浅变浓，不声不响中一抹烟雨便绿了整个江南，造就了“江南佳丽地，金陵帝王州”。

绵绵长长的江南雨窸窸窣窣地从天而降，长长的雨丝像扯不完的银线，纷纷扬扬、不愠不恼、不紧不徐，从早下到晚，飘洒在山冈田野间，飘洒在江河湖泊中，飘洒在亭台楼榭上，当屋檐上的细雨散兵游勇般聚集到一块的时候，水银般莹透的水珠便不断线地砸在青石板上，日积月累，青石板上大大小小的石臼清晰可见。

密密麻麻的江南雨不似巴山夜雨那么大张旗鼓、铺天盖地而来，留下满地残红呼啸而去。江南雨总是随风而来又随风而去，她弥散在江南小镇，湿润而清凉，催绿了柳芽，点红了桃花，滋生了诗词歌赋，孕育了才子佳人。经过千年的孕育，江南雨成就了江南鱼米之乡的美誉，催生了“南朝四百八十寺，多少楼台烟雨中”“今宵酒醒何处？杨柳岸，晓风残月”“试问闲愁都几许？一川烟草，满城飞絮，梅子黄时雨”等千古名句。试想，没有了江南雨的滋润，传唱千年的诗词歌赋要逊色多少，名满文坛的文人墨客又要寂寥多少。

一方水土养育一方人，江南雨滋养了江南的才子佳人，也滋生了江南企业文化。江南人承袭着江南雨的品质，江南雨的精神也不声不响地渗透到了江南的企业文化中。

地处江南的我们与江南雨的高贵品质有着异曲同工之妙。盐晶莹透明，洁白无瑕；看似平凡，拒绝平淡；融化自己，滋养万物。江南雨晶莹剔透，一片冰心，形秀而性灵；江南雨锲而不舍，坚韧不拔，外柔而内刚；江南雨随风潜入夜，润物细无声，功成而弗居。从某种意义上说我们盐的哲学与江南雨的精神是合二为一的。

江南雨无私奉献、润物无声的力量以及锲而不舍的精神是人生和企业所必须具有的信念。我们为人处事应提倡江南雨精神，像江南雨一样晶莹剔透，光明磊落，以德治企，以德服人；像江南雨一样绵绵长长，一往无前，滴水石穿，以一种无坚不摧的韧性和意志干成事，干好事；像江南雨一样淡泊名利，无私奉献，滋养万物，润物无声，功成身退。

企业的各项工作也要拿出江南雨的精神，善于挤、善于钻，全体员工无论是处于何种岗位的人都要有那种专心致志做好每件事的江南雨精神，特别是作为管理层不能一味地浮在上面，要蹲点下去，才能得到一手资料，才能取得成功。众多企业并不缺乏深远的战略眼光和决策，往往缺乏的是对这些战略和决策彻底地、不折不扣地执行。让江南雨精神融入我们企业的血脉中，让江南雨精神在潜移默化中渗透到每位员工的思想深处，融入日常管理活动中，凝聚在企业产品质量、信誉、品牌和市场竞争力之中，推动我们管理和作风的改善和提高，增强企业制度的执行力。让江南雨精神像弥漫着某种味道的屋子，不管你愿不愿意，都能闻得到，甚至出门之后还满身带着这种味道，外界人员通过与我们的接触，也能真真切切感受得到。只有将江南雨精神真正成为我们企业的灵魂，“中盐金坛”才不只是一个企业的名字，也不只是财富和实力的代表，更是一个良好企业形象的象征和崇高事业声望的标志。

在知识经济时代的今天，对于一个企业来说，真正有价值、有魅力，同时能够流传下来的东西不是产品，而是它的企业文化。就好比一个历史名人，留给后世的，绝不是他的身体，而是他的理念、业绩或作品。我们现在所提倡的江南雨精神不仅仅是一时之念，还是企业的长久之思。

（原载《中盐人》2011 年第 8 期）

阅读是诗意的生活

府建明*

前阿根廷国家图书馆馆长、著名诗人博尔赫斯曾说“我想象中的天堂是图书馆的模样”，今天我结合自身经历，和大家分享一下自己和书籍结下的渊源。

我于1984年参加工作，一直从事图书出版工作，到现在已经34年了，每天的大部分时间都是在看书、读书、编书。我热爱这份工作，这和我的童年经历有关。那时的小学、初中都没有图书馆，能看的东西少得可怜，所以刚上高中时第一次见到学校有图书馆，我很惊讶，原来有这么多的书可以阅读。到现在，我读书的习惯一直都没有改变过，唯一的改变是现在的阅读不是自发阅读，而是一种自觉阅读。我把阅读分为功利之读、为善之读、审美之读。

康德将人类所有知识进行汇总，来指导人的指向与行为，提出真、善、美三种层面。为了解释理性知识从因到果的认识过程，他写了《纯粹理性批判》。除了求知之外还要解决为善的问题，我们做事情的对与不对，是理性知识不能告诉我们的，好和坏的问题是一个伦理性问题，伦理学不告诉我们真相，只告诉我们价值。而伦理学最重要的价值是实践的问题和如何去做的问题，这也可以联系到阳明哲学中行的问题，所以康德在这个基础之上写了第二本著作《实践理性批判》。康德认为实践理性是高于纯粹理性的，道德的意义是高于科学的。当写完了这本著作之后，康德并没有停下来，他认为还要解决一个审美问题，所以他写出了《判断力批判》。到这里就构成了康德关于

---

* 府建明，江苏宏德文化出版基金会理事长，哲学博士，教授。曾任江苏人民出版社总编辑。享受国务院政府特殊津贴，入选“全国新闻出版行业领军人才”“江苏省新闻出版行业领军人才”。

真、善、美的三种知识体系。

所以可以这样理解，功利之读就是指对于自然科学类的图书，探究它真或假的理性阅读，是为了自己认识世界而进行的学习和阅读。为善之读则是君子之学，在《荀子·劝学》中有这样的话："君子之学也，以美其身；小人之学也，以为禽犊。"君子读书是为了完善自己，小人读书是为了取悦他人。

书为己读和为他人读，这差别很大，就像我们知道古代饱读诗书的人中出了很多的圣贤，但也有很多奸臣贼子，像蔡京、秦桧的学识都很高，秦桧还发明了宋体字，所以说读书读到一种高度，到底是为己学还是为他学就很重要。如果我们学的知识不能和为善之学结合起来，最后能不能走正道也是个问题。

读书第三个层次就是审美之读。为什么要审美之读，未来功利之读的知识获得的途径越来越方便，忘记的速度也越来越快。但这都不是读书的意义，阅读是要建立一种诗意的生活。

海德格尔曾经说过"诗意地栖居"，如果想我们的生活过得更有意义，那就要过上诗意的生活，最优雅的方式就是阅读。

为什么阅读是诗意的生活，因为阅读是不带有功利目的的，也只有这样才是真正的自由，才是真正的美。

心安何处方为乐

钟海连

公司领导在中盐金坛2018年度总结表彰大会上阐述贤文化时，着重谈了安心的问题，并引用苏东坡词中“此心安处是吾乡”，生动地解读了贤文化建设的最高目标——安心立命，听后感受颇深。

“文化”一词，按《易经》的解释是“文明以止，人文也。观乎天文，以察时变，观乎人文，以化成天下”，故称“文化”。这个解释中提到“止”，即“止”于“文明”的问题。而《大学》则具体告诉我们如何“止”：“为人君止于仁，为人臣止于敬，为人子止于孝，为人父止于慈，与国人交止于信。”每个人在社会中都要担当君、臣、父、子、国人五种角色，做到这五个“止”，就可达到“至善”的境地；做到这五个“止”，就可谓之“文明”，进而可以教化天下之人，同进“至善”之地。

王阳明先生直截了当地指出“至善”在于吾心，不假外求，心外求善就会陷入支离错杂、无所适从的困境。也就是说，止于“至善”的文明境地，实际上是心的安顿——安身立命的问题。因此，“文化”所要化的对象，其实是我们每个人的自心，故文化就是心法，贤文化就是我们企业的心法。这个心法，讲的是将我们每个人的心止（安顿）于何处的问题。

我们的心经常处于不乐的状态，在得与失中生出忧、愁、悲、苦等种种烦恼，究其原因是我们的心没有得到妥善的安顿。那么，心止（安）何处方为乐呢？安于欲乎？安于理乎？贤文化的选择是安于理。细而言之：

首先，心安于国家之大理方为乐。一个人如果受物欲的驱使而违法违纪，德性尽失，等待他的是法纪的惩治，何乐之有？故安心必先循国家大理（法纪）而行方可得乐。

其次，心安于社会、家庭、企业之伦理方为乐。社会、家庭伦理，上述五个“止”已概括周全；企业伦理，如《贤文化纲要》所言，就是企业中充满“和”之精神的法度与秩序，也就是“尚贤慧物”的发用流行。一个人在担当各种角色时，若能将自心安顿于相应的各种伦理之中，循理而行，便可心安理得，此心定能自得其乐，这就是《贤文化纲要》说的“其乐融融”的状态。

苏东坡词中所提到的柔奴（别名寓娘）能说出“此心安处，便是吾乡”的话，是因为她虽身处困苦的岭南之地，但心安于其角色所对应的理中，循理而为，外在的环境虽然困苦，但心不为之忧、愁、悲、苦，依旧喜乐盈怀，所以“万里归来颜愈少，微笑，笑时犹带岭梅香”。一个人若心能常处乐中，容貌岂能不“愈少”？

公司在向世界一流企业奋进的途中，困难曲折在所难免。我们若能有苏东坡词中“此心安处是吾乡”的德行修为境界，又有什么困难能让我们心不安而失乐呢？“知止而后有定，定而后能静，静而后能安，安而后能虑，虑而后能得”，《大学》已将此理讲得明明白白。

正如公司领导指出的，心只能自安，安心是幸福的源泉，安心才能奋斗。进德、尚贤持久之后，方能心安，这也是我们“尚贤”的精义所在。

（原载《贤文化》2019 年第 1 期）

文化滋养下的力量

张婷婷 *

简单来说，所谓国学，就是一国之学，是经过历史汰择之后，留下来的文化经典，这是最能代表一个国家民族认识宇宙万物的思维方式，最能展现一个民族的内心情感，最能体现一个民族的知识系统与文化精神。所以，我们必须通过了解自己的历史文化、哲学思想，来认识自己，认识自己所属的中华民族。因为一个民族，之所以能够生生不息地延续，而不被灭亡，并不是因为国土疆域大小的改变，而是民族精神与民族文化的凝聚。

晚唐诗人司空图在《河湟有感》中写了这样一句："汉儿尽作胡儿语，却向城头骂汉人。"当时的河湟地区已被吐蕃所占，由于吐蕃军事力量的强大，汉人纷纷以学习"胡语"为时髦，甚至嘲笑讲汉语的汉人"土鳖"。历史有惊人的相似性，今天西方文化成为一股时髦潮流，深刻影响着中国人的认知价值，当我们从小学外语、喝可乐、看好莱坞大片，反而不去了解中国自己的文化知识，甚而有之，嘲笑学习国学者为"土旧"之物，不会洋泾浜者，即会被时代淘汰，这是非常可怕的一件事情。因此，龚自珍说："欲灭一国，先灭其文化。"这样的情况，在战国寓言中有很多，杞人被嘲笑忧天，郑人买履被嘲笑刻板教条，无不是被灭国之后，又被灭文化的例子。因此，我们作为一个炎黄子孙，必须了解自己的国学，建设自己的文化，才能担负起民族振兴的责任。

国学的范围实在太大，包括四书五经、诗词歌赋、礼乐文化、琴棋书画、天文地理等等，每一个方面都是通往国学的门径。中国古代，儿童发蒙，必须读"四书"，但是对于儿童，直接阅读这类书籍，又非常难，于是又出现辅助性的《弟子规》《三字经》等等识字课本，这些课本每句三字，偶句押韵，

---

* 张婷婷，南京艺术学院教授。

朗朗上口，便于记忆，其中的内容，均是帮助我们理解儒家思想的指南，例如“人之初，性本善”，就是孟子哲学的基本观念之一。

儿童可以从诵读《弟子规》规范日常行为礼仪，参与六艺活动连接亲友间的情谊，从每一个细节入手，去了解国学，感知国学。通过一滴水，认识整个太阳。

学习国学一定不能求“快”，因为任何一项学习，均无法速成，《论语》有言“欲速则不达”，说的就是这个道理，没有急功近利而能有所成就的学习。短短数日，先“种下一颗国学的种子”，之后也许我们要用一生的时间，慢慢学习，悉心呵护，才能生出繁茂的枝叶，结出丰硕的果实，最终涌出“肩挑天地”的巨大力量。

屈原曾经说过“乐莫乐兮新相知”，人生最快乐的事情，莫过于认识情意相投的新朋友。大家因国学因缘，相聚一起，彼此分享，共同学习，共同生活，可谓最快乐的事情，希望大家，教学相长，共同收获。

（原载《贤文化管理》2017 年第 3 期）

心在乌云之上

张小兵*

生活在这珍贵的人间，我们却常常被琐碎的生活磨去了棱角和光泽。当乌云在头顶盘旋，除了嚷骂、喝闷酒、疯狂购物，我们还能干些什么？也许，除了修炼自己，跳跃至乌云之上，我们别无选择。

印第安人有一句俗语，意思是让身体等一等灵魂。当前，科技发展日新月异，物质生活日趋丰富，我们的心灵似乎还配不上这样的发展。然而，我们又不能命令科技、物质发展“立定”，“向后转”。我们只能“跑步走”——让我们的灵魂跟上整个时代。

在这多元转型的世纪，是不是只有全新的思想才能与时代匹配？是不是只有西方世界的思想才能适应时代的发展？著名学者庞朴先生说，中国传统文化和文化传统是“财富”，也是“包袱”，只有守住“财富”、克服惰性、融合新知，才能创造美好的未来。国学弘扬者们，将传统文化从歪曲的历史中剥离出来，正本清源、回到原点，以弘扬纯正传统文化为己任，是延续中华血脉的善举，也是在为身处迷惘中的中国家长、学生、官员以及社会人指出一条光明的道路。

“有匪君子”，不是有匪气的人，不是将自己的幸福、快乐建立在伤害别人基础上的人，更不是信奉弱肉强食“丛林法则”的人。“有匪君子”，是明心见性、止于至善、和谐融通的“君子儒”。如果你是老师，今后要从心底里去热爱教育事业和你的学生，绝不将课堂内容放到收费的辅导班上去讲；如果你是职员，要在自己的岗位上兢兢业业，即使是站柜台，也一定能成为“站柜台的圣人”；如果你是公务员，更应该忠诚于自己的工作，让百姓见到你

* 张小兵，南京师范大学附属中学教师，南京市中青年拔尖创新人才、江苏省中青年学术技术带头人。

就觉得有了依靠；如果你是商人，不将地沟油搬上顾客的餐桌。这就是良知在闪光。

美好的生活总是难以预测，风云变幻往往是日常剧情。两千多年前的孔夫子以“堂吉诃德大战风车”式的壮烈给我们留下了千年的怀念，“知其不可为而为之”已成为他的精神写照。是什么让夫子倔强得如此可敬而又可爱，即使面对生存的危机，还能气定神闲、安坐抚琴？当然是重树“礼乐和谐社会”的理想在支撑着这位千古圣贤。四十岁的我们正是时代的中坚，十来岁的孩子们正是三十年后的中坚，没有“拆下肋骨当火把”的精神，没有传统文化精神的薪火相传，未来的我们又怎能活得坚强而又有韧劲？怎能从“小我”走向“大我”？

你遇见的人和读过的书，将成为你未来的格局。在这里，我们遇见了风格高尚、追求善心的群体，读过《大学》《孝经》《弟子规》，我相信，即使命运再不济，我们也能顺应自然，“成为一棵树，为岁月而生长，不伤害任何人”。

（原载《贤文化管理》2017 年第 3 期）

作品是书法家的思想传记

冯奎 *

陆象山说:“某观人不在言行上，不在功过上，直截雕出心肝。”陆象山把尊德行立于论道问学之先。中国传统文化哲学思想是生命哲学,哲学（真)、宗教（善)、艺术（美）都是论道的学问，传统文化哲学思想是体，书法是用，作品中体现出作者对传统文化的理解和敬畏程度，具有人文价值，体现人文修养。

古人云“一字见心”，君子小人立判，艺术作品中隐藏着艺术家的生命密码与生命状态，艺术家在创作中不自觉地灌注了自己的生命能量。每张作品都是作者的自画像，从中体现出作者对人生的觉解程度与内在达到的精神品格，每张作品也都在为作者的思想作传记。一件真正的艺术作品，不只是娱乐和审美的对象，也不仅仅给人看一个经验的事物和表象，更要有一种超验的东西在所创作的具体形象中体现，具有超越的关照。所以，一个优秀的艺术家除了具备扎实的艺术创作技巧，还应该具备深刻的哲学修养和终极关怀的宗教体证，在深入体悟古圣先贤哲学思想的基础上，格物致知，知行合一，进行日积月累的道德实践，最终豁然贯通，变化气质，接续中国文化的慧命。

修养心性、洗涤胸襟有两种方式，静处涵养和动处磨炼。

宁静致远，只有沉静下来，书方看得进。《大学》中云:“知止而后有定，定而后能静，静而后能安，安而后能虑，虑而后能得。”一个人通过广泛学习与自我审视，找到自己的生命节奏和与之相应生活方式的哲学基础，逐步建构起自己的文化哲学理论，奠定自己的伦理原则与价值基础，成为道德自觉的主体。同时忠实于自己的价值观，不取悦于任何人，坚持独立的人格，保

* 冯奎，现代书法家。江苏第二师范学院美术学院特邀书法教师，南京田家炳高级中学宏德国学社社团指导老师。

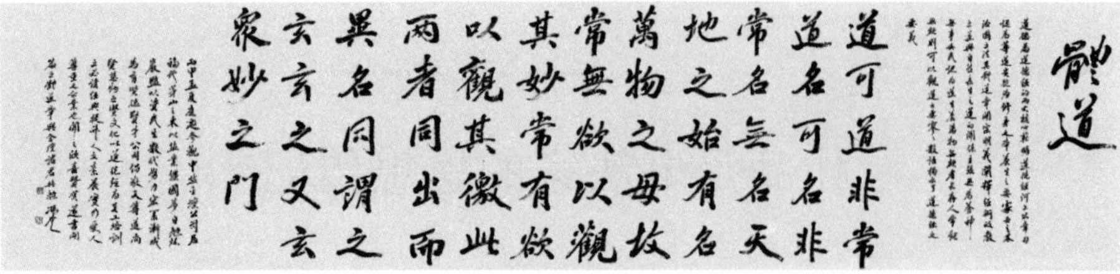

体道 冯奎 / 书

持不迎、不拒，不推、不抗的中道状态，从容、笃定、沉着、包容。

书法不只是练手，更要打开感官，在生活里磨炼心性，学更多的东西，用敏锐的心去感悟、领悟和提炼。其实做什么都可以达到生命的完成与生命的内在领悟。一念不懈，时刻关照自己的不足，感受、觉悟、提升、净化，突破自己的习性，在红尘中进行人格修炼。

体会中国传统文化的韧性，身心越柔软，达到的韧性越强，善待身边的一切，卑以自牧，援心向内求，谦下、柔和、无争。放下自我、放下个性，离开分别对待，进入绝对的无欲状态，体证空性、共性，在深刻领会虚无中找到终极实在，拥抱并热爱生活。从而圆融一切个性，超越一切好坏对错的标准，获得一颗其大无外、其小无内的无拘无束、自由自在的大心，远离一切固定标准的条框，获得大自在。

书为心画。大雅之书一定是称合法性的，充满着一种平静、祥和、广阔而慈悲的爱，体现出内心的饱满与富有。最好的美学标准在清静心里面，如佛菩萨的庄严相好，端庄、有威仪，内心非常宁静，充满着佛菩萨的那种慈悲之光，心存太和之气，书中自然温雅德香。好作品要让人放松，能让人找到自己内心需要的快乐、美好和温暖。在书写过程中保持平常心，顺势随性，笔笔生发，体现一种完全自然的情感状态，让胸中的诸般工夫、美好心境自然流淌出来，不人为造作安排。作品要去掉机诈之心、苦心积虑之相，不纠结、不折腾，自然回归大道，显温柔敦厚之意。要心无杀伐之音，远离炫耀、傲慢、轻狂、外驰之心，戒轻浮、张扬、毛躁、争强斗狠、生存竞争之心。艺术不是宣泄的工具，世间书很多所谓的彰显自我，彰显的其实只是私欲和负能量。

“墨磨偏，心不端；字不敬，心先病。”《弟子规》讲得真好。柳公权说“心正则笔正”，很难想象一个艺术家，在放纵烦恼习气状态下创作的作品，对人能有多少审美教化的作用。一个艺术家首先应该从体起用，保持觉性，净化身心，在身心抵达纯净无染的状态下自然书写，作品方能心手相应，渐臻上乘，达到一种飘逸、淡泊、洒脱、空灵，圆融、庄严、敦厚、慈悲的大美境界。

（原载《贤文化管理》2017 年第 3 期）

探索古琴艺术之美

裴煜*

古琴是华夏民族最古老的乐器之一，伴随着中华民族几千年的文明史一直流传至今。2003年，中国古琴艺术被联合国列入世界人类非物质文化遗产，这也是至今唯一一件被列入世界非物质文化遗产的中国民族乐器。近十年来，古琴逐渐被人熟知，并走向世界。我非常荣幸地与艺术家前辈在国家文化部的号召下，以“中国九嶷琴派传承人”的身份到多个国家和地区的文化中心或孔子学院进行古琴艺术的演出与推广，愈发觉得发扬和传承中国传统古乐文化，任重而道远。

一、听琴之美——听，中正平和之音

《关山月》是一首琴箫合奏的经典曲目。琴箫曲调配以唐代文豪李白的诗词：“明月出天山，苍茫云海间。长风几万里，吹度玉门关，汉下白登道，胡窥青海湾。由来征战地，不见有人还。戍客望边邑，思归多苦颜。高楼当此夜，叹息未应闲。”

这是一首忧愁与豪迈并存的曲目，曲意高远，音韵刚健。曲虽短小，却融合了古琴“罨”“泼”“大撮”“带起”“轮指”“淌下”等众多指法，曲调意境丰富。李白诗文的加入丰富了琴曲感情的饱满度，不论弹琴抑或是歌唱，都能体现古琴应有的韵味。

二、识琴之美——识，清微澹远之韵

人类的艺术起源很早，在数万年前的原始社会就出现了音乐、舞蹈、绘

---

* 裴煜，古琴演奏家。自幼习琴，师承九嶷派，琴风苍劲坚实、吟猱有节，在琴境的塑造上独具一格。

画等艺术活动。随着人类社会发展不断进步，艺术活动也越来越丰富和广泛。《毛诗序》曰："情动于中而形于言，言之不足故嗟叹之，嗟叹之不足故咏歌之，咏歌之不足，不知手之舞之，足之蹈之也。"其中古琴艺术诞生的过程，就充分证明了这一道理。

古琴历史久远，可追溯到上古伏羲时代。它是中国最古老的弹拨乐器，被列为"琴棋书画"四艺之首。东汉哲学家恒谭在《新论》中说："八音之中，惟弦为最，而琴为之首。"可见在众多乐器中，古琴的地位之高。古琴在发展过程中，形制有五弦琴、七弦琴、十弦琴，由于其声称为"德音"，以中和之德，养生、怡情、雅志，因而古琴具有"国乐之祖""国乐之君"的地位。

"七弦十三徽"是古琴的特色，因琴人运用左、右手娴熟地配合或弹或点或按于琴面来弹奏，所以它蕴含丰富的美学价值。

（一）音色之美

古琴有三种音色，分别为散音、泛音、按音。

散音是大地之声，如天地之宽广，风水之澹荡；泛音是天上仙音，如泠泠之天籁，清灵纯美；按音是人间之风雅，喃喃细语之含蓄，委婉动听。

（二）音律之美

古琴是"宫、商、角、徵、羽"中国五声调式。它的音域较宽，共有四个八个度和一个大二度。古琴音位之多是其他弹拨乐器不可比拟的。它有 7 个散音、147 个按音、91 个泛音，共计 245 个音位。因宽阔的音域、众多的音位和反复的指法，其演绎出声韵多变的绕梁之音，沁人心醉，美不胜收。

（三）琴谱之美

最早的琴谱是文字谱，用语言文字把演奏过程的左右手指法和演奏术语，全部记录下来。这种记谱方法非常烦琐，如目前已知的唯一一部文字谱是南朝《碣石调·幽兰》，全曲四段共 1000 多个音，却用了 4954 个汉字来记录指法、音位的琴谱，我们称之为"文字谱"。古人是极有智慧的，唐代曹柔对这种文字谱进行了改革，才从繁到简形成减字谱，只要看了相关符号，就知道弹法。减字谱是把文字谱的指法名称、演奏术语的文字笔画减少为类似的偏旁部首，并将其组合成一些新的符号。在中国四大名著之一《红楼梦》第八十六回"受私贿老官翻案牍，寄闲情淑女解琴书"这一篇中，贾宝玉与林妹妹戏说的“天书”，即是在说古琴减字谱的符号系统。

（四）指法之美

《太音大全集》中记载：“夫弹琴之际，不问有人无人，常怀钦畏，如对师友。琴在案，膝身需卓然，安神、静心、屏息、专注；指不虚发，弦不错鸣，目视左手，耳听其声；不必动筋骨、努肩甲；并须神气调畅……”古琴一弦多音、无品无柱、横卧演奏。不带任何假指玳瑁，运用左右手指甲肉关节等紧密配合、左右滑动取音。在很多古代琴谱中，古人根据手指的指型联想到大自然的山石、花鸟、河川等，用诗词、绘画的形式加以描述，从中体悟人与琴和，指与弦和，中正平和之气，淡雅清远之心。

三、和琴之美——和，琴乐茶礼之律

由于在中国文化中，艺术之美具有相通性，因而古琴艺术与其他艺术可以通过融合相得益彰。当我们运用两种艺术的表现方式进行碰撞、融合时，其作品所呈现的审美体验与精神意旨能有更多的收获。尤为明显的是，结合乐与茶这两种艺术形态，通过古琴曲境与茶道内涵，可以将“传统茶礼”转变成茶与乐艺术相融的优美场景。本人曾将琴曲演奏和茶艺展示整合成一个创新型作品，并荣获全国大学生茶艺创新技能大赛一等奖。

在该获奖作品中，其主旨是展演琴乐和茶礼的双重美感。通过古琴曲《梅花三弄》和茶品金骏眉，促使古琴曲境与茶艺程式相辅相成，共同烘托中国先贤的高尚品格和不俗气节。从茶来看，金骏眉的茶性有梅的傲骨和雅韵，选用茶品为生长于武夷山自然保护区海拔1200—1500米的桐木峻岭中的野采红茶金骏眉，每逢谷雨时节嫩采的精选芽头。巧揉慢捻高温磨砺暗香来，成茶后的金骏眉，叶心金黄莹亮，茸毛浓密，浴汤后一叶俊俏如眉，汤色晶莹剔透，口感温润顺滑，香气自然馥郁。

就琴曲而言，音乐选用本人录制弹奏的中国著名古曲《梅花三弄》，出自清代《蕉庵琴谱》张子谦先生演奏谱，琴曲节奏跌宕自由，风格苍劲豪迈，全曲共十段，描绘了梅花坚韧、挺拔的气质和高洁、安详的形象，以及严冬傍晚不畏风雪所屈的音乐形象。

茶艺创编程式与古琴曲十段互相联系、补充、扩展。首段琴声起，行礼静坐。古琴散起声声如厚重大地，表现了寒冬腊月、霜晨雪夜的浓重气氛；此时侍茶人静心稳坐，入茶境。

古琴乐曲二、四、六段，对应置茶、赏茶、闻香。乐曲泛音主调不同音区演奏三次，称“三弄”并描绘梅花冰清玉洁，清远可爱的形象与梅花冲破严寒冰霜的枷锁，以怒放的姿态一朵朵绽放的画面。行茶开始，金骏眉三次进入大家的视线，初绽仙姿，弯秀芽叶，暗自幽香，萦绕满室。

古琴乐曲七、八、九段，对应温润泡、高冲沸水、出汤分茶。乐曲这三段是全曲的高潮部分，音乐形象表现出风荡梅花同风雪严寒搏斗、不为所屈依然亭亭玉立在风雪中的坚强性格。茶艺中通过高温沸水激发金骏眉的茶气，忍耐高温沸水的磨砺，果甘甜、花幽香。乐曲的跌宕声中展示着金骏眉的凌风戛玉，赞颂着中国人坚贞不屈的气概和不畏暴力的斗争精神，生动鲜明。

乐曲尾声，奉茶品饮。此时乐曲情绪焕然一新，从而勾画出了一个新的意境，冰雪消融、梅花绽放，沁人心脾，仿佛使人们置身于一片“雨晴花更艳，雪消梅更香”的诗情画意之中。以茶作梅，以梅喻人，此时再啜一口金骏眉，透着温暖的蜜甜，艺术感染力极强。

四、结语

古人多言“琴学”，而少言“琴艺”，并非把琴当作一种技艺，而是当作一门学术，这是对古琴文化的极高认可。在此，我期待大家都能为往圣继绝学，成为中华优秀传统文化的践行者。不忘初心，希望时间给予我们的不仅是技艺的纯熟，更是琴道的领悟与传承。让我们走近古琴，聆听它、抚弹它、肩负起传播古乐的重任，接续起中华琴道文化的传承。

诗以疗苦，经以养生，独于天地行

刘丹*

还没读叶嘉莹先生之诗，先闻其声；偶然听她吟唱杜甫的《赠卫八处士》，“人生不相见，动如参与商……”，蓦地一惊，这是怎样被世间凉薄了却仍茕茕孑立的声音！这位老人是如何度过近一个世纪的波折，依旧高雅精致，让人赞叹：“她站在那里，就是对古典诗歌最好的注解。”

叶先生一世坎坷，少年丧母，青年流离，曾经谋生辛苦、感情压抑、家暴噩梦，乃至中年丧女……叶嘉莹曾说：“我真是历尽了平生各种不幸的一个人。但是人生经历了大的苦难，就会使小我投身于大的境界。”这位曾经有过开煤气自杀的念头的女性，如今成为“意暖而神寒”“空谷幽兰一般的人物”，能将古人的生命和心魂化为大美并且传承下去的师者，到底是什么成就了她？！

教书七十载，很多学生问过叶先生：“叶先生您讲的诗词很好听，我也很爱听，可这对我们实际生活有什么帮助呢？”她往往如是回答：“你听了我的课，当然不能用来评职称，也不会加工资。可是，哀莫大于心死，而身死次之。古典诗词中蓄积了古代伟大之诗人的所有心灵、智慧、品格、襟抱和修养。诵读古典诗词，可以让你的心灵不死。”

北平有另一位著名的叶先生——叶曼，今年正 100 岁了，是当今世界极少将儒、道、佛文化融会贯通的国学大师之一，曾受胡适、三毛、赵朴初等众多名家推崇。这位叶先生年少丧父，也是经历了一番人生苦难的浸泡，正在彷徨苦闷之时，遇到了《楞严经》，也发出那句感叹：自从一见《楞严》后，不读人间糟粕书！

叶曼先生是名副其实的大家闺秀，以《春秋左氏传》开蒙，年长即被胡

---

* 刘丹，宜春学院宗教文化研究中心副教授。

适先生亲点就读于北大法学院经济系。后来嫁于北大全科状元后旅居美国洛杉矶。叶曼对东方和西方文化、哲学与宗教有独到的见解，正是这样外人看起来学识涵养皆可称羡的人，却仍惶惶然不可终日，直到遇到契应于自己的经典，狂心顿歇，涕泪交流："我流浪了二三十年，现在，总算找到家了。从此以后，不会再去东奔西闯。"

这几日一直落雨，江南在雨声中倒映着多少形态殊异的心绪离情？想到元代诗人蒋捷的《虞美人·听雨》——

少年听雨歌楼上，红烛昏罗帐。

壮年听雨客舟中，江阔云低断雁叫西风。

而今听雨僧庐下，鬓已星星也。

悲欢离合总无情，一任阶前点滴到天明。

同样的风景，不同的人生阶段自有不同的况味；而这况味若不是趋于麻木，便是多了几分悲苦苍凉的调子。即使眼眸清浅、浅笑依然，却不免眉宇沾染烟火之色，你以为自己能逃脱？

中国人的忧患底子，是自夫子起吗？当年夫子困于陈蔡之间，饭菜全无，七天吃不上米饭，随行弟子皆有饥色，却仍然读书习礼乐不休。若是置于当代，会有嘲笑者么？夫子定会依然读书习礼乐不休。这就是"足乎己无待于外"的强大持守力量。

夫子常言："不怨天，不尤人，下学而上达，知我者其天乎"！能够御立身大厦于将颓、拯世道艰辛于绝望、救身心顽疾于弥留者，只有"天"吧。而与"天"道沟通的方式难道不是经典吗？如果你没发现，也许需要如叶曼一样，穷游世界八荒，蓦然间仍在自己家院里找到一本契应本性的经典，然后可以说：即使衰老的脸上爬满痛苦的皱纹，我的心依旧如同赤子一般，欣欣然不知老之已至；即使身穷困于外境，却仍可月下披云而畅笑，"独与天地精神往来"。

（原载《中盐人》2014 年第 14 期）

涵养和孝好家风

张志平 *

家风是一个家族历经岁月的沉淀，世代相传，从而形成独具特色的优良的风气，是一种让后代立身于社会、终身受益的品质。

形成优良家风，“和”与“孝”是不可或缺的。君子贵和，和以修身，和以待人，和以处事；孝者必继先人之志，传承先辈之业。这使得优良家风能够经久不衰，这是传承家风的核心内容。“为人子，止于孝；为人父，止于慈。”为人子要孝顺、尊敬长辈，为人父要关爱、教育孩子，形成子承父志的家风，这也是构建和谐家庭达成“家和万事兴”的基本途径。

在中盐金坛公司举办的“领导干部树家风”活动中，我选用了以“和孝”为主题的家训，内容是“勤为本，德为先，和为贵。家有老千般好，儿女多行孝，夫妻相敬举案齐眉，婆媳相让一家和气”，我想用这样的家风来激励我的孩子和家人。

我教育孩子的原则是先成人再做事，用古语来说应该是“百善孝为先”。孔子曰：“‘事亲孝，故忠可移于君。’是以求忠臣必于孝子之门。”毛泽东也说：“你不孝顺父母，怎么能为人民服务？”

公司提倡贤文化，每年都会举办各式各样的文化活动。今年暑假，我家属陪孩子一起参加了国学亲子夏令营，在短短一周里，他们和全国各地的亲子一起学习古代各种形式的课程，学到了一些课本上没有的智慧。公司给了我们这个机会，让孩子增加了见识，孩子对家长更加礼貌了，懂得体贴我们。这次国学亲子夏令营给我的启发很大，“孝”是传统文化里很重要的一部分，这段时间孩子沉浸在古代先贤的智慧里，深深意识到孝道的重要性。

孩子从夏令营回来之后，用自己的零花钱买了几本书，有《三字经》《弟

* 张志平，中级工程师，中盐金坛盐化有限责任公司金赛盐厂副厂长。

子规》《增广贤文》《兰亭集序》等，想多从中汲取一些有用的东西。他妈妈帮他把《弟子规》里的内容进行分解，用讲故事的方式让他懂得其中的道理。

我认为“孝”不能浮于表面，光靠一张嘴教育孩子是远远不够的，于是，我和妻子身体力行，希望能给孩子做一个好的示范。每次一大家子一起吃饭，我们总是等到老人动筷后，我们才吃；周末有空，我们就会带着孩子去爷爷奶奶家，帮他们一起做家务，陪老人聊聊天……

父母是自己生命的起源，也是一切人际关系中最自然、最亲密的一种。如果一个人连给予自己生命的父母都不爱不敬，他怎么能生发对他人、社会、国家的爱呢？怎么会有健全的人格呢？因此，教育子女懂得孝顺，是帮助子女修身养性的基础，通过践行孝道，孩子们的道德心受到启蒙、逐渐完善。不仅如此，对家庭来说，践行孝道，可以保证长幼有序，规范人伦秩序，促进家庭和睦。

其实“孝”有三重意义，一是孝顺，善事父母；二是尊崇祖先，效法先人，继承先人的遗志；三是延续“孝”的精神，以“善”的诚意对待一切人，营造一种和谐、健康的工作氛围和社会氛围。

所以，不仅仅是孩子需要在成长中不断领悟“和”“孝”的含义，成年人更需要亲身体悟，反求诸己，回归本心，让自己、亲友、家人安身立命，更好地弘扬中国传统文化中的精神！

（原载《贤文化管理》2017 年第 4 期）

光阴的故事

谢宁武*

国庆长假，街头偶遇发小。虽在同城生活，但因在长大的过程中数次搬迁，当年同院嬉闹的小伙伴已有多年未见了。寒暄之余，发小力邀我去做客，言称老母亲常念及以前的老街坊，可一遂心愿。因当时事务系身，便约定改日拜会阿姨。

转天，拎了几样时鲜果子和礼包，来到发小家。阿姨见了我，昏花的眼睛顿时明亮了起来。我的到访，像在宁静的池塘中抛入了一块砖。小小的激动让她说话变得有点结巴，嘴里不停地招呼儿子上茶点，不顾自己腿脚不便，硬拉着我在她身边坐下，絮絮叨叨地捡拾着当年的光阴碎片。

我的父亲和发小的父亲是同事，但伯父不到四十便过早离世。阿姨独自一人带着年幼的四姐弟，含辛茹苦，克勤克俭，凭着令人折服的意志，熬过了那些十分艰难的岁月。那时的我们，并未在意生活的艰辛，只知在其中发掘无穷的欢乐，现在回想起来却不禁唏嘘，岁月早已教会了我们去咀嚼生活，品味其中的甜酸和苦辣。

在对过往的回忆和现状的评议中，时间过得飞快。开饭了！坐在餐桌前，我恍然回到童年，阿姨当年很会过日子，简单的菜式也做得很可口，常引得我去她家蹭菜，也常被母亲拽着耳朵拖回家，不许吃饭、罚站……想到这些，忍不住笑了。

过往的艰辛，磨炼出阿姨坚毅的性格，也在她的身体上留下了深深的印记。早先，阿姨在儿女们成家后一直独自生活，发小几度要求老人和他们一起过日子，都被她拒绝了。确实，老人强势了一辈子，难以接受小辈的安排，为此母子俩还有过较为激烈的言辞。发小只能由她去，但他时常会在闲暇时

* 谢宁武，中级工程师，中盐金坛盐化有限责任公司设备主管。

去看望，帮着处理一些老人不便的事务。

直到两年前，阿姨在自家意外跌坐在地，后经医院检查，老人骨质疏松，腰椎发生了骨折，必须静养。发小趁势把母亲接回了家，让她过上了“饭来张口，衣来伸手”的日子。阿姨好不适应啊！

原先独自生活时，老人在饮食方面秉承一贯的节俭，但很不科学。一个人的食用量少难调，每天只是对付一下饥肠，不讲究营养和口味，经年累月，健康慢慢地被岁月啃噬。来到儿子家后，饮食起居全由儿子、媳妇安排。发小对营养较为着力，虽然不是医科专业，但健康素养颇高。每天都有新鲜的食材烹制，数量控制也有讲究，力推所谓“一锅铲”理论，核心精神就是菜品种要丰富，但数量要少，尽量每顿吃完不留剩余，口味和品质都保持最佳……对此他颇为得意，跟我把他的理论层层分解，说得头头是道。看不出我这老弟对“吃”研究得还挺深。

吃着老弟充满理论的菜肴，我忽然注意到，阿姨在僵硬地夹菜，不时会掉落，便急忙去帮她。老弟微笑着阻止了我的举动，对我解释说，阿姨的右手现在肌无力，用筷子极不灵便，但左手功能较正常，所以最近让她练习左手执箸，还不娴熟。老人原先右手一用力便震颤，独自吃饭都比较困难，心理压力挺大，情绪也低落得很，看着儿子一家忙里忙外，自己又帮不上，心里非常不安，总觉得给小辈添麻烦。对此，我老弟两口子对她生活方面的照顾自不用说，在开导老人方面也很下了一番功夫。虽然老人长期的观念一时难以改变，但一些陈旧落后的生活方式已逐渐被纠正过来。阿姨向我抱怨，他们总是说她的不对，小时候怎么过来的都忘了……

话越多酒也越多，不知不觉又过去了几个小时。告辞的时候我对阿姨说：“阿姨有福，活在当下。”老弟笑我道：“别酸了，我妈听不懂。”到了路口，我对老弟说：“哥要向你学习。”发小握住我的手，平静地回答：“我只是想扶我妈多走几天。”

我用力握了握这个男人的手，走入了斑斓的夜色。

（原载《中盐人》2017 年第 19 期）

在平凡中见圣贤

刘晓民

当我们听到孔子、王阳明这些人物时，一定觉得他们高大，难以企及。是啊，他们可是圣贤呐！我们又是什么呢？埋在文案中的小职员？抡铁锤的工人？天天算着蔬菜价钱的妇人？想想阳明先生上马打天下、下马治天下，而我们……我们一定是与圣贤无缘了。

你一定曾经有梦，但是越长大越发现，真实的生活其实逆人心意。世界是平凡的，并不是每个人都能站在人潮中享受欢呼。你怀着改变世界的理想来到这儿，不曾想一天工作下来，因满身盐渍被保安误当成装修工。难道这样我们就与圣贤无缘了吗？

其实，大成至圣先师也并不是一直都那么高大上。《史记》记载，孔子的第一份工作是仓库管理员，他的第二份工作也不光鲜，是畜牧管理员。但是呢，孔子并没有消极对待这样的工作。他管理仓库的时候来往账目都很清晰，他管理畜牧的时候牛羊都能茁壮成长，这说明我们的圣贤做小事同样能够做得很好。在做好了小事之后，他觉得应该有更大的提高，于是，他开始设学堂、创儒学。

不知杏花开了几重，闭门羹吃了多少，孔子终于受众人礼赞。那孔子最后悟道成为圣贤，到底这个道是什么呢？我们在《论语·乡党》中看到孔子对生活细节特别重视，甚至到了苛求的地步。面对食物，他色恶不食，臭恶不食，失饪不食，不时不食，甚至上错了酱他都不吃……你一定想问，大人物不关心天下事，怎么尽在这些小细节上做文章？其实，对这一问题的回答关乎孔子的道。

美国学者赫伯特·芬格莱特在他的著作《孔子：即凡而圣》中说，圣人境界就是人性在不离凡俗世界的礼仪实践中所透射出的神圣光辉。是呀，修养并不总需要站在风口浪尖，生活中的点点滴滴都是修养。成圣成贤并不只是领导、学者的特权。当你把父子、夫妻、同事关系处理好，当你在每一次抉择中坚守良知，你就成了圣贤。阳明先生说，圣人与凡人的区别不在于才力地位，而在于心地是否纯洁。如果凡人能处处按天理行事，那他就是圣人。这就好比一两金子和十两金子，虽然重量不同，但纯度一样。我们凡人做不了十两金子的圣人，但可以做一两金子的圣人，纯度一样，都是圣人。孔子被称大成至圣先师，大成是人格的完备，事业成功等都是小成。所以，圣人就是根据自己的身份把平凡世界的事情处理得恰到好处的仁人。

平凡如你我，遇到不顺心会埋怨，遇到不公平会生气，这样显得境界很低？可这很正常，圣人也是一步步从凡人修身成圣贤的，孔子年轻时遇到不顺心应该也会怨。所谓不怨天、不尤人是孔子经历数年的磨炼才形成的境界。年轻时面对人生的喜怒哀乐而产生相应的情绪都正常，但这并不是我们不努力的理由，重要的是不要消沉下去。我们虽然可能还是职员、工人、妇人，但是只要我们在日常生活中时刻要求自己做一个有仁德的人，要求自己学习理论或者研究管理、市场等，我们就会成为圣贤。当我们人格完备了，我们就不再为生活的琐事烦恼，而是以一种宽容的心态接纳它，那时，我们自会快乐。

（原载《中盐人》2015 年第 5 期）

贤韵激扬战疫情 *

荀美子

场景 1，厂区，外景，白天

旁白：2020，新年伊始，新型冠状病毒感染的肺炎疫情悄然蔓延，从武汉波及全国，牵动每个人的心。在这场没有硝烟的战“疫”里，每一个人都是命运共同体中的一环。面对疫情，中盐金坛人全力以赴投入到疫情防控阻击战中，筑起疫情群防群控的严密防线，在这场特殊的“大考”中实践着“尚贤慧物”的价值追求，奏响了一曲曲充满贤韵的时代强音。

疫情紧，抗疫急

场景 2，办公室，内景，白天

手机铃声、微信声、短信声，此起彼伏。

短信：我们现有一套次氯酸钠发生器将紧急发往湖北，请尽力配合提供20 吨消毒盐运往湖北。

通话：超市里的方便面都被买光了，请尽快发运 192 吨食品加工用盐到杭州。

通话：请将我们年前的 32 吨紧急备货尽快发往江西，我市自来水厂需将制备产出的次氯酸钠消毒液供应给社会公众，用于新型冠状病毒消毒工作。

通话：根据我市要求，我们必须尽快复工保障消毒液供应，请尽快生产30 吨消毒盐运往广东，我现在将应急证明发您。

微信：一次盐水的产量请务必保证，确保我们的离子膜装置正常运行。

场景 3，生产车间、职工家中，内景，白天

旁白：在这个不平凡的正月，一场抗击新型冠状病毒感染的肺炎疫情的

---

* 本文系中盐金坛盐化有限责任公司抗击新冠肺炎疫情视频文案。

战役打响了。疫情之下，时间就是生命，生产速度快一分，前线保障就多一分。

但……

班长：“徐厂，盐硝车间有几名外地职工在家隔离，班上就只剩 5 人了。”

职工：“朱厂，消毒盐没有库存，要立即安排生产。”

职工：“钮总，我们小区封闭了，外出需要开证明。”

场景 4，生产车间，外景，白天

旁白：盐作为百味之首，是老百姓生活中不可或缺的民生物资。接到生产任务后，根据公司党委和防疫办的统一部署，在强化措施确保疫情防控的前提下，矿区、镇江公司、金赛盐厂、特种盐厂、金东公司克服生产任务紧、人员不足、生产条件受限等困难，稳妥有序、精心组织生产高质量放心盐，加大库存应急储备，集中各厂资源满足客户订单需求，全力保障食用盐、消毒盐、食品加工盐、一次盐水、工业盐等盐类产品的生产和供应。

场景 5，码头，外景，白天

车辆有序地装运盐。

场景 6，办公室，内景，白天

旁白：生产跟上了，本以为应急供应可以井然有序地进行下去，但好事多磨。

业务员：“都这么多天了，食品加工盐还没运到疫区前线，这可怎么办啊。”

场景 7，街道，外景，白天

旁白：受疫情影响，多省启动重大突发公共卫生事件一级响应，部分地区交通管制，物流基本停运，盐产品发货受阻，客户企业生产告急。

于是，戴着口罩、带着各种证明的公司行政党支部书记、发展部部长胡俊华一次次地跑政府疫情防控部门，为盐产品发运办理通行证。

场景 8，办公室，内景，白天

金柳：“我们的消毒盐需要发往广州、江西，是生产防疫物资的必需品。”

旁白：经与金坛区应急管理部门申请，及与多家物流公司的协调沟通，中断多日的盐产品终于恢复发运。

赵旭洪：“这是令我激动的一次发货，在这个特殊的时期，能为保障民生做一点努力，让我感觉肩上的责任更重了。”

胡俊华：“作为央企，我们既要履职担责，保证食用盐、食品加工用盐供应，更要配合当地政府要求做好疫情防控。”

旁白：在大家的共同努力下，一车车载满爱与希望的金坛盐顺利抵达抗疫前线。2020 年 1 月，中盐金坛公司食用盐生产 30100 吨，陆续向江西、上海、福建等地紧急发运消毒盐百余吨，为抗击疫情供应消毒原料，增强抗疫信心。

稳生产，保供应

场景 9，电厂，外景，白天

旁白：疫情就是命令，防控就是责任，保供电就是使命。加怡热电厂位于金坛经济开发区，它的供能用户有几家是生产食盐、医药、消毒制品等抗疫急需物资的重点企业。

疫情当前，虽然人手紧缺，原料煤进场速度下降，场地受限，但电厂职工并没有手忙脚乱，因为早在春节前期疫情还没有这么严重的时候，厂长王网留就已经提前将各项工作布置下去，做好了消耗性物料的准备，对生产岗位的人员也做好了安排。

场景 10，电厂，内景，白天

王网留布置工作、职工巡岗、讨论工作的画面。

场景 11，会议室，内景，白天

值长：“大家下班后一起开个短会，抓紧时间研究制定供能保障方案。”

工作例会，汇报相关工作。

职工：“配套企业员工和码头船户的疫情防控工作暂无人管理。”

王网留：“把他们纳入我们的防控管理中，一并发放防护消毒用品，宣传防控知识。”

职工：“最近园区里又有几家企业复工了，我们的供热任务要及时调整。”

王网留：“这次能否保障园区企业生产所需蒸汽安全、稳定、可靠的供应，就全靠各位了。”

场景 12，电厂，外景，白天

旁白：疫情发生以来，加怡热电厂紧急行动，开足马力，主动掌握园区企业用电、用热需求，开展供能服务，全力以赴保障园区企业的供应用能。

第一季度，加怡热电厂生产稳定，实现了发电量 4375 万千瓦时、供热量 39.1 万吨的好成绩，为打赢疫情防控阻击战充电蓄能，提供坚实的能源保障。

疫无情，人有爱

场景 13，厂区，外景，白天

旁白：疫情没有缓解，企业不敢松懈。把员工生命安全和身体健康放在第一位，保障民生用盐，做好最周全的考虑，付出最及时的行动，是中盐金坛公司党委对防疫工作提出的明确要求。

场景 14，厂区，外景，白天

宣传标语：防新冠，多开窗；要安全，体温报；勤洗手，戴口罩；分餐吃，一米遥；身有恙，要上报；咳嗽礼仪很重要！

场景 15，办公室，内景，白天

办公室人员忙碌的画面。

吴丽萍（微信群）："请各厂矿、部门负责人做好居家隔离同事的身体情况登记。群里新发了《新型冠状病毒肺炎防控应急预案》《疫情防控手册》等文件，各厂矿、部门负责人组织员工认真学习，提高疫情防控意识，增强防控技能，我们要保障每一位职工的安全。"

荀罗强（电话）："仇师傅，近期食堂菜品供应得上吗？特殊时期，我们更要做好后勤服务，菜品要营养搭配，分发到个人，为大家健康安全做好保障。"

丁超（电话）："徐厂，您好，新的消毒用品我们已经放在门卫了，请您派人清点领取。领导说了，再难也要保障大家生产和生活的防控物资需求。"

张静："丁超，出入证明我们都盖上公章了，他们几点过来取呢，我在这等他们，没有这个证明大家可就回不了家啦。"

丁超："矿区刚才打电话来说今天要加班，估计要 8 点多才能来。张静，你还要照顾孩子，就先回去吧，晚上我在这等。放心，一定不会耽误大家回家的。"

看着大家忙碌的身影，吴丽萍独白："让员工放心归来，让员工安心工作，这是疫情当下我们对待员工的基本准则。"

场景 16，厂区，内景，白天

旁白：加强宣传，发放疫情防控手册；在厂区门口出示证件、测量体温；进入车间测量体温、领取防护用品……疫情之下，这些环节一样都不能少。

病毒无情人有情，公司的人文关怀员工们看在眼里，记在心里，更付诸行动中。

勇担责，上下齐

场景 17，行政楼，内景，白天

旁白：在新冠肺炎疫情流行之际，公司党委迅速行动，第一时间成立疫情防控领导小组，这里既有公司领导，也有各部门负责人，大家在微信群中开会、办事，每个人都守土有责、守土尽责，以不同方式加入抗击疫情的阻击战中。

场景 18，厂区，外景，白天

旁白配人物特写镜头。

公司党委书记、疫情防控领导小组组长董爱民：他全面领导疫情防控工作，深入一线实地督导，确保公司疫情防控大局稳定，保障职工生命安全。

公司总经理、党委副书记、疫情防控领导小组第一副组长管国兴：疫情期间，金坛城区道路实行交通管制，他骑自行车来到公司，指导疫情防控工作，确保生产经营持续稳定。

公司党委副书记、纪委书记、疫情防控领导小组副组长谢卫炜：他全面负责领导小组办公室各项工作，确保公司防疫和生产工作稳步进行，切实做好疫情防控期间纪律监督工作。

公司党委委员、副总经理、疫情防控领导小组成员钮永涛：为争取进出物资运输的绿色通道，他不厌其烦地跑政府和交通部门；为及时将产品转运给下游客户，尽最大努力维持产业链正常运转，他与厂长何寿美、销售部门保持高度衔接。

盐矿党支部书记、矿长徐孜俊：为了能买到几只测温计，他几乎跑遍了金坛所有药房；为了尽早全面掌握员工近期的接触史，他连续打了几个小时的电话。

金东党支部书记、厂长虞金法：他用“刷屏”的方式教育职工正确认识疫情，科学防范疫情，做到不信谣、不传谣。

特种盐市场部部长金柳：为了让大家正常上下班，她亲自督促加紧办理员工工作证明；在公司急需口罩的时刻，她和部门同事千方百计采购到10000 只口罩。

党委宣传部副部长郑明阳：他及时发布抗疫信息，带来企业生产最新资讯；他打造全媒矩阵传播，讲好中盐金坛抗疫贤故事，传递共克时艰正能量。

管道办：他们加班加点，加强重点位置、薄弱地段管道的巡查力度，确保在第一时间得到信息反馈，消除隐患。

食堂：他们把食品安全放在第一位，想尽办法让大家吃上既营养又可口的热乎饭菜。

保安：他们严守疫情防控的第一道防线，耐心细致地询问每一位职工和访客，尽心竭力，文明服务。

他们，都在抗疫的一线，他们是中盐金坛公司的“抗疫人”。

战“疫”还未结束，他们还在继续前行。

片尾

场景19，厂区，外景，白天

旁白：2020年伊始，新型冠状病毒肺炎疫情悄然蔓延，在这场没有硝烟的战“疫”里，每一个人都是命运共同体中的一环。

从武汉波及全国，沧海横流显本色，疫情面前见担当。疫情来袭，全力以赴回报社会、支持民生保障、提供优质产品和暖心服务是盐业人责无旁贷的使命。危情之下，中央企业的社会责任体现在细微之处，他们肩上扛起的，是盐业强国梦那沉甸甸的担当。

公司领导：“保食用盐供应、保金坛工业园区供热，坚决做好疫情防控物资供应保障工作，这就是中盐金坛人实践尚贤慧物精神的体现。”

场景20，行政楼，外景，白天

旁白：千磨万击还坚劲，越是艰险越向前。当全国人民拧成了一股绳，就没有我们打不赢的战争。

待到凛冬散尽，春日的暖阳将再次洒向人间，我们将共同迎接山花烂漫之景。

师路之光

关铁琴 *

我的家乡在层峦叠嶂的群山之中，因其偏远且贫困，正式老师都不愿来教书，学校就只能聘用本地小学或中学的毕业生。他们都欣然而受并竭力把“师德之光”发挥极致，培养出大批的人才走出大山去拥抱外面的世界。

初步统计，从小学到初中毕业的 8 年里，教过我的老师共 15 人，仅有 1 人是幼师毕业。我就是在这样“雄厚”的师资力量下成长起来的。在那片云深不知处的山村里，在那些知识并非都丰富的老师们的“德光”引照下，我们步履坚实，踏平一切坎坷，走在了人生的正道上。在那里，人性的光辉弥补了“才术”的贫乏。

弹指一挥间，30 多年过去了，我在学路上历经的老师们的文化水平参差不齐，却都能极致地发挥他们的学识并普惠每一个学生。更难得的是不论贫富，他们对学生一视同仁。而他们集体的“尚德之风”就是把每一棵学苗都栽种在“厚德”的土壤中，免于沾染世俗、浮夸、名利的病毒，从而保证我们做人的根基打得牢靠而坚实，为我们未来的“小宇宙”爆发奠定了基础。

由此我想起了韩愈的“师者，所以传道授业解惑也”。在我看来，恩师们做的更多的是“传道铸德”。他们的“传道”保证我们这些长在贫瘠大山中的小苗没有因干旱而枯死，保证我们能在成长的路上汲取更多的知识，他们培养了我们无论何时何地决不气馁、不断超越的信心和勇气。

冰心玉壶

我的启蒙老师李凤云毕业于师范学院，她只教了我们半年就休产假了。但在这半年，我们的拼音、笔画等文字基础都打得很牢。李老师对待学生的

---

* 关铁琴，高级工程师，《盐》责任编辑。

要求很奇特。她说，学生们学习可以不好，考试不及格不受批评，那是她没教好，可以改进，但德性必须好。

班里发生了诸如橡皮、铅笔丢了的事件，她会气得不成，但却很镇定，学生们都以为她有“天眼通”——能察知是谁偷的。但她却从不在班里公开点名，她把学生叫到没人的地方批评，说出她的愤怒，让孩子检讨保证永不再犯。下一堂课，李老师表扬了这个同学，理由是他拾金不昧，主动把拾到的东西上交，那个被表扬的孩子就在老师的“灵药”中得到了升华，上交了东西。

这个故事是我们在同学相聚时，这位同学自我爆料的。而后来另一位有同样经历的同学就没那么幸运了，他因为另一位老师的揭发与声讨而辍学了。一样的事情，两种截然不同的结局。

难怪李老师说，为师为长者不可不慎，对待有缺点的同学要治病而不是要命。

为师为父

二年级，我转到了一所设置一至七年级的“小中混成学校”，遇到了印象最深的老师李玉林。这位老师的口头禅是“我的学生都是好孩子”。他从高等小学毕业，个子不高，长得有点像孙悟空，他的本事也如孙大圣一般不可小视。他严厉而慈祥，所有的同学都爱他、敬他。

在李老师面前一切都无法遮掩，聪明好学的学生受到表扬在情理之中，而他在孬孩子身上也能发现闪光点，并激发出他们的荣誉感，就是神通了。比如表扬羊草打得多、拾粪积极、不怕脏累等等。他甚至会在打架的同学身上找出打架的闪光动因，诸如保护弱小、仗义执言之类。但他又强调打架的方式是不对的，并认为他们以后都会成为老师心目中正义但不暴力的好学生。奇怪的是，在他的诱导下，好打架的同学真的都成为有礼而正义的好学生了。走入社会后，好多同学都成了社会栋梁。

总之，他的学生都只有好学生，每个人都在他设计的“德路”上得到塑造，没有出轨的动因。期末的表彰会上，李老师的学生几乎有各种名头的奖励：“好学之星”“劳动之星”“运动之星”“早到之星”“助人之星”“朴素之星”……真正是“人人都是好孩子”。我想，这应该就是现在的素质教育吧，而他在30多年前就已践行并成效显著。

但他也有批评人的时候，甚至我觉得有些不近人情。我的学习成绩一直是班里的第一名，得到的表扬自然就多，久而久之，就有些膨胀，认为我当第一是理所当然的。夏季学校组织“打草”时，我也拼命地割草，累到发烧，期待得到理所应当的表扬。李老师把我叫到面前，把我打的草称重后堆放起来，重量与班里最强壮男生打的草比不相上下。可是，正当我志得意满等待他的表扬时，他却说：“你热爱劳动的精神可嘉，但不要事事争先。人总是有弱势的，凡事争第一，不顾身体，不值得提倡。人要发挥所长，要允许并欣赏别人成为第一。”他还因此事来家访，向父亲建议，要引导我懂得取舍，否则未来之路会摔跟头。那时，他们的话我听不大明白，以后的人生却多次感悟了老师的卓见。

润物无声

其他教过我的老师也都各有特色，让我受益良多。初二班主任李秀庭老师也给我留下了很深的记忆。

他是一名语文老师，第一节课便带领大家抑扬顿挫地读课文，在黑板上工整地写下中心思想和段落大意，并要求我们背诵下来，也常要我们仿照课文写作。但大多时候他不限要求，让大家随便写，哪怕是写“菜青虫啃食菜心，农民伯伯多伤心”这种悯农的句子，或是“喇叭花爬上篱笆，嘀嘀嗒嗒吹喇叭”这种美丽的句子，只要有点好的地方他都赞叹，并在作文本上写个大大的“好”字。每当此时，同学们都感觉“好”字上放射着金色的光芒，都盼着作文课的到来。

原先教物理的蔡金华老师英年早逝，又没有“曲线救国”的空降老师来补缺。为了应急，李秀庭老师不得不给我们上物理课，但他真的不会。他唯一能做的就是把课本上的每一段黑体字——其实就是“定理”或是“公式”，让同学们像背语文课文一样地背下来。

在这一年中，我们的物理课就是读物理书。书读百遍，其义自见！奇妙的是，有了积累，同学们一旦受初三的新老师们指点，如梦方醒般开悟了，物理原来是这么有趣又容易的课程。

（原载《中盐人》2017 年第 16 期）

满江红·山河无恙

丁超 *

荆楚飞殃，春瘴起、浮云遮月。最可敬、逆行勇士，白衣胜雪。休洒世间儿女泪，哪堪亲友伤离别。赴戎机，向战地悬壶，攻魔穴。

先机恨，终须雪；齐克难，瘟神灭。舍生死，唯保神州无缺。会使人间添正气，不教华夏生邪孽。向长空，敌血酹千杯，山河澈。

（原载《中盐人》2020 年第 2 期）

* 丁超，中盐金坛盐化有限责任公司科员。

六、贤之艺

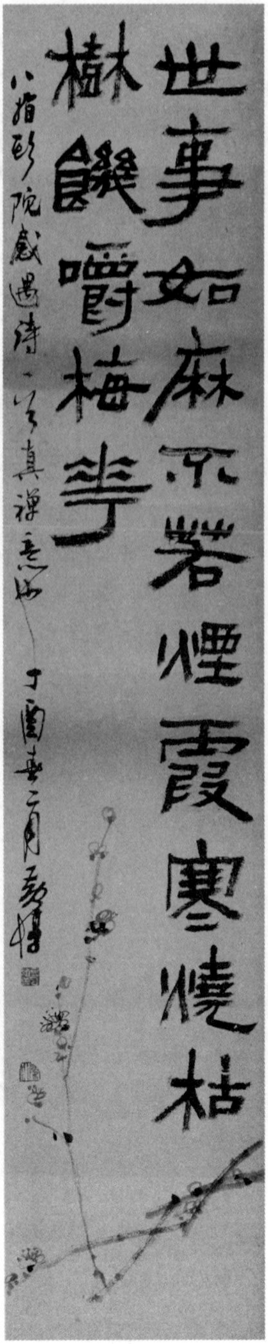

世事如麻，不若烟霞；寒烧枯树，饥嚼梅花　黄惇 / 书

既在红尘浪里，又在孤峰顶上　赖永海 / 书

吴盐胜雪　徐小跃 / 书

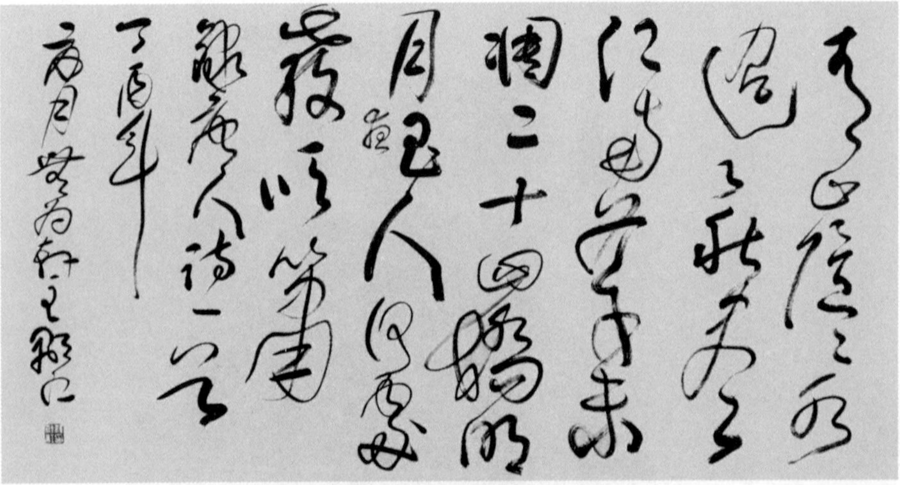

青山隐隐水迢迢　韩显红 / 书

论德　陈曦 / 书

可喜甘沾新雨露，生机无限见精神　范石甫 / 作

碧玉清芬鸟空鸣　荆桂秋 / 作

山中何其有，岭上多白云　凡宽 / 作

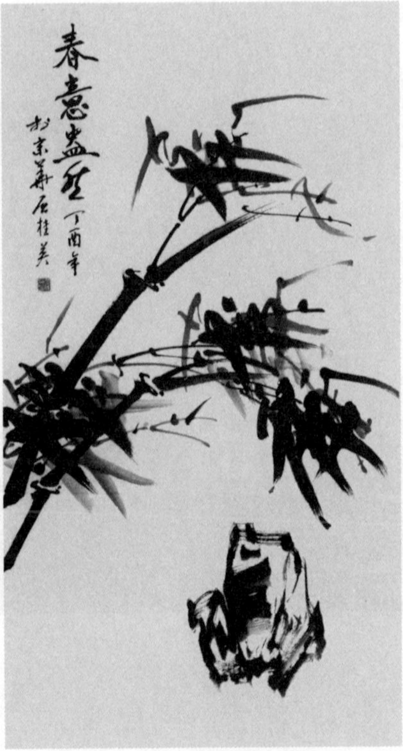

春意盎然　屈桂英 / 作

崛起的新盐都　陈鼎元 / 摄

加怡风光　黄吉星 / 摄

扬帆远行的金坛盐　王玉华 / 摄

国内首个高硝母液循环利用项目（选自中盐金坛图片库，作者不详）

水中寻盐，化盐为水（选自中盐金坛图片库，作者不详）

镜像宿沙院　刘晓民 / 摄

“盐穴压缩空气储能国家试验示范项目”奠基　袁润泽 / 摄

创新产品引领全民健康用盐习惯　袁润泽/摄

贤文化专题研修开启智慧　王安宇/摄

盐穴探秘　刘登有 / 摄

寒冬泥浆中的硬汉　缪苗 / 摄

后记

贤是儒家文化的一个重要名词和概念，兼具道德和价值观两重意义，贤介于圣与君子之间，成圣成贤是儒家的人生价值追求。

中盐金坛公司总结自身发展经验，立足于优秀的盐文化传统，汲取儒家文化的思想智慧，同时融入现代科技文明的新元素，建立“敬天尊道，尚贤慧物”为核心理念的贤文化，贤文化之贤，取“德才兼备、德才过人”之义，同时兼具“善、尊重、超过”之意。

贤文化管理扎根中盐金坛，如江南雨般润物无声地渗透在企业的生产运营之中，在培育市场营销的贤商团队、培养德才兼备的职工队伍等方面发挥潜移默化的作用。贤文化管理以教化人、培养人、成就人为目标，在管理中以人为本，反求诸己，成就员工健全的人格，促成员工的自我管理，打破管理者和被管理者之间的对立，开启员工慧性，将贤文化的思想智慧融入事业、家庭、生活之中，使身心和悦、家庭和谐、工作和顺、生活和美、企业和乐，实现“没有管理的管理”，以助力企业积累道德资本，建构企业人安身立命之所。

近年来，中盐金坛公司依托院士工作站、国家级博士后科研工作站、常州市社科院盐文化研究中心、盐与东方文明研究院等高端平台，整合内外资源，积极围绕企业人文创新体系建设，从经济、管理、人文、传播等角度开展课题研究，形成了一系列丰厚的精神文化成果，激发企业在产品、技术、生产工艺和人力资源管理等多方面的创新，使企业从容应对复杂经济形势的挑战。

本书汇集中盐金坛公司在传承中华圣贤文化的创新实践中积淀的优秀成果，包括企校产学研课题论文、企业内部资料中的精彩文章、高校师生调研报告、文艺作品等。我们将这些成果按内容分为6个篇章，分别是“贤之知”，对贤文化关键词进行系统解读，由字义层层解析，帮助大家开辟新视角、融会贯通贤文化要义；“贤之行”，聚焦贤文化宣贯、推广、落地，通过企业的贤德贤才及尚贤故事，集中展现贤文化在企业的实践、省思与开拓；“贤之理”，为贤文化研究及成果转化应用的案例，通过课题调研、人物访谈、座谈交流、问卷调查等形式，关切企业可持续发展，解决实际问题，为迈向世界一流企业提供有效的理论支撑；“贤之思”，围绕企业热点问题，以清新、活泼的文风诠释企业市场、科技、人文、管理等的深度思考；“贤之韵”，多为贤文化主题的散文和诗词；“贤之艺”，收录名家所作的书法、绘画，以及企业职工的摄影作品。全书内容丰富，可读性强，生动展示了中央企业弘扬中华优秀传统文化的经验和做法，以扎实、厚重的企业人文创新成果，诠释了传统文化的现代价值，可为各类社会组织传承华夏文明、推动组织创新提供宝贵经验和有益借鉴。

由于编者水平所限，加之时间较为紧迫，书中难免有疏漏之处，敬请广大读者批评指正。

编者

2020年5月20日